高职高专"十二五"规划教材

动物医用化学

李 蓉 朱丽霞 主 编
邢晓玲 王帅兵 副主编

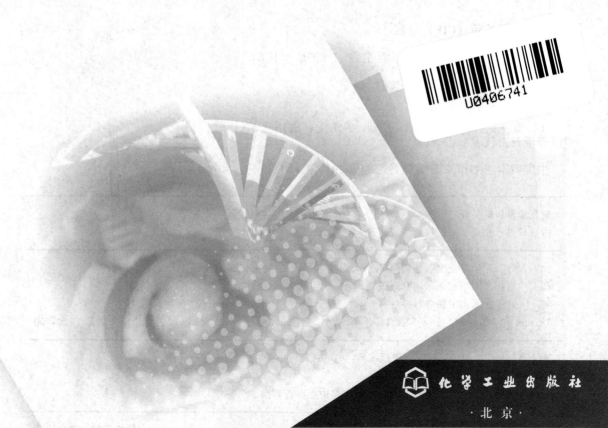

化学工业出版社
·北京·

全书理论部分包括无机及分析化学、有机化学、物质代谢三部分，共十五章。实验实训部分共二十四个实验项目。其中，无机及分析化学部分主要介绍了化学理论基础、定量分析技术、溶液、电解质溶液和缓冲溶液。有机化学部分打破了常规的体系，将有机化学分为有机化合物的基本类型、有机化合物的命名和重要有机化合物的性质，同时融入了生物体中的重要反应、生物氧化的基本知识、三大营养物的结构和性质以及与动物医学专业相关的重要有机物。物质代谢部分主要介绍了动物体内的糖、脂类和蛋白质三大代谢、核酸与蛋白质的生物合成以及肝脏的生物化学。

本书适用于三年制高职高专动物医学、动物药学等相关专业，也可供畜牧、兽医类从业人员参考。

图书在版编目（CIP）数据

动物医用化学/李蓉，朱丽霞主编. —北京：化学工业出版社，2009.8（2024.10重印）
高职高专"十二五"规划教材
ISBN 978-7-122-06117-1

Ⅰ. 动… Ⅱ. ①李…②朱… Ⅲ. 兽医学：医用化学-高等学校：技术学院-教材 Ⅳ. S852

中国版本图书馆 CIP 数据核字（2009）第 110136 号

责任编辑：旷英姿　　　　　　　　　　　装帧设计：史利平
责任校对：徐贞珍

出版发行：化学工业出版社（北京市东城区青年湖南街 13 号　邮政编码 100011）
印　　刷：三河市航远印刷有限公司
装　　订：三河市宇新装订厂

787mm×1092mm　1/16　印张 14¼　彩插 1　字数 357 千字　2024 年 10 月北京第 1 版第 12 次印刷

购书咨询：010-64518888　　　售后服务：010-64518899
网　　址：http://www.cip.com.cn

凡购买本书，如有缺损质量问题，本社销售中心负责调换。

定　　价：35.00 元　　　　　　　　　　　　　　　　　　　　版权所有　违者必究

前 言

随着高职高专教育的蓬勃发展,课程改革的不断深入,课程的综合化已势在必行。为此,我们结合动物医学专业的需要,将无机化学、分析化学、有机化学、动物生物化学四门课程精简并有机融合,使四门课程的相关知识更加紧凑和连贯,避免了单独成书时一些内容不必要的重复,使学生在有限时间内能学到"必需、够用"的知识,掌握必要的技能。全书理论部分包括无机及分析化学、有机化学、物质代谢三部分,共十五章。第四部分是实验实训,共二十四个实验项目。无机及分析化学部分主要介绍化学理论基础、定量分析技术、溶液、电解质溶液和缓冲溶液。在电解质一章中,融入了动物体内,水和无机盐的代谢;在缓冲溶液一章中,衔接了动物体内的酸碱平衡及调节。有机化学部分打破了常规的体系,在讲授有机化合物的基本类型、有机化合物的命名和重要有机化合物的性质的基础上,融入了生物体中的重要反应、生物氧化、三大营养物质的结构和性质,以及与动物医学专业有关的重要有机物等相关知识。营养物质代谢部分主要介绍了动物体内的糖、脂类和蛋白质三大代谢、核酸与蛋白质的生物合成以及肝脏的生物化学。本教材适用于三年制高职高专动物医学、动物药学及相关专业,也可供畜牧、兽医类从业人员参考。

在编写教材时,我们力求简明扼要,实用够用,尽可能体现高职高专教育人才培养目标和课程目标,满足高职高专教学的实际需要。编写中,针对重要的知识点,按章配备了相应的习题,以强化学生对这些知识点的理解和掌握。

本书由江苏畜牧兽医职业技术学院李蓉、朱丽霞任主编,邢晓玲、王帅兵任副主编。参加编写的人员还有陈晓兰、洪伟鸣、吉华、王一萍、王莹。全书由李蓉、朱丽霞统稿。

由于编者水平有限,加之时间紧迫,教材中的缺点和不足之处在所难免,敬请广大师生及读者批评指正。

编 者
2009 年 4 月

目 录

绪论 ……………………………………… 1
  一、化学的研究对象 …………………… 1
  二、化学的研究范围 …………………… 1
  三、化学与动物医学的关系 …………… 1
  四、动物医用化学的主要内容 ………… 2

第一部分　无机及分析化学

第一章　物质的结构及变化 …………… 3
第一节　原子的组成和同位素 …………… 3
  一、原子的组成 ………………………… 3
  二、同位素 ……………………………… 4
  三、原子核外电子的排布 ……………… 4
第二节　元素周期律和元素周期表 ……… 5
  一、元素周期律 ………………………… 5
  二、元素周期表 ………………………… 5
第三节　化学键和分子间作用力 ………… 6
  一、化学键 ……………………………… 6
  二、分子间的作用力和氢键 …………… 7
第四节　配位化合物 ……………………… 8
  一、配合物的基本概念 ………………… 8
  二、配合物的组成 ……………………… 9
  三、配合物的命名 ……………………… 9
  四、配合物在医学药学中的应用 …… 10
第五节　氧化还原反应 ………………… 10
  一、氧化还原反应的基本概念 ……… 10
  二、氧化剂和还原剂 ………………… 11
  三、与医学、药学有关的氧化剂和
      还原剂 …………………………… 11
习题 ……………………………………… 12

第二章　定量分析技术 ………………… 13
第一节　误差及数据处理 ……………… 13
  一、误差 ……………………………… 13
  二、误差的表示方法 ………………… 14
  三、有效数字及其运算规则 ………… 16
第二节　滴定分析法概述 ……………… 17
  一、滴定分析的基本概念 …………… 17
  二、滴定分析方法 …………………… 18
  三、滴定分析法应用实例 …………… 18
第三节　吸光光度法 …………………… 19
  一、吸光光度法的基本原理 ………… 19
  二、光吸收曲线 ……………………… 21
  三、比色法及分光光度法 …………… 21
  四、分光光度计 ……………………… 23
  五、吸光光度法在生物学中的应用实例 … 23
习题 ……………………………………… 24

第三章　溶液 …………………………… 26
第一节　分散系 ………………………… 26
  一、分子或离子分散系 ……………… 26
  二、胶体分散系 ……………………… 26
  三、粗分散系 ………………………… 26
第二节　溶液的配制 …………………… 27
  一、溶液浓度的表示方法 …………… 27
  二、一定浓度溶液的配制 …………… 28
第三节　溶液的渗透压 ………………… 30
  一、渗透现象和渗透压 ……………… 30
  二、渗透压与溶液浓度的关系 ……… 31
  三、渗透压在医学上的意义 ………… 31
第四节　胶体溶液和高分子化合物溶液 … 32
  一、胶体溶液 ………………………… 32
  二、高分子化合物溶液 ……………… 33
习题 ……………………………………… 33

第四章　电解质溶液与水盐代谢 ……… 35
第一节　化学平衡 ……………………… 35
  一、化学反应速率 …………………… 35
  二、可逆反应和化学平衡 …………… 36
  三、化学平衡的移动 ………………… 37
  四、标准平衡常数 …………………… 38
第二节　弱电解质的解离平衡 ………… 39
  一、强电解质和弱电解质 …………… 39
  二、弱酸、弱碱的解离平衡 ………… 39
  三、水的解离平衡 …………………… 40
第三节　溶液的酸碱性和pH …………… 41
  一、溶液的酸碱性 …………………… 41
  二、溶液的pH ………………………… 41
  三、酸碱指示剂 ……………………… 42

     第四节　盐类的水解 …………………… 43
       一、离子反应 …………………………… 43
       二、盐类的水解 ………………………… 43
     第五节　沉淀溶解平衡 ………………… 45
       一、沉淀溶解平衡 ……………………… 45
       二、溶度积规则 ………………………… 46
     第六节　动物体内的水、盐代谢 ……… 46
       一、体液 ………………………………… 46
       二、水平衡 ……………………………… 47
       三、电解质平衡 ………………………… 48
       四、微量元素 …………………………… 51
     习题 ………………………………………… 52
   第五章　缓冲溶液和酸碱平衡 ………… 54
     第一节　酸碱质子理论 ………………… 54
       一、酸碱质子理论的概念 ……………… 54
       二、共轭酸碱的强弱 …………………… 55
     第二节　缓冲溶液 ……………………… 55
       一、缓冲溶液的概念 …………………… 55
       二、缓冲溶液的组成 …………………… 55
       三、缓冲作用的原理 …………………… 55
       四、缓冲溶液的pH ……………………… 56
       五、缓冲溶液的配制 …………………… 56
     第三节　酸碱平衡 ……………………… 57
       一、体内酸碱性物质的来源 …………… 57
       二、酸碱平衡的调节 …………………… 57
     习题 ………………………………………… 60

第二部分　有机化学

第六章　有机化合物的基本类型 ……… 62
     第一节　有机化合物概述 ……………… 62
       一、有机化合物的特性 ………………… 62
       二、有机化合物的结构 ………………… 63
       三、有机化合物的表示方法 …………… 63
       四、有机化合物的分类 ………………… 64
     第二节　烃 ……………………………… 64
       一、饱和链烃 …………………………… 64
       二、不饱和链烃 ………………………… 65
       三、芳香烃 ……………………………… 65
     第三节　烃的衍生物 …………………… 66
       一、醇、酚、醚 ………………………… 66
       二、醛、酮 ……………………………… 66
       三、羧酸、酯 …………………………… 67
       四、胺和酰胺 …………………………… 67
       五、杂环化合物 ………………………… 68
     第四节　有机化合物的同分异构 ……… 68
       一、构造异构 …………………………… 68
       二、构型异构 …………………………… 69
     习题 ………………………………………… 71
第七章　有机化合物的命名 …………… 72
     第一节　烷烃的命名 …………………… 72
       一、烷烃的普通命名法 ………………… 72
       二、烷烃的系统命名法 ………………… 72
     第二节　苯的同系物的命名 …………… 74
       一、简单苯的同系物的命名 …………… 74
       二、复杂苯的同系物的命名 …………… 74
     第三节　脂肪族化合物的命名 ………… 74
       一、主体官能团和取代基官能团 ……… 74
       二、只含取代基官能团的脂肪族化合物
         的命名 ………………………………… 75
       三、含单个主体官能团的脂肪族化合物
         的命名 ………………………………… 75
       四、含多个主体官能团的脂肪族化合物
         的命名 ………………………………… 76
     第四节　芳香族化合物的命名 ………… 77
       一、只含取代基官能团的芳香族化合物
         的命名 ………………………………… 77
       二、含主体官能团的芳香族化合物的
         命名 …………………………………… 78
     第五节　杂环化合物的命名 …………… 78
     习题 ………………………………………… 80
第八章　重要有机化合物的性质 ……… 82
     第一节　重要的有机反应 ……………… 82
       一、取代反应 …………………………… 82
       二、加成反应 …………………………… 83
       三、氧化还原和生物氧化 ……………… 85
       四、脱羧反应　生物氧化中二氧化碳的
         生成 …………………………………… 87
       五、分子内脱水（消除反应） ………… 88
       六、分子间脱水缩合 …………………… 88
       七、酸碱性 ……………………………… 90
       八、水解反应 …………………………… 91
       九、重氮化反应 ………………………… 92
       十、显色反应 …………………………… 92
     第二节　重要的有机化合物 …………… 92
       一、重要的烃 …………………………… 92
       二、重要的醇、酚、醚 ………………… 92
       三、重要的醛、酮 ……………………… 94
       四、重要的有机酸及其衍生物 ………… 94

五、重要的胺及其衍生物 …………… 96
　　六、重要的杂环化合物 ………………… 96
　习题 …………………………………………… 98
第九章　三大营养物质 ……………………… 100
　第一节　糖类 ………………………………… 100
　　一、单糖 ………………………………… 100
　　二、二糖 ………………………………… 102
　　三、多糖 ………………………………… 102
　　四、糖类的生理功能 …………………… 103
　第二节　蛋白质 ……………………………… 104
　　一、蛋白质的分子组成 ………………… 104
　　二、蛋白质的分子结构 ………………… 105
　　三、蛋白质的重要性质 ………………… 107
　　四、蛋白质的生理功能 ………………… 109

　第三节　脂类 ………………………………… 109
　　一、油脂 ………………………………… 109
　　二、类脂 ………………………………… 110
　习题 ………………………………………… 111
第十章　酶与辅酶 …………………………… 113
　第一节　酶 …………………………………… 113
　　一、概述 ………………………………… 113
　　二、酶的结构特点和催化机制 ………… 114
　　三、影响酶促反应速率的因素 ………… 116
　第二节　维生素与辅酶 ……………………… 118
　　一、水溶性维生素 ……………………… 118
　　二、脂溶性维生素 ……………………… 119
　习题 ………………………………………… 119

第三部分　物质代谢

第十一章　糖代谢 …………………………… 120
　第一节　糖的分解代谢 ……………………… 120
　　一、糖的无氧分解 ……………………… 120
　　二、糖的有氧分解 ……………………… 124
　　三、磷酸戊糖途径 ……………………… 127
　第二节　糖异生作用 ………………………… 128
　　一、糖异生作用的过程 ………………… 128
　　二、糖异生作用的生理意义 …………… 129
　第三节　糖原的合成与分解 ………………… 129
　　一、糖原的合成 ………………………… 129
　　二、糖原的分解 ………………………… 129
　第四节　血糖及其调节 ……………………… 130
　　一、血糖的来源和去路 ………………… 130
　　二、激素对血糖浓度的调节 …………… 130
　习题 ………………………………………… 130
第十二章　脂类代谢 ………………………… 131
　第一节　概述 ………………………………… 131
　　一、脂肪贮存 …………………………… 131
　　二、脂肪动员 …………………………… 131
　　三、脂类的运输 ………………………… 131
　第二节　脂肪代谢 …………………………… 132
　　一、脂肪的分解代谢 …………………… 132
　　二、脂肪的合成代谢 …………………… 135
　第三节　类脂代谢 …………………………… 138
　　一、磷脂代谢 …………………………… 138
　　二、胆固醇代谢 ………………………… 138
　习题 ………………………………………… 139
**第十三章　蛋白质的酶促降解和
　　　　　氨基酸代谢** ……………………… 141

　第一节　概述 ………………………………… 141
　　一、蛋白质的消化、吸收与腐败 ……… 141
　　二、氮平衡 ……………………………… 142
　第二节　氨基酸的分解代谢 ………………… 142
　　一、氨基酸代谢的概况 ………………… 142
　　二、氨基酸的一般分解代谢 …………… 143
　　三、氨基酸分解产物的代谢 …………… 144
　第三节　某些氨基酸的特殊代谢 …………… 147
　　一、一碳单位的代谢 …………………… 147
　　二、含硫氨基酸的代谢 ………………… 148
　　三、芳香族氨基酸的代谢 ……………… 148
　第四节　糖、脂类和蛋白质代谢之间
　　　　　的关系 ……………………………… 149
　　一、相互关系 …………………………… 149
　　二、相互影响 …………………………… 149
　习题 ………………………………………… 150
第十四章　核酸与蛋白质的生物合成 ……… 152
　第一节　概述 ………………………………… 152
　　一、核酸的化学组成 …………………… 152
　　二、DNA 的分子结构 ………………… 154
　第二节　核酸的生物合成 …………………… 155
　　一、DNA 指导下的 DNA 生物合成——
　　　　复制 ………………………………… 155
　　二、RNA 指导下 DNA 的生物合成——
　　　　逆转录 ……………………………… 157
　　三、DNA 指导下 RNA 的生物合成——
　　　　转录 ………………………………… 158
　　四、RNA 指导下的 RNA 合成——
　　　　RNA 的自我复制 ………………… 160

第三节　蛋白质的生物合成 …………… 160
　　一、RNA在蛋白质生物合成中的作用 … 161
　　二、蛋白质的生物合成过程 …………… 163
　　三、多肽链合成后的加工修饰 ………… 164
　习题 …………………………………………… 165

第十五章　肝脏的生物化学 …………… 166
　第一节　肝脏的结构特点和化学组成 …… 166
　　一、肝脏的结构特点 …………………… 166
　　二、肝脏的化学组成 …………………… 167
　第二节　肝脏在代谢中的作用 …………… 167
　　一、肝脏在糖代谢中的作用 …………… 167

　　二、肝脏在脂类代谢中的作用 ………… 167
　　三、肝脏在蛋白质代谢中的作用 ……… 168
　　四、肝脏在维生素代谢中的作用 ……… 168
　　五、肝脏在激素代谢中的作用 ………… 168
　第三节　肝脏的生物转化作用 …………… 169
　　一、概述 ………………………………… 169
　　二、生物转化的反应类型 ……………… 169
　第四节　肝脏的分泌排泄作用 …………… 172
　　一、胆汁与胆汁酸的代谢 ……………… 172
　　二、胆色素的代谢 ……………………… 173
　习题 …………………………………………… 173

第四部分　实验实训

　实验室规则 …………………………………… 175
　实验一　一般溶液的配制 …………………… 175
　实验二　重铬酸钾标准溶液的配制和
　　　　　稀释 ………………………………… 177
　实验三　滴定分析基本操作 ………………… 180
　实验四　盐酸标准溶液的配制和标定 ……… 184
　实验五　食醋总酸量测定 …………………… 185
　实验六　维生素C的定量测定 ……………… 186
　实验七　血清钙的含量测定 ………………… 188
　实验八　生理盐水中NaCl的含量测定 …… 189
　实验九　溶液酸碱性的测定 ………………… 189
　实验十　电解质和缓冲溶液 ………………… 191
　实验十一　氧化还原和配位化合物 ………… 193
　实验十二　萃取分离技术 …………………… 195
　实验十三　蒸馏操作技术 …………………… 197

　实验十四　旋光度的测定技术 ……………… 199
　实验十五　重要有机化合物的性质
　　　　　　（一）………………………………… 200
　实验十六　重要有机化合物的性质
　　　　　　（二）………………………………… 202
　实验十七　糖类、蛋白质的性质 …………… 203
　实验十八　蛋白质含量的测定 ……………… 204
　实验十九　影响酶活性的因素 ……………… 206
　实验二十　血液生化样品的制备 …………… 208
　实验二十一　血糖含量的测定 ……………… 211
　实验二十二　酮体的生成和利用 …………… 213
　实验二十三　血清蛋白醋酸纤维薄膜
　　　　　　　电泳 …………………………… 214
　实验二十四　动物组织中核酸的提取与
　　　　　　　鉴定 …………………………… 215

参考文献 …………………………………………………………………………………………… 218
元素周期表

绪 论

一、化学的研究对象

化学是以物质为研究对象，在原子、分子水平上研究物质的组成、结构、性质及其变化规律的一门基础科学。

二、化学的研究范围

化学的研究范围非常广泛，其中与生物体关系密切的有无机化学、分析化学、有机化学和生物化学。无机化学研究元素和无机化合物性质、结构及其变化规律；分析化学研究物质化学组成的鉴定和测定的方法及有关原理；有机化学研究有机化合物的组成、结构、性质、变化规律及有关理论；生物化学以生物体为研究对象，运用化学的原理及方法研究生物体内物质的化学组成、生命活动过程中物质的化学变化规律，以及化学变化与生理功能的关系，从而阐明生命现象的化学本质。

以动物体为研究对象的生物化学称为动物生物化学。动物在生命活动过程中，不断地与外界环境进行物质交换，即机体从外界摄取营养物质，这些营养物质在体内的合成反应中作为原料，使机体的各种组织结构能够生长、发育、繁殖和修复；而在分解反应中主要作为能源物质，经生物氧化作用释放出能量，供各种生命活动所需，同时产生的代谢废物经机体排泄器官排出体外，又回到外界环境。机体与外界环境的这种物质交换过程，称为新陈代谢或物质代谢。动物生物化学的研究内容包括组成动物体的各种物质的结构、性质、结构和功能的关系、物质代谢及代谢调节、遗传信息的传递和调控等。无机、有机和分析化学主要是为动物生物化学奠定基础的。动物生物化学研究糖类、脂肪、蛋白质、核酸、无机盐及水在生物体内的代谢，就必须首先了解这些物质的结构及性质的相关知识。

三、化学与动物医学的关系

化学尤其是动物生物化学与动物医学专业有着密切的联系。例如许多疾病的发病机制、诊断和治疗均需利用生物化学的理论和技术，临床上的生化诊断在今天已成为一种不可缺少的诊断方法。

化学作为动物医学专业的一门重要的专业基础课，与其他专业课程也有一定关系。如生理学中的消化吸收；药理学中药物的结构、性质及在体内的转变；医学检验中的血液、尿液、粪便的检验理论及技术等都涉及化学知识；临床护理中酒精的消毒作用和降温作用、药物的配制、药物浓度的计算等也都直接运用到化学知识；生物化学起源于有机化学和生理学，在内容上仍和这两门学科有着密切联系；微生物和免疫学研究病原微生物的代谢及防治要应用生物化学的知识和技术；细胞生物学是研究生物体细胞的形态、成分、结构和功能的学科，它的研究也需要生物化学的知识；现代药理学也离不开生物化学，往往以酶的活性、激素作用及代谢途径的研究为其发展的依据；动物生物化学研究的是正常动物体的物质代谢过程，有了正常代谢的知识，就能鉴别异常时的代谢紊乱，因此也为病理学及兽医临床的学习奠定了基础。

四、动物医用化学的主要内容

　　动物医用化学是一门为高职高专动物医学专业开设的一门基础化学课程，综合了与动物医学专业相关的无机、分析、有机和动物生物化学等课程的基本理论、基本知识及基本技能。这四部分在学习上的侧重点是不同的。无机化学部分的重点是物质结构、化学平衡、电解质溶液、渗透压、氧化还原、配位化合物，以及水盐代谢、酸碱平衡等与医药专业密切相关的知识；分析化学部分的重点是滴定分析和光度分析的基本知识和基本操作技能；有机化学部分的重点是有机物的结构特点、命名和主要理化性质；生物化学部分的重点是体内各种无机物和有机物的存在形式、功能、结构与功能的关系，体内物质代谢过程、意义、代谢调节以及遗传信息传递的基本过程。学生在学习过程中要目标明确，把握重点，做到预习、听课、复习三步到位，才能对所学内容融会贯通，真正领会其精髓。

第一部分　无机及分析化学

第一章　物质的结构及变化

本章学习目标

★ 了解原子的组成、同位素及其应用。
★ 认识元素周期表的结构，理解周期表中元素性质的递变规律。
★ 理解离子键和共价键的形成，了解分子间作用力和氢键及其与物质性质的关系。
★ 认识配合物的组成、性质和命名。
★ 认识氧化还原反应的实质，熟悉医学上常用的氧化剂和还原剂。

物质结构是研究物质的微观结构及结构与性能关系的一门学科。认识和了解物质的结构是掌握物质化学性质和化学变化规律的基础。原子结构是物质内部结构的基础，研究物质及其变化的规律，首先要认识原子的内部结构。

第一节　原子的组成和同位素

一、原子的组成

原子是组成物质的基本粒子，是元素化学性质的最小单位。原子是由居于原子中心的带正电荷的原子核和核外带负电荷的电子构成的。由于原子核所带的电量与核外电子的电量相等而电性相反，因此，整个原子不显电性。

原子很小，原子核更小，原子核的半径约为原子半径的几万分之一，其体积只占原子体积的几百万亿分之一。

原子核虽小，但由质子和中子两种粒子构成，每个质子带一个单位的正电荷，中子不带电。因此，在原子中，质子数决定原子核所带的正电荷数即核电荷数。按核电荷数由小到大的顺序给元素编号，所得的序号称为该元素的原子序数。

$$原子序数=核电荷数=核内质子数=核外电子数$$

原子的质量很小，常用相对原子质量表示。而电子的质量更小，约为质子质量的 1/1836，故一般可以忽略。因此，原子的质量主要集中在原子核上。将原子核内所有质子和中子的相对质量取近似的整数值加起来，所得的数值叫做质量数。质量数用符号 A 表示，中子数用符号 N 表示，质子数用符号 Z 表示，则它们的关系为

$$质量数(A)=质子数(Z)+中子数(N)$$

如以 $_Z^A X$ 代表一个质量数为 A、质子数为 Z 的原子，那么，组成原子的粒子间关系可表示如下：

$$\text{原子}(^A_Z\text{X}) \begin{cases} \text{原子核} \begin{cases} \text{质子 } Z \text{ 个} \\ \text{中子}(A-Z)\text{ 个} \end{cases} \\ \text{核外电子 } Z \text{ 个} \end{cases}$$

二、同位素

具有相同质子数和不同中子数的同种元素的不同原子互称为同位素。大多数元素都有同位素。氢元素有 ^1_1H(H、氕)、^2_1H(D、氘)、^3_1H(T、氚) 三种同位素;碘元素有 $^{127}_{53}\text{I}$、$^{131}_{53}\text{I}$ 等同位素;钴元素有 $^{59}_{27}\text{Co}$、$^{60}_{27}\text{Co}$ 等同位素;碳元素有 $^{12}_{6}\text{C}$、$^{13}_{6}\text{C}$、$^{14}_{6}\text{C}$ 等同位素。天然存在的某种元素的各种同位素的质量数不同,但它们的化学性质几乎完全相同。

同位素可以分成两类,一类是稳定同位素,其原子核不会自发地发生变化,另一类是放射性同位素,其原子核会自发地发生变化,并同时放射出肉眼看不见的高能射线,然后变成另一种稳定的同位素。同位素技术已广泛应用在农业、工业、医学、地质及考古等领域。目前在世界上已经有 100 多种放射性同位素用在医学诊断上,其中最常用的为 $^{131}_{53}\text{I}$、$^{32}_{15}\text{P}$、$^{60}_{27}\text{Co}$、$^{198}_{79}\text{Au}$、$^{51}_{24}\text{Cr}$、$^{59}_{26}\text{Fe}$ 等。

三、原子核外电子的排布

原子很小,原子核更小,原子内部绝大部分是空的,电子在带正电荷的原子核外直径约 0.2~0.3nm 的球形空间范围内作高速运动,其运动状态非常复杂,但也有一定规律。

科学研究证明,在含有多电子的原子中,电子的能量并不相同,能量低的通常在离核较近的区域内运动,能量高的通常在离核较远的区域内运动。根据电子的能量差异和通常运动区域离核远近的不同,可将核外电子的运动区域分为不同的电子层,即第一电子层(K)、第二电子层(L)、第三电子层(M)、第四电子层(N)、第五电子层(O)、第六电子层(P)、第七电子层(Q)。其中,第一电子层离核最近、能量最低;第七电子层离核最远、能量最高。

因此,核外电子的运动是在不同电子层上的分层运动。核外电子的分层运动又称为核外电子的分层排布。1~20 号元素原子的核外电子排布情况见表 1-1。

表 1-1 1~20 号元素原子的核外电子排布

原子序数	元素名称	元素符号	K	L	M	N
1	氢	H	1			
2	氦	He	2			
3	锂	Li	2	1		
4	铍	Be	2	2		
5	硼	B	2	3		
6	碳	C	2	4		
7	氮	N	2	5		
8	氧	O	2	6		
9	氟	F	2	7		
10	氖	Ne	2	8		
11	钠	Na	2	8	1	
12	镁	Mg	2	8	2	
13	铝	Al	2	8	3	
14	硅	Si	2	8	4	
15	磷	P	2	8	5	
16	硫	S	2	8	6	
17	氯	Cl	2	8	7	
18	氩	Ar	2	8	8	
19	钾	K	2	8	8	1
20	钙	Ca	2	8	8	2

从表 1-1 可以看出，原子核外电子的分层排布有如下规律。

① 各电子层最多容纳的电子数是 $2n^2$ 个（n 为电子层数）。

② 通常情况下，核外电子总是尽先排布在能量最低的电子层里，然后由里往外，依次排布在能量逐步升高的电子层里，即排满了 K 层才排 L 层，排满了 L 层才排 M 层。

③ 最外层电子数不超过 8 个（K 层 2 个），次外层不超过 18 个，倒数第三层不超过 32 个。

④ 稀有气体元素原子的最外层为 8 电子稳定结构（氦除外）；金属元素原子的最外层电子数一般少于 4 个，非金属元素原子的最外层电子数一般多于 4 个。

需要注意的是，以上规律是互相联系的，不可孤立地理解。如当 M 层不是最外层时，最多可以排 18 个电子，而当它是最外层时，则最多只能排 8 个电子。

第二节　元素周期律和元素周期表

一、元素周期律

按核电荷数的递增把所有元素排列起来，结果发现，元素的性质如核外电子的排布、原子的半径、元素的主要化合价、金属性和非金属性等呈现周期性的变化。元素的性质随着元素原子序数的递增而呈现周期性变化的规律叫做元素周期律。元素周期律是由俄国化学家门捷列夫于 1869 年提出的，它将化学变成一门系统的科学，是化学发展史上的一个里程碑。

二、元素周期表

根据元素周期律，把已知的 112 种元素中电子层数相同的各种元素按原子序数递增顺序从左到右排成横行，再把不同横行中最外层电子数相同、性质相似的元素按电子层数递增顺序由上而下排成纵行，这样就得到了元素周期表。

（一）周期表的结构

1. 周期

到目前为止，已经发现的一百多种元素在周期表中共排列成七个横行，每一个横行称为一个周期。各周期元素的数目分别是：第一周期 2 种，第二、第三周期各有 8 种，第四、第五周期各有 18 种，第六周期有 32 种，第七周期尚未填满（填满有 32 种）。第一、第二、第三周期称为短周期；第四、第五、第六周期称为长周期；第七周期称为不完全周期。周期表中的周期数等于该元素原子核外电子层数。

2. 族

元素周期表中共有 18 个纵行，16 个族。除第 8、第 9、第 10 三个纵行统称为第Ⅷ B 族外，其余 15 个纵行，每个纵行为一个族。由短周期元素和长周期元素共同构成的族为主族，共 8 个主族，分别用ⅠA、ⅡA、ⅢA、ⅣA、ⅤA、ⅥA、ⅦA 和ⅧA 表示；完全由长周期元素构成的族称为副族，共 8 个副族，分别用ⅠB、ⅡB、ⅢB、ⅣB、ⅤB、ⅥB、ⅦB 和ⅧB 表示。

对于主族元素而言，族序数等于原子的最外层电子数；各族元素的最高正价等于该元素原子最外层电子数，而最低负价等于最高化合价－8。如氧族（ⅥA）最高化合价等于＋6，最低负价等于－2。

副族元素较复杂，ⅠB、ⅡB 副族与主族相似，族序数等于最外层电子数。其他副族（ⅢB~ⅧB）上述关系不一定成立。

(二) 周期表中元素性质的递变规律

1. 元素的性质

(1) **元素的金属性和非金属性**　原子失去电子成为阳离子的能力称为元素的金属性。原子越容易失去电子，则生成的阳离子越稳定，该元素的金属性就越强。

原子得到电子成为阴离子的能力称为元素的非金属性。原子越容易得到电子，则生成的阴离子越稳定，该元素的非金属性就越强。

(2) **电离能**　基态的气态原子失去一个电子形成+1价气态阳离子时所需能量称为元素的第一电离能 (I_1)。从+1价气态阳离子失去一个电子形成+2价气态阳离子时所需能量称为元素的第二电离能 (I_2)。第三、第四电离能依此类推，并且 $I_1<I_2<I_3<\cdots$。

电离能的大小可以衡量元素原子失电子的能力，即可以衡量元素金属性的相对强弱。I_1 越小，越易失电子，金属性越强，反之，金属性越弱。

(3) **电负性**　元素的电负性是用来度量原子在分子中吸引成键电子能力的相对大小。元素的电负性愈大，吸引电子的倾向愈大，非金属性也愈强。

2. 周期表中主族元素性质的递变规律

(1) **同周期中主族元素性质的递变规律**　同一周期中，各元素原子核外电子层数相同，从左往右，核电荷数依次增加，原子半径逐渐减小，核对外层电子吸引能力逐渐增强，失电子能力逐渐减弱，得电子能力逐渐增强，第一电离能和电负性均逐渐增大，元素的金属性逐渐减弱，非金属性逐渐增强。

(2) **同主族中元素性质的递变规律**　同一主族中，各元素原子最外层电子数相同，从上往下，电子层数逐渐增多，原子半径逐渐增大，核对外层电子的吸引力逐渐减弱，得电子能力逐渐减弱，失电子能力逐渐增强，第一电离能和电负性均逐渐减小，元素的金属性逐渐增强，非金属性逐渐减弱。

第三节　化学键和分子间作用力

一、化学键

原子结合成分子，说明原子之间存在一种相互作用力，分子或晶体内相邻原子（或离子）间强烈的相互作用力称为化学键。常见化学键有离子键、共价键和金属键三种类型。

(一) 离子键

当活泼金属元素与活泼非金属元素化合时，比如钠原子和氯原子相互作用时，由于钠原子最外层有1个电子，很容易失去形成钠离子；氯原子最外层有7个电子，很容易得到1个电子形成氯离子。钠离子和氯离子之间通过静电作用相互吸引，同时电子与电子、原子核与原子核之间又相互排斥，当引力和斥力达到平衡时，就形成了稳定的化学键。

像氯化钠这样，由阴、阳离子间通过静电作用形成的化学键叫离子键。活泼金属元素（如钾、钠、钙等）与活泼非金属元素（如氯、溴、氧等）化合时，一般都能形成离子键。以离子键形成的化合物叫做离子化合物，如 $NaCl$、CaF_2、MgO、KI 等。一般而言，离子化合物在室温下呈晶体，也称为离子晶体。离子晶体具有较高的熔点、沸点、硬而脆。在离子晶体中，阴阳离子不能自由移动所以不导电；但熔化或溶于水时，其离子能自由移动因而能导电。

(二) 共价键

1. 共价键的形成

当两个非金属原子彼此靠近时,由于均易得电子,原子间不能以得失电子的方式形成化学键。如当两个氢原子相互靠近时,由于得失电子能力相同,电子不是从一个氢原子转移到另一个氢原子,而是为两个氢原子所共有,形成了围绕原子核运动的共用电子对。

像氢分子这样,原子间通过共用电子对所形成的化学键称为共价键。非金属元素(如氢、氧、氮等)与非金属元素化合时,一般都形成共价键。全部以共价键结合形成的化合物称为共价化合物。如 HCl、H_2O、NH_3、CO_2 等。

化学上,通常用一根短线来表示一对共用电子对,如 H—H、Cl—Cl、H—Cl。这种表示的方式称为结构式。

2. 键参数

表示共价键性质的某些物理量称为键参数,如键长、键能、键角等。在分子中,两个成键原子核间的距离,叫做键长;拆开 1mol 的某化学键所需要吸收的能量叫做键能;分子间键与键之间的夹角叫做键角。一般来讲,键长越短,键能越大,表示共价键越牢固,分子就越稳定。

3. 共价键的类型

共价键有非极性共价键和极性共价键之分。同种原子间形成的共价键由于两个原子相同,共用电子对不偏向于任何原子一方,成键的原子不显电性,这样的共价键称为非极性共价键,简称非极性键。如 H—H、Cl—Cl 等。不同种原子间形成的共价键,共用电子对偏向于吸引电子能力强的一方,使成键原子带上一定的正电荷或负电荷,这样的共价键称为极性共价键,简称极性键。如 H—Cl、O—H、H—I、H—S 等。

此外,按原子轨道的重叠方式不同还可将共价键分为 σ 键和 π 键。其中 π 键不能单独存在,一般是和 σ 键同时存在。如:共价单键均为 σ 键;共价双键或三键中,只有一个是 σ 键,其余的均为 π 键。与 π 键相比较,σ 键较稳定,在化学反应中首先是 π 键断裂。

4. 配位键

在共价键中,共用电子对是由成键原子双方各提供一个未成对电子而形成的,还有一类特殊的共价键,共用电子对是由一个原子单独提供而与另一个原子共用,这样的共价键称为配位键。配位键通常用"A→B"表示,其中 A 是提供孤对电子的原子,B 是能接受孤对电子的原子,如 NH_4^+ 可表示为

$$\left[H-\underset{\underset{H}{|}}{\overset{\overset{H}{|}}{N}}\rightarrow H \right]^+$$

二、分子间的作用力和氢键

(一)分子的极性

以非极性键形成的双原子分子,因共用电子对不偏向任何原子,整个分子不显电性,这样的分子称为非极性分子。如 H_2、O_2、N_2、Cl_2 等。

以极性键形成的双原子分子,共用电子对偏向于吸引电子能力强的原子,使整个分子电荷分布不均匀,正负电荷重心不重合,这样的分子称为极性分子。如 HF、HCl、HBr 等。

由极性键形成的多原子分子,若分子的结构对称,分子正负电荷重心重合,这样的分子就是非极性分子,如 CO_2(直线形)、CH_4(正四面体)、CCl_4(正四面体)等;若分子的结构不对称,分子正负电荷重心不重合,这样的分子就是极性分子,如 H_2O(V 形)、SO_2(V 形)、NH_3(三角锥形)等。

可见,由极性键形成的多原子分子是否有极性,主要取决于分子的组成和几何构型。具

有对称结构的分子,是非极性分子,结构不对称的分子,是极性分子。

（二）分子间作用力

相邻原子间的强烈作用力称为化学键,通常为 $10^2 \sim 10^3 \text{kJ} \cdot \text{mol}^{-1}$,而在分子与分子间则有比较弱的作用力,这种作用力就称为分子间作用力,又叫范德华力,一般在 $10 \text{kJ} \cdot \text{mol}^{-1}$ 以下。分子间作用力是由分子之间很弱的静电引力所产生,其大小又与分子的极性、相对分子质量有关。物质的许多物理性质如沸点、熔点、黏度、表面张力等都与分子间作用力有关。当分子类型相同时,相对分子质量越大,分子间作用力就越大,物质的熔点、沸点也就越高。例如卤素单质（F_2、Cl_2、Br_2、I_2）的熔沸点依次递增,甲烷、乙烷、丙烷……沸点依次递增。

（三）氢键

如果从分子间作用力来分析,H_2O 的沸点应该比 H_2S 低,可实际上却要高得多。这种反常现象说明水分子间有一种特殊的分子间作用力,这种特殊的分子间作用力就是氢键。现以水分子为例来说明氢键的形成。当氢原子与电负性很大且原子半径很小的氧原子以共价键结合时,共用电子对被强烈地引向氧的一方,而使氢带正电性,能与另一个水分子中的氧原子上的孤对电子相吸引,结果水分子间便构成氢键 O—H⋯O 而缔合在一起。HF 也因氢键的形成而发生缔合现象,生成 $(HF)_n$,$n=2、3、4$ 等。

氢原子只有跟电负性大的,并且其原子具有孤对电子的元素化合后,才能形成较强的氢键,这样的元素有氟、氧和氮等。即含有 H—N、H—O 或 H—F 的分子中的 H 可与另一个 N、O 或 F 之间形成氢键。

氢键既可以在分子间形成也可以在分子内形成。含分子间氢键的化合物,其熔沸点较同类化合物明显升高,有氢键的物质间互溶性增加,如乙醇与水以任意比互溶。而分子内氢键的生成,一般会使化合物的熔沸点降低。

氢键在生命活动过程中有重要作用。蛋白质分子中的氨基酸残基之间的众多氢键能使其形成稳定的空间结构,使它们具有不同的生理功能。DNA 分子中的碱基依赖于氢键而配对,使其成为生命的遗传物质。

第四节 配位化合物

配位化合物简称配合物,是一类广泛存在、组成较为复杂、在理论和应用上都十分重要的化合物。目前对配位化合物的研究已远远超出了无机化学的范畴,它涉及有机化学、生物化学、分析化学、生物学、医药学等许多领域。

一、配合物的基本概念

向 $CuSO_4$ 稀溶液中逐滴加入氨水,开始有淡蓝色的 $Cu(OH)_2$ 沉淀生成,继续滴加氨水,沉淀逐渐消失,最终得深蓝色透明溶液。

将此深蓝色透明溶液分成两份:一份溶液中加入少量的 $BaCl_2$ 溶液,立即有白色沉淀 $BaSO_4$ 生成,说明此溶液中含有 SO_4^{2-}；另一份溶液中加入少量 NaOH 溶液,并无蓝色的 $Cu(OH)_2$ 沉淀生成,说明此溶液中几乎无 Cu^{2+}。

向该深蓝色透明溶液中加入乙醇溶液,便可析出深蓝色晶体 $[Cu(NH_3)_4]SO_4$。$[Cu(NH_3)_4]SO_4$ 在水溶液中可全部解离为 $[Cu(NH_3)_4]^{2+}$ 和 SO_4^{2-},其中 $[Cu(NH_3)_4]^{2+}$ 是由一个 Cu^{2+} 和 4 个 NH_3 分子以配位键形成的复杂离子。它在水中类似于弱电解质,只能

极少部分解离出 Cu^{2+} 和 NH_3。

$$[Cu(NH_3)_4]SO_4 \longrightarrow [Cu(NH_3)_4]^{2+} + SO_4^{2-}$$

$$[Cu(NH_3)_4]^{2+} \rightleftharpoons Cu^{2+} + 4NH_3$$

由一个金属阳离子和一定数目的中性分子或阴离子结合而成的复杂离子称为配离子，如 $[Cu(NH_3)_4]^{2+}$。配离子和带相反电荷的其他离子所组成的化合物称为配合物，如 $[Cu(NH_3)_4]SO_4$。习惯上也常把配离子叫做配合物。

二、配合物的组成

配合物的结构比较复杂，现以 $[Cu(NH_3)_4]SO_4$ 为例说明配合物的组成。

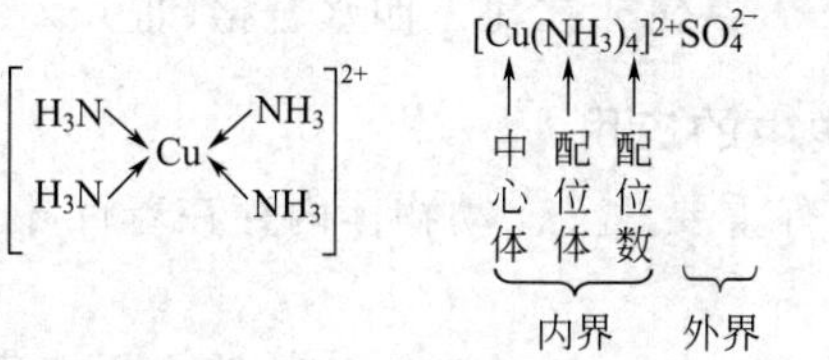

在 $[Cu(NH_3)_4]^{2+}$ 中的 4 个 NH_3 分子位于同一平面上，以正四边形的方位与 Cu^{2+} 结合，其中 Cu^{2+} 位于四边形的中心位置，提供空轨道，叫中心体。NH_3 分子位于四边形的顶角，叫配位体，其中提供孤对电子直接与中心体以配位键结合的 N 原子称为配位原子。有 4 个配位原子与 Cu^{2+} 相配，因此 Cu^{2+} 的配位数为 4。整个离子叫内界，用方括号括在一起，SO_4^{2-} 则为外界。

配位体中只有一个配位原子的配位体称为单齿配位体。常见的单齿配位体有 X^-、S^{2-}、H_2O、NH_3、CO、CN^- 等。由单齿配位体与中心体形成的配合物一般比较简单，没有环状结构。

若配位体中含有两个或更多的配位原子，称为多齿配位体（螯合剂）。常见的多齿配位体有乙二胺、乙二胺四乙酸、邻二氮菲、卟吩等。

$H_2N-CH_2CH_2-NH_2$
乙二胺

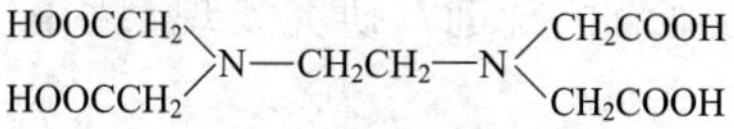

乙二胺四乙酸(EDTA)

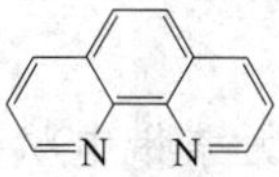

邻二氮菲(1,10-邻菲啰啉)

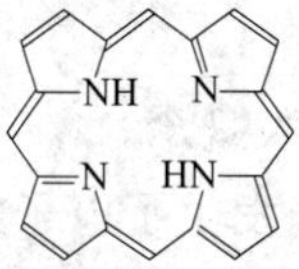

卟吩

多齿配位体与中心体形成的配合物具有环状结构，称为螯合物。在螯合物的结构中，多齿配体的配位原子像螃蟹的螯一样钳住了中心体，使其稳定性大增。

三、配合物的命名

配合物的命名总体上符合一般无机物的命名原则，即阴离子名称在前，阳离子名称在后，阴、阳离子名称之间加"化"字或"酸"字。但配位体与中心体名称之间加"合"字相连。

配离子的命名顺序为：配位体的数目（中文数字）→配位体的名称（不同配位体之间用一圆点分开）→合→中心体→化合价（罗马数字加括号）

当有多种配位体时，名称顺序与化学式的书写顺序相同。即先无机配体后有机配体，先阴离子后中性分子，同类配体时，按配位原子元素符号的英文字母顺序排列。例如

$[Cu(NH_3)_4]SO_4$	硫酸四氨合铜(Ⅱ)
$[Ag(NH_3)_2]OH$	氢氧化二氨合银(Ⅰ)
$H_2[PtCl_6]$	六氯合铂(Ⅳ)酸
$[Ni(CO)_4]$	四羰基合镍(0)
$[Ca(EDTA)]^{2-}$	乙二胺四乙酸根合钙(Ⅱ)
$K_3[Fe(NCS)_6]$	六异硫氰根合铁(Ⅲ)酸钾
$K_4[Fe(CN)_6]$	六氰合铁(Ⅱ)酸钾(亚铁氰化钾,黄血盐)
$K_3[Fe(CN)_6]$	六氰合铁(Ⅲ)酸钾(铁氰化钾,赤血盐)
$[CrCl_2(H_2O)_4]Cl$	一氯化二氯·四水合铬(Ⅲ)

四、配合物在医学药学中的应用

配合物在医学、药学上有重要意义。动物体内存在着许多金属配合物,生命与许多配位反应密切相关。

人体内必须的微量元素 Fe、Cu、Zn、Mn、Co 等一般都是以配合物的形式存在于体内,各有其特殊的生理功能。动物血液中起输送氧气作用的血红素是含有亚铁的配合物,锌胰岛素是含锌的配合物,维生素 B_{12} 是含钴的配合物。

有些药物如柠檬酸铁铵和酒石酸锑钾本身就是配合物。某些配合剂能与重金属离子形成配离子,医药上可用作重金属离子的解毒剂。例如,临床上采用注射 $Na_2[CaY]$ 治疗铅中毒,$Na_2[CaY]$ 与体内蓄积的铅作用,生成无毒的可溶性螯合物 $[PbY]^{2-}$,经肾脏排出体外。这种通过选择合适的配体或螯合剂排除体内有毒或过量的金属离子的方法称为螯合疗法,所用的螯合剂称为促排剂(解毒剂)。又如,柠檬酸钠也可用来治疗铅中毒;D-青霉胺常用来排除体内积累的铜;二巯基丙醇(BAL)是治疗 Hg、As 中毒的首选药物。

此外,EDTA、柠檬酸钠还可与血液中的 Ca^{2+} 结合形成稳定的配合物,可避免血液凝结,是临床上常用的血液抗凝剂。研究发现某些配合物还具有一定的抗菌、抗病毒作用等。

第五节 氧化还原反应

一、氧化还原反应的基本概念

在氧化还原反应中,由于发生了电子转移,导致某些元素带电状态发生变化。为了描述元素原子带电状态的不同,人们提出了氧化值的概念。氧化值也叫做氧化数。

(一)氧化数

1970 年,国际纯粹与应用化学联合会(IUPAC)对氧化数的定义是:氧化数是某元素一个原子的荷电数,这个荷电数是假设把每个化学键的电子指定给电负性更大的原子而求得的。确定氧化数的规则如下:

① 在单质中,元素的氧化数为零。

② 在单原子离子中,元素的氧化数等于离子所带的电荷数。在多原子离子中各元素氧化数的代数和等于离子所带的电荷数。

③ 在大多数化合物中,氢的氧化数为 +1,只有在活泼金属的氢化物(如 NaH,CaH_2)中,氢的氧化数为 -1。

④ 通常,在化合物中氧的氧化数为 -2;但在过氧化物(如 H_2O_2、Na_2O_2、BaO_2)中氧的氧化数为 -1;而在 OF_2 和 O_2F_2 中,氧的氧化数分别为 +2 和 +1。

⑤ 在所有氟化物中，氟的氧化数为 -1。
⑥ 碱金属和碱土金属在化合物中的氧化数分别为 +1 和 +2。
⑦ 在中性分子中，各元素氧化数的代数和为零。

根据上述原则，可以确定化合物中某元素的氧化数。例如乙炔 C_2H_2 中的碳元素的氧化数为 -1，草酸根离子 $C_2O_4^{2-}$ 中碳元素的氧化数为 +3；硫代硫酸钠 $Na_2S_2O_3$ 中硫元素的氧化数为 +2。

氧化数和化合价是不同的概念，但两者在数值上常相同。化合价是指元素相互结合时原子数之比。氧化数不一定是整数，而化合价只能是整数。

（二）氧化还原反应的实质

氧化还原反应中，元素的氧化数在反应前后有升降变化，而元素氧化数改变的实质是发生了电子的得失或偏移，因此氧化还原反应的实质是电子的得失或共用电子对的偏移，一般统称为电子的转移。

元素氧化数升高（失去电子或电子偏离）的过程称为氧化反应；元素氧化数降低（得到电子或电子偏向）的过程称为还原反应。氧化反应和还原反应总是同时发生的，且失电子的总数和得电子的总数相等。

二、氧化剂和还原剂

凡是元素的氧化数有变化的反应，就称为氧化还原反应。在氧化还原反应中，元素氧化数降低的物质是氧化剂，元素氧化数升高的物质是还原剂。氧化剂具有氧化性，发生还原反应；还原剂具有还原性，发生氧化反应。氧化剂和还原剂发生氧化还原反应生成的物质分别称为还原产物和氧化产物。

$$\text{氧化剂} + \text{还原剂} + \cdots = \text{还原产物} + \text{氧化产物} + \cdots$$

（得 n 个电子，被还原；失 n 个电子，被氧化）

在氧化还原反应中，还原剂被氧化，生成的氧化产物具有一定氧化性。氧化剂被还原，生成的还原产物具有一定的还原性。一般规律，还原剂越强，则其氧化产物的氧化性就越弱；氧化剂越强，则其还原产物的还原性就越弱。因此，氧化还原反应总是按较强的氧化剂和较强的还原剂相互作用向生成较弱的还原剂和较弱的氧化剂的方向进行。

三、与医学、药学有关的氧化剂和还原剂

（一）过氧化氢

过氧化氢（H_2O_2）俗称双氧水。纯品是无色黏稠液体，能与水以任意比例混合。过氧化氢受热、遇光、接触灰尘等均易分解成水和氧气。

过氧化氢有消毒杀菌作用，医药上常用质量分数为 3% 的过氧化氢水溶液作为外用消毒剂，用于清洗创口。市售过氧化氢溶液的质量分数一般为 30%，有较强的氧化性，对皮肤有很强的刺激性，使用时要进行稀释。

（二）高锰酸钾

高锰酸钾（$KMnO_4$）是常用的强氧化剂，医药上称 P.P 粉，为深紫色、有光泽的晶体，易溶于水。医药上常用其稀水溶液作为消毒剂。

高锰酸钾在不同的酸碱性溶液中，其还原产物各不相同：酸性溶液中还原产物为粉红色的 Mn^{2+}；中性或弱碱性溶液中还原产物为棕黑色的 MnO_2 沉淀；强碱性溶液中还原产物为绿色的 MnO_4^{2-}。

（三）硫代硫酸钠

$Na_2S_2O_3 \cdot 5H_2O$ 俗称大苏打或海波，它是无色晶体，易溶于水，具有还原性。医药上可用于治疗慢性荨麻疹，亦可用作氰化物及砷剂等中毒的解毒剂。

习题

1. 选择题

(1) 下列元素原子电负性最大的是（　　）。
A. N　　　　　　B. P　　　　　　C. As　　　　　　D. Sb

(2) 下列元素原子第一电离能最小的是（　　）。
A. C　　　　　　B. Si　　　　　　C. Ge　　　　　　D. Sn

(3) 下列物质中，既有离子键，又有共价键的是（　　）。
A. KCl　　　　　B. CO　　　　　C. Na_2SO_4　　　D. NH_4^+

(4) 具有 Ar 电子层结构的负一价离子的元素是（　　）。
A. Cl　　　　　　B. F　　　　　　C. Br　　　　　　D. I

(5) 下列各组物质沸点高低顺序中正确的是（　　）。
A. HI＞HBr＞HCl＞HF
B. $H_2Te＞H_2Se＞H_2S＞H_2O$
C. $NH_3＞AsH_3＞PH_3$
D. $CH_4＞GeH_4＞SiH_4$

(6) 下列物质或微粒哪一组互为同位素（　　）。
A. 红磷与白磷　　B. 石墨与金刚石　　C. ^{35}Cl 与 ^{37}Cl　　D. ^{14}C 与 ^{14}N

(7) 下列不同分子间能形成氢键的为（　　）。
A. NH_3 和 H_2O　　B. NH_3 和 CH_4　　C. HBr 和 HCl　　D. C_6H_6 和 H_2S

2. 填空题

(1) 元素的电负性是指_____。根据元素电负性的大小，可判断元素的_____强弱。同一周期主族元素从左到右电负性_____，同一主族元素从上到下电负性_____。副族元素电负性变化规律不明显。

(2) NH_3 在水中的溶解度很大，这是因为_____。

(3) CI_4、CF_4、CCl_4、CBr_4 按沸点由高到低的顺序是_____。

(4) 由一个_____和一定数目的_____以_____键结合而成的复杂离子称为配离子。配离子和_____所组成的化合物称为配合物。

(5) 按原子轨道的重叠方式不同，可将共价键分为_____和_____。能单独存在且稳定的是_____。

(6) 在 Cl_2、NH_3、CCl_4、NH_4Cl 中，由极性键形成的非极性分子为_____，既有离子键又有共价键的化合物为_____。

3. 简答题

为什么水具有比 H_2S 更高的沸点？

第二章　定量分析技术

本章学习目标

★ 熟悉定量分析中数据处理的方法。
★ 了解滴定分析的基本概念，掌握滴定基本操作技能。
★ 初步掌握紫外可见分光光度法的测定原理和操作技能。

分析化学是研究物质化学组成的分析方法及有关理论的学科。分析化学分为定性分析和定量分析两个部分。定性分析的任务是鉴定物质的化学结构和化学成分，定量分析的任务则是测定各组成成分的量或含量。本章简要介绍定量分析。

第一节　误差及数据处理

在定量分析中，分析结果应具有一定的准确度，因为不准确的分析结果会导致产品的报废和资源浪费，甚至在科学上得出错误的结论。但是在分析过程中，即使是技术很熟练的人员，用最完善的分析方法和最精密的仪器，对同一样品进行多次分析，也不能得到完全一致的分析结果，而是分析结果在一定的范围内波动。这就说明分析过程中的误差是客观存在的。

一、误差

分析工作中产生误差的原因很多，定量分析中的误差就其来源和性质的不同，可以分为系统误差和偶然误差。

（一）系统误差及其产生的原因

系统误差是由于某种固定的原因所造成的，它具有单向性，即正负、大小都有一定的规律性。在同一条件下重复测定时可重复出现，其大小往往可以估计，故也可称为可测误差。一般情况下，系统误差可通过适当的措施来减小或校正，从而提高分析结果的准确度。系统误差产生的主要原因如下。

（1）方法误差　由于分析方法本身不完善所造成。例如，反应不能定量完成；有副反应发生；滴定终点与化学计量点不一致；有干扰组分存在等。可通过选择正确的方法或校正方法减免方法误差。

（2）仪器误差　由于仪器本身不够准确或未经校准所引起。例如，容量仪器（容量瓶、滴定管、移液管等）和仪表刻度不准、砝码使用后质量有所改变等。可以通过对仪器校准来消除仪器误差。

（3）试剂误差　由于试剂不纯或蒸馏水中含有微量杂质所引起。通过空白试验或使用高纯度的水等方法可以消除试剂误差。

（4）操作误差　主要指在正常操作情况下，由于分析工作者掌握操作规程与控制条件不当所引起的。例如滴定管读数总是偏高或偏低；终点颜色判断有时深有时偏浅，可通过多次实验增加经验减免操作误差。

(二) 偶然误差及其产生的原因

偶然误差也称随机误差，是由某些偶然的因素所引起的。例如测定时环境的温度、湿度和气压的微小波动，仪器性能的微小变化等。偶然误差的大小决定分析结果的精密度。

偶然误差的大小和正负都不固定，并且有时无法控制，但如果多次测量就会发现，它们的出现服从统计规律。即大误差出现的概率小，小误差出现的概率大，绝对值相同的正负误差出现的概率相等。因此，它们之间常能相互完全或部分抵消，可以通过增加平行测定次数予以减小，并采取统计方法对测定结果作正确的表达。

在消除系统误差的前提下，如果操作细致，测定次数越多，分析结果的算术平均值越接近于真实值。

应该指出，由于操作者工作粗心、不遵守操作规程，如仪器不洁净、看错砝码、读错刻度、试剂加错、溶液溅失、记录错误和计算错误等因过失造成的错误结果，是不能通过上述方法减免的。因此，必须严格遵守操作规程，认真仔细地进行实验，如果发现错误测定结果，应予以剔除，不能与其他结果放在一起计算平均值。

二、误差的表示方法

(一) 准确度与误差

所谓准确度，是指测定值与真实值之间接近的程度，而准确度的高低用误差来衡量。误差又分绝对误差和相对误差。

测定结果（x）与真实值（x_T）之间的差值称为绝对误差（E），绝对误差的单位与测定值所用的单位相同。绝对误差在真实值中所占的百分率或千分率叫做相对误差。

$$绝对误差 \quad E = x - x_T \tag{2-1}$$

$$相对误差 \quad RE = \frac{E}{x_T} \times 100\% \tag{2-2}$$

误差越小，表示测定结果与真实值越接近，准确度越高；反之，误差越大，准确度越低。当测定结果大于真实值时，误差为正值，表示测定结果偏高；反之误差为负值，表示测定结果偏低。

【例 2-1】 甲同学称得某一物体的质量为 1.6380g，而该物体的真实质量为 1.6381g，乙同学称得另一物体的质量为 0.1637g，而该物体的真实质量为 0.1638g，求甲、乙测量的绝对误差和相对误差。

解 绝对误差 $E_甲 = x - x_T = 1.6380\text{g} - 1.6381\text{g} = -0.0001\text{g}$

$$E_乙 = x - x_T = 0.1637\text{g} - 0.1638\text{g} = -0.0001\text{g}$$

相对误差 $RE_甲 = \dfrac{E_甲}{x_T} \times 100\% = \dfrac{-0.0001}{1.6381} \times 100\% = -0.006\%$

$$RE_乙 = \frac{E_乙}{x_T} \times 100\% = \frac{-0.0001}{0.1638} \times 100\% = -0.06\%$$

由例题可见，两者测量的绝对误差相等，相对误差不等。显然，相对误差能反映误差在真实值中所占的比例，故常用相对误差来表示或比较各种情况下测定结果的准确度。当测定的量较大时，相对误差就比较小，测定的准确度也就比较高。

(二) 精密度与偏差

在实际分析工作中，一般是以精密度来衡量分析结果。在相同条件下，多次平行测定结果彼此相接近的程度称为精密度，以偏差、相对平均偏差、标准偏差和相对标准偏差来表示。数值越小,说明测定结果的精密度越高。

偏差有绝对偏差和相对偏差之分。绝对偏差(di)是指个别测定值xi与算术平均值的差值,相对平均偏差是指绝对偏差在算术平均值中所占的百分比。

算术平均值
$$\overline{x}=\frac{x_1+x_2+\cdots x_n}{n} \tag{2-3}$$

绝对偏差
$$d_i=x_i-\overline{x} \tag{2-4}$$

相对偏差
$$Rd_i=\frac{d_i}{\overline{x}}\times 100\% \tag{2-5}$$

在实际工作中,经常采用平均偏差和相对平均偏差来衡量精密度的高低。

平均偏差
$$\overline{d}=\frac{\sum_{i=1}^{n}|di|}{n}=\frac{|d_1|+|d_2|+\cdots+|d_n|}{n} \tag{2-6}$$

相对平均偏差
$$\overline{Rd}=\frac{\overline{d}}{\overline{x}} \tag{2-7}$$

当所测得数据的分散程度较大时,仅从其平均偏差已不能说明精密度的高低,这时需用标准偏差和变异系数来衡量精密度。

标准偏差
$$S=\sqrt{\frac{\sum_{i=1}^{n}d_i^2}{n-1}} \tag{2-8}$$

相对标准偏差(也称变异系数)
$$RSD=\frac{S}{\overline{x}}\times 100\% \tag{2-9}$$

在估计测定值的精密度时,变异系数应用较多。

【例 2-2】 用氧化还原滴定法测得 $FeSO_4 \cdot 7H_2O$ 中铁的质量分数为 20.01%、20.03%、20.04%、20.05%。计算分析结果的平均值、相对平均偏差、标准偏差以及 RSD。

解 算术平均值
$$\overline{x}=\frac{x_1+x_2+\cdots x_n}{n}=\frac{20.01\%+20.03\%+20.04\%+20.05\%}{4}=20.03\%$$

个别测得值的偏差分别为
$$d_1=-0.02\%、d_2=0.00\%、d_3=+0.01\%、d_4=+0.02\%$$

平均偏差
$$\overline{d}=\frac{|d_1|+|d_2|+|d_3|+|d_4|}{4}=0.013\%$$

相对平均偏差
$$\overline{Rd}=\frac{\overline{d}}{\overline{x}}\times 100\%=0.065\%$$

标准偏差
$$S=\sqrt{\frac{\sum_{i=1}^{n}d_i^2}{n-1}}=\sqrt{\frac{d_1^2+d_2^2+d_3^2+d_4^2}{4-1}}=0.017\%$$

相对标准偏差
$$RSD=\frac{S}{\overline{x}}\times 100\%=0.085\%$$

(三)精密度与准确度的关系

在分析工作中评价分析结果的优劣,应该从准确度和精密度两个方面入手,精密度高准确度不一定就高,而准确度高必须以精密度高为前提。精密度低,所得结果不可靠,也就谈不上准确度高;但是精密度高,不一定准确度高,因为可能有较大的系统误差。例如,同一标准铁试样,分别有四人分析其中的铁含量,每人平行测定4次,所得结果如图2-1所示。由图可见,甲所得结果的准确度和精密度均好,这说明系统误差和随机误差都较小;乙所得结果的精密度虽高,但准确度太低,说明存在较大的系统误差;丙测定的精密度和准确度都很差,说明系统误差和随机误差都较大;丁测定的精密度很差,但其平均值接近真实值,不能因此就说明丁的准确度高,因为这是一种偶然现象,精密度差,说明随机误差大,分析结果不可靠。

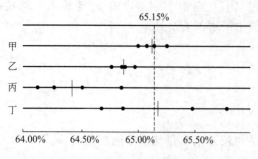

图 2-1 铁含量测定结果示意图
● 表示单次测量值;| 表示平均值

三、有效数字及其运算规则

(一) 有效数字

有效数字是指实际能测量得到的数字。一个数据中有效数字包括所有确定的数字和最后一位不确定的数字。在分析时,要得到准确的分析结果,除要进行准确测量外,还必须正确地记录和处理实验数据。数据不仅表示测量对象的数量大小,同时也反映测量的准确度和数据的可靠程度。记录和处理实验数据时必须使用有效数字。如果用电子天平称量某试样,应记录为5.1234g,有5位有效数字,而用台秤进行称量,应记录为5.1g,有效数字为2位。前者的绝对误差为±0.0002g,相对误差为±0.004%;后者的绝对误差为±0.2g,相对误差为±4%。如果将台秤结果写成5.1000g,就夸大了测量的准确性。有效数字的位数与测量的方法和所用仪器的准确度有关。

在有效数字中,数字"0"是否作为有效数字,应视具体情况而定。夹在数字中间的和数字最后的0作为普通数字用就是有效数字,如作为定位用,就不是有效数字。例如

1.0005g, 1.0200g   5位有效数字
0.5000g, 6.023×10^{23} 4位有效数字
0.0320g, 2.30×10^{2} 3位有效数字
0.0016g, 0.10%   2位有效数字

在分析化学中有一些惯例,如标准浓度一般保留4位有效数字,滴定溶液的体积必须是小数点后2位;百分含量(如质量分数)一般是小数点后2位,pH一般为2位有效数字,小数点前面的数字是用于定位的,只表示数量级的大小,不能算作有效数字,如 pH = 2.85,是2位有效数字。

(二) 有效数字的修约与运算

1. 修约规则

在获得有效数字以后进行数据处理时,要对参加运算的有效数字和运算结果进行合理的取舍。数据必须经过修约后才能进行运算,一般采用"四舍六入五留双"的原则:当测量值中拟修约的那个数字等于或小于4时,该数字舍弃;等于或大于6时,进位;等于5时且5后不全为零时,则进位;等于5时且5后全为零时,如进位后末位数为偶数则进位,进位后末位数为奇数则舍弃。根据这一规则,将下列测量值修约为两位有效数字时,结果应为

3.148	3.1
7.397	7.4
0.736	0.74
1.0501	1.1
1.0500	1.0
1.1500	1.2

2. 运算规则

（1）加减法　几个数相加或相减时，它们的和或差的有效数字保留位数，以小数点后位数最少的一个数据为准。例如

$$0.0154+34.37+4.32751=0.02+34.37+4.33=38.72$$

（2）乘除法　几个数相乘或相除时，它们的积或商的有效数字保留位数，以有效数字位数最少的一个数据为准。例如

$$0.0121\times25.64\times1.05782=0.0121\times25.6\times1.06=0.328$$

3. 注意点

① 分数和倍数是非测量值，为无限位数有效数字。

② 一个计算结果如果下一步计算用，可暂时多保留一位，最后再用上述规则进行运算。如果第一位数值≥8，则有效数字的位数可以多算一位，如 8.64 可看作 4 位有效数字。

③ 在计算过程中，应先修约后计算。

④ 定量分析的结果，高含量组分（≥10%）一般保留 4 位有效数字；中等含量组分（1%～10%）一般保留 3 位有效数字；对于微量组分（<1%），一般保留 2 位有效数字。

第二节　滴定分析法概述

定量分析分为化学分析法和仪器分析法。仪器分析法是根据物质的物理或物理化学性质来确定物质的组成及含量的分析方法，它需要精密的仪器。化学分析法是以物质的化学反应为基础的分析方法，它包括重量分析法、气体分析法和滴定分析法。

一、滴定分析的基本概念

滴定分析法是将一种已知准确浓度的试剂溶液滴加到被测物质的溶液中，直到化学反应完全时为止，然后根据所用试剂溶液的浓度和体积求得被测组分的含量，这种方法称为滴定分析法（亦称容量分析法）。

滴加到被测物质溶液中的已知准确浓度的试剂溶液称为标准溶液，也叫滴定液。向被测溶液中滴加标准溶液的过程称为滴定。当滴加的滴定剂的物质的量与被测物质的物质的量按化学计量关系恰好反应完全时的这一点，称为化学计量点。一般通过指示剂颜色来判断化学计量点的到达，指示剂颜色变化而停止滴定的这一点称为滴定终点。在实际滴定分析操作中，指示剂变色点不一定是化学计量点，由滴定终点和化学计量点之间的差别引起的误差，称为滴定误差或终点误差。

滴定分析方法常用于常量组分的分析（组分含量>1%）。此法快速、简便、准确度高，在生产实际和科学研究中应用非常广泛。

滴定分析方法是以化学反应为基础，可用于滴定分析的反应必须具备下列条件。

① 反应必须定量完成，即反应必须按一定的化学方程式进行，而且反应进行完全，通

常要求达到99.9%以上，这是定量分析结果处理的基础。

② 反应必须迅速完成。对于反应速率较慢的，可通过加热或加入催化剂等适当方法来加快反应速率。

③ 反应不受其他杂质的干扰，且无副反应。当有干扰物质存在时，可事先除去或用适当的方法分离或掩蔽，以消除影响。

④ 有适当的方法确定滴定终点。一般采用指示剂来确定终点。合适的指示剂应在终点附近变色清晰敏锐，且滴定误差小于0.1%，也可以采用仪器指示滴定终点的到达。

二、滴定分析方法

滴定分析法是以化学反应为基础。根据滴定反应的类型，滴定分析方法包括酸碱滴定法、配位滴定法、沉淀滴定法和氧化还原滴定法。

（一）酸碱滴定法

酸碱滴定法是建立在酸碱中和反应基础上的滴定分析方法，也称中和滴定法。可以用标准酸溶液滴定碱性物质，也可用标准碱溶液滴定酸性物质。其基本反应为

$$H^+ + OH^- \rightleftharpoons H_2O$$

（二）配位滴定法

配位滴定法也称络合滴定法，是以配位反应为基础的滴定分析方法。目前常用的是EDTA法。其基本反应为

$$Me^{n+} + H_2Y^{2-} \rightleftharpoons MeY^{(n-4)} + 2H^+$$
$$\text{(EDTA)}$$

（三）沉淀滴定法

以沉淀反应为基础的滴定分析方法称为沉淀滴定法。沉淀反应很多，但能用于滴定分析的并不多。目前广泛应用的是银量法。银量法是指利用生成难溶银盐的反应来进行滴定分析的方法。其基本反应有

$$Ag^+ + Cl^- \rightleftharpoons AgCl \downarrow$$
$$Ag^+ + SCN^- \rightleftharpoons AgSCN \downarrow$$

（四）氧化还原滴定法

以氧化还原反应为基础的滴定分析方法称为氧化还原滴定法。据所用标准溶液的不同，可将氧化还原滴定法分为高锰酸钾法、重铬酸钾法、碘量法等。如

$$MnO_4^- + 5Fe^{2+} + 8H^+ \rightleftharpoons Mn^{2+} + 5Fe^{3+} + 4H_2O$$
$$6Fe^{2+} + Cr_2O_7^{2-} + 14H^+ \rightleftharpoons 6Fe^{3+} + 2Cr^{3+} + 7H_2O$$
$$I_2 + 2S_2O_3^{2-} \rightleftharpoons 2I^- + S_4O_6^{2-}$$

三、滴定分析法应用实例

（一）食醋总酸量测定

食醋约含3%～5%的HAc，可用NaOH滴定，达到化学计量点时溶液显碱性，因此常选酚酞作为指示剂。

（二）血清钙测定

血清钙离子在碱性溶液中与钙红指示剂结合，成为可溶性的复合物，使溶液呈淡红色。乙二胺四乙酸二钠（EDTA）对钙离子的亲和力更大，能与复合物中的钙离子配合，使钙红指示剂重新游离，溶液变成蓝色。

(三) 生理盐水中 NaCl 的含量测定

采用莫尔法测定。即在中性或弱碱性溶液中，以 K_2CrO_4 为指示剂，用 $AgNO_3$ 标准溶液进行滴定。由于 $AgNO_3$ 沉淀的溶解度比 Ag_2CrO_4 小，溶液中首先析出白色 AgCl 沉淀。当 AgCl 定量沉淀后，过量一滴 $AgNO_3$ 溶液即与 CrO_4^{2-} 生成砖红色 Ag_2CrO_4 沉淀，指示终点到达。主要反应如下。

$$Ag^+ + Cl^- \rightleftharpoons AgCl\downarrow$$
$$2Ag^+ + CrO_4^{2-} \rightleftharpoons Ag_2CrO_4\downarrow (砖红色)$$

(四) 维生素 C 的定量测定

维生素 C 称为抗坏血酸，是水溶性维生素，具有很强的还原性，能被 I_2 定量氧化。其反应式为

[维生素C氧化反应式] $+I_2 \longrightarrow$ [脱氢抗坏血酸] $+2HI$

滴定反应以淀粉为指示剂，终点时溶液由无色变为蓝色。

第三节　吸光光度法

吸光光度法是基于物质对光的选择性吸收而建立起来的分析方法，包括比色分析、可见与紫外分光光度法以及红外吸收光谱分析等。与滴定分析方法相比，吸光光度法具有以下特点。

① 灵敏度高，适用于测定微量物质，测定的最低浓度可达 $10^{-5} \sim 10^{-6} \mathrm{mol \cdot L^{-1}}$。

② 准确度较高，相对误差一般在 5% 左右。

③ 操作简单，测定速度快。例如钢铁中 Mn、P、Si 三元素的快速比色分析，一般在 3~4min 内可得出结果。

④ 应用广泛，几乎所有的无机离子和大多数的有机化合物都可以直接或间接地用吸光光度法进行测定。

一、吸光光度法的基本原理

(一) 物质对光的选择性吸收

光是一种电磁波，具有波粒二象性。具有同一波长的光称为单色光，由不同波长的光组合成的光称为复合光。日常所见到的白光（如日光和白炽灯光）就是波长范围在 400~760nm 之间的复合光。白光通过棱镜后可以分解为红、橙、黄、绿、青、蓝、紫等七种颜色的光，各种颜色的光具有一定的波长范围。反过来，这些不同的光也可以按比例混合得到白光，而且不仅七种色光可以混合成白光，如果把适当颜色的两种色光按一定强度比例混合，也可以组成白光，这两种颜色的色光叫做互补色光。互补关系见示意图 2-2。

当一束白光通过溶液时，溶液选择吸收了白光中的某种色光，则溶液呈现透过光的颜色。例如，硫酸铜溶液因吸收了白光中的黄光而呈现出蓝色；若溶液对可见光区各种波长的光都有吸收，则该溶液呈暗灰色，甚至黑色；如

图 2-2　光的互补关系示意图

果该溶液对可见光区各种波长的光都不吸收，入射光全部透过，则引起视觉感受的仍是白光，因此溶液无色透明。

不同的物质之所以吸收不同波长的光线，是由物质的本质决定的，即取决于物质的组成和结构，所以物质对光的吸收是具有专属性的选择性吸收。

(二) 光吸收的基本定律

1. 透光率与吸光度

当一束平行的单色光通过均匀透明的有色溶液时，光的一部分被吸收，一部分透过溶液，一部分被容器表面反射。设入射光强度为 I_o，吸收光强度为 I_a，反射光强度为 I_r，透射光强度为 I_t，则

$$I_o = I_a + I_r + I_t$$

在光度测量中，入射光垂直地投射到表面十分光滑的吸收池（比色皿）上，反射光 I_r 可以忽略不计。

$$I_o = I_a + I_t$$

透射光强度 I_t 与入射光强度 I_o 的比值称为透光率，以 T 表示。

$$T = \frac{I_t}{I_o}$$

溶液的透光率越大，表示它对光的吸收越小；反之亦然。若 $I_t = I_o$，则 $T = 1$，表示溶液对这束单色光完全不吸收；当 $I_t = 0$ 时，则 $T = 0$，表示溶液对这束单色光全部吸收。

透光率的负对数称为吸光度，符号为 A，表示物质对光的吸收程度。即

$$A = \lg \frac{1}{T} = -\lg T = \lg \frac{I_o}{I_t} \tag{2-10}$$

吸光度和透光率一样，表示溶液对某一波长光线的吸收，而且比透光率更直观地描述溶液的吸收程度。$A=0$，完全不吸收，A 越大吸收越多，$A=\infty$ 时，溶液对光束全部吸收。

2. 朗伯-比尔定律

$$A = Kbc \tag{2-11}$$

式(2-11)是朗伯-比尔定律的数学表达式。它表明，当一束平行单色光通过含有吸光物质的溶液后，溶液的吸光度与吸光物质浓度和液层厚度的乘积成正比。式中比例常数 K 与吸光物质的性质、入射光波长等因素有关，与液层厚度和浓度无关。

式(2-11)中的 K 值随 c、b 所取单位不同而不同。若浓度 c 以 $mol \cdot L^{-1}$ 表示，b 以 cm 表示，则 K 称为摩尔吸光系数，用符号 ε 表示。其单位为 $L \cdot mol^{-1} \cdot cm^{-1}$，它表示物质的浓度为 $1 mol \cdot L^{-1}$，液层厚度为 1cm 时溶液的吸光度。此时

$$A = \varepsilon bc \tag{2-12}$$

摩尔吸光系数表示吸光物质对某一波长光的吸收能力，也反映用分光光度法测定该物质（显色反应）的灵敏度。ε 值越大，表示该物质对此波长光的吸收能力越强，方法的灵敏度也越高。一般认为若 $\varepsilon < 10^4$，该方法的灵敏度较低；ε 在 $10^4 \sim 5 \times 10^4$ 时，属于中等灵敏度；ε 在 $6 \times 10^4 \sim 10^5$ 时，属于高灵敏度；$\varepsilon > 10^5$ 则属于超高灵敏度。

朗伯-比尔定律作为光吸收的基本定律，有一些适用条件：①不仅适用于有色溶液，也适用于其他一切均匀、非散射的吸光物质（气体或固体）；②入射光为平行单色光，且垂直照射；③吸光物质之间无相互作用；④被测试物质不存在荧光或光化学现象等。

对于多组分体系，只要各吸光物质之间没有相互作用，朗伯-比尔定律仍然适用，这时体系的总吸光度等于各组分吸光度之和，即

$$A_总 = A_1 + A_2 + \cdots + A_n = \varepsilon_1 bc_1 + \varepsilon_2 bc_2 + \cdots + \varepsilon_n bc_n$$

这一规律称为吸光度的加和性,利用这种性质可进行多组分的测定。

二、光吸收曲线

如果将不同波长的单色光依次通过某一固定浓度的有色溶液,测定此溶液对每一波长光的吸收程度(即吸光度A),然后以波长(λ)为横坐标,吸光度A为纵坐标作图,可得一条曲线,这种曲线定量地描述了物质对各种波长光的吸收情况,称为吸收光谱曲线(简称吸收曲线)。图2-3是不同浓度的$KMnO_4$溶液的吸收曲线。由图可见,$KMnO_4$溶液对不同波长的光的吸收程度不同,对绿青色光(525nm附近)吸收最多,对400nm附近的紫色光几乎不吸收,所以$KMnO_4$溶液呈紫红色。这充分说明了物质对光的选择性吸收。吸收曲线中525nm处吸光度最大,该波长称为该物质的最大吸收波长(λ_{max}),若在λ_{max}处测定吸光度,灵敏度最高。因此,吸收曲线是分光光度分析的重要依据。浓度不同时,吸收曲线的形状和λ_{max}不变,但吸光度随浓度增加而增大。

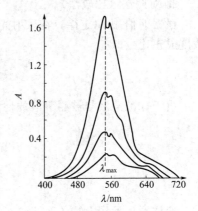

图2-3 $KMnO_4$溶液的吸收曲线

三、比色法及分光光度法

(一)目视比色法

以可见光作光源,比较溶液颜色深浅度以测定所含有色物质浓度的方法称为目视比色法。常用的目视比色法是标准系列法,即用不同量的待测物标准溶液在完全相同的一组比色管中,先按分析步骤显色,配成颜色逐渐递变的标准色阶。试样溶液也在完全相同条件下显色,和标准色阶作比较,目视找出色泽最相近的那一份标准,由其中所含标准溶液的量,计算确定试样中待测组分的含量。目视比色法的优点是仪器简单操作方便,缺点是准确度较差,相对误差约为5%~20%,如果试液中还有其他的有色物质,将产生干扰甚至无法测定。

(二)分光光度法

分光光度法简称光度法,是在比色法的基础上发展起来的一种仪器分析方法。它是利用分光光度计来测定有色溶液的吸光度,从而确定被测组分含量的分析方法。其适用范围较广,精密度较高。

分光光度法常用下列两种方法来确定待测物的浓度或含量。

1. 标准曲线法(工作曲线法)

先配制一系列标准有色溶液,用最大吸收波长的单色光分别测出它们的吸光度。以浓度为横坐标,吸光度为纵坐标,绘制出标准曲线,见图2-4。在测定被测物质的浓度时,用与绘制标准曲线时相同的操作方法和条件测出该溶液的吸光度,再从标准曲线上查出相应的浓度或含量,也可用回归直线方程计算试样溶液的浓度。

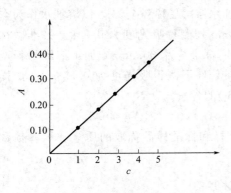

图2-4 标准曲线

实际应用时应注意以下几个问题：①制备一条标准曲线至少要5~7个点；②待测样品浓度应包括在标准曲线浓度范围内；③待测样品与对照品必须使用相同的溶剂系统和显色系统，并在相同条件下进行测定；④仪器更换元件、维修或重新校正波长时，必须重新制作标准曲线。

2. 对照法（比较法）

根据朗伯-比尔定律，在入射光波长一定和液层厚度相同的条件下，溶液的吸光度与其浓度成正比。即

$$A_{标} = \varepsilon_1 bc_{标}$$
$$A_{测} = \varepsilon_2 bc_{测}$$

由于标准溶液与被测溶液的性质一致，温度一致，入射光的波长一致，故 $\varepsilon_1 = \varepsilon_2$。则

$$\frac{A_{标}}{A_{测}} = \frac{c_{标}}{c_{测}}$$

$$c_{测} = \frac{c_{标} \times A_{测}}{A_{标}}$$

应注意，运用上述关系式进行计算时，只有 $c_{测}$ 与 $c_{标}$ 相接近时，结果才是可靠的，否则将有较大的误差。

在药物分析中，为了方便，通常使试样称取的质量和稀释倍数与标准品一致，试样的含量可通过测量两者吸光度之比求得，即

$$w = \frac{A_{样}}{A_{标}}$$

【例2-3】 用磺基水杨酸比色法测定铁的含量，加入标准溶液及有关试剂后，在50mL容量瓶中稀释至刻度，测得下列数据：

标准溶液浓度/(μg·mL^{-1})	2.0	4.0	6.0	8.0	10.0	12.0
吸光度 A	0.097	0.200	0.304	0.408	0.510	0.615

在相同条件下测得试样溶液的吸光度为0.413，求试样溶液中铁的含量（以mg·L^{-1}表示）。

解 以吸光度 A 为纵坐标，标准铁溶液浓度为横坐标作图。

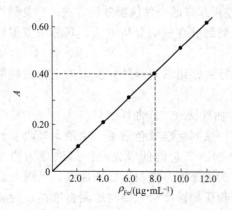

从曲线上可查得吸光度为0.413的浓度为8.2μg·mL^{-1}，即8.2mg·L^{-1}。

【例2-4】 准确称取维生素 B_{12} 原料药30.0mg，加水溶解后稀释至1L，以溶剂水作为空白，在360nm处测得吸光度为0.549。另准确称取维生素 B_{12} 标准样品30.0mg，加水溶解稀释至1L，在相同条件下测得吸光度为0.554，求试样中维生素 B_{12} 的含量。

解　$A_{样} = 0.549, A_{标} = 0.554$

因为试样和标准样品称取的质量和稀释倍数相同，故试样中维生素 B_{12} 的含量为

$$w = \frac{A_{样}}{A_{标}} = \frac{0.549}{0554} = 0.991$$

四、分光光度计

分光光度计有多种型号，但其基本构造相似，都有光源、单色器、吸收池、检测器和显示器等主要部件组成。图 2-5 说明这些部件的一般组成方式。

常用的分光光度计有可见分光光度计，如国产 72 型、721 型、722 型；紫外可见分光光度计，如国产 751 型。

可见分光光度计用钨丝灯做光源，能发射 350～1250nm 波长范围的连续光谱；紫外分光光度计用氢灯或氘灯做光源，能发射 150～400nm 波长范围的连续光谱。

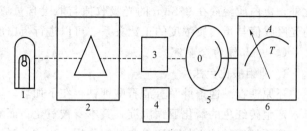

图 2-5 分光光度计结构流程图
1—光源；2—单色器；3—参比液；4—试样液；
5—检测器；6—显示器

一般分光光度计都配有各种厚度的吸收池，有 0.5cm、1cm、2cm、3cm、5cm 等。吸收池的光程要准确，同一吸收池的厚度上下须一致。不同吸收池的厚度也要一致，否则影响测定的准确度。在定量分析中，所用的一组吸收池一定要互相匹配，事先必须经过选择。测定时用被测溶液冲洗几次，避免被测溶液浓度的改变。每次用后要立即用自来水冲洗，如洗不净时可用盐酸或适当溶剂洗涤，避免用碱及过强的氧化剂洗涤（如 $K_2Cr_2O_7$ 洗液会使吸收池脱胶和被吸收池吸附而着色），最后用纯水洗净。

五、吸光光度法在生物学中的应用实例

吸光光度法已广泛地应用于各个领域的科学研究。在生物学中，主要应用于对组分的定量测定、生物成分的鉴定和结构分析。此处主要介绍蛋白质、血糖等的光度检测法。

（一）蛋白质的含量测定

1. 双缩脲法

在碱性条件下，蛋白质分子中的肽键与 Cu^{2+} 反应生成紫红色配合物颜色的深浅与蛋白质浓度成正比，而与蛋白质分子量及氨基酸成分无关，故可用来测定蛋白质含量。测定范围为 1～10mg 蛋白质。此法的优点是较快速，不同的蛋白质产生颜色的深浅相近，以及干扰物质少。主要的缺点是灵敏度差。因此双缩脲法常用于需要快速，但并不需要十分精确的蛋白质测定。

2. 福林-酚试剂法

福林-酚试剂法包括两步反应。第一步是在碱性条件下，蛋白质与铜作用生成蛋白质铜配合物。第二步是此配合物将磷钼酸-磷钨酸试剂（Folin 试剂）还原，产生深蓝色（磷钼蓝和磷钨蓝混合物），颜色深浅与蛋白质含量成正比。此法操作简便，灵敏度比双缩脲法高 100 倍，定量范围为 5～100μg 蛋白质。Folin 试剂显色反应由酪氨酸、色氨酸和半胱氨酸引起，因此样品中若含有酚类、柠檬酸和巯基化合物均有干扰作用。此外，不同蛋白质因酪氨酸、色氨酸含量不同而使显色强度稍有不同。

3. 考马斯亮蓝法

考马斯亮蓝法是目前灵敏度最高的蛋白质测定法。考马斯亮蓝 G-250 染料，在酸性溶液中与蛋白质结合，使染料的最大吸收峰的位置由 465nm 变为 595nm，溶液的颜色也由棕黑色变为蓝色。经研究认为，染料主要是与蛋白质中的碱性氨基酸（特别是精氨酸）和芳香族氨基酸残基相结合。在 595nm 下测定的吸光度值与蛋白质浓度成正比。

4. 紫外吸收法

蛋白质分子中，酪氨酸、苯丙氨酸和色氨酸残基的苯环含有共轭双键，使蛋白质具有吸收紫外光的性质。吸收高峰在 280nm 处，其吸光度（即光密度值）与蛋白质含量成正比。此外，蛋白质溶液在 238nm 的光吸收值与肽键含量成正比。利用一定波长下，蛋白质溶液的光吸收值与蛋白质浓度的正比关系，可以进行蛋白质含量的测定。

（二）血糖的含量测定

1. 砷钼酸比色法

还原糖在碱性条件及有酒石酸钾钠存在下加热，可以定量地还原二价铜离子为一价铜离子，产生砖红色的氧化亚铜沉淀，其本身被氧化。而氧化亚铜在酸性条件下，可将钼酸铵还原，还原型钼酸铵再与砷酸氢二钠起作用，生成一种蓝色复合物（砷钼蓝），其颜色深浅在一定范围内与还原糖的含量（即被还原的 Cu_2O 量）成正比。

2. 蒽酮比色法

蒽酮比色法是一个快速而简便的定糖方法，其原理为多糖类在浓硫酸作用下先水解为单糖分子，并迅速脱水生成糠醛衍生物，糠醛衍生物再与蒽酮反应，反应后溶液呈蓝绿色，在 620nm 处有最大吸收。在 10～100μg 范围内其颜色的深浅与可溶性糖含量成正比。本法多用于测定糖原含量，亦可用于测定葡萄糖含量。

（三）脂类的含量测定

血清中脂类，尤其是不饱和脂类与浓硫酸作用，并经水解后生成碳正离子。试剂中香草醛与浓硫酸的羟基作用生成芳香族的磷酸酯，由于改变了香草醛分子中的电子分配，使醛基变成活泼的羰基。此羰基即与碳正离子起反应，生成红色的醌化合物。在一定浓度范围内，脂类的含量与反应生成的醌类化合物的量成正比。因此可用比色法测定脂类的含量。

（四）核酸的含量测定

核酸、核苷酸及其衍生物的分子结构中的嘌呤、嘧啶碱基具有共轭双键系统，能够强烈吸收 250～280nm 波长的紫外光。核酸（DNA，RNA）的最大紫外吸收值在 260nm 处。可以从紫外光吸收值的变化来测定核酸物质的含量。该法简单、快速、灵敏度高。

习题

1. 选择题

(1) 下列实验数据包含有三位有效数字的是（　　）。

A. $v=15.80$mL　　B. $m=0.020$g　　C. $K_a^{\ominus}=1.30\times10^{-4}$　　D. pH=3.52

(2) 下列叙述正确的是（　　）

A. 准确度高一定需要精密度高　　　　B. 进行分析时过失误差是不可避免的

C. 精密度高准确度一定高　　　　　　D. 精密度以误差表示

(3) 下列数据修约为四位有效数字后为 0.5624 的是（　　）。

① 0.56235　　② 0.562349　　③ 0.56245　　④ 0.562451

A. ①②　　B. ③④　　C. ①③　　D. ②④

(4) 对某试样进行三次平行测定，得平均含量为 50.9%，而真实含量为 50.6%，则 50.9%−50.6%=0.3% 为（　　）。

A. 相对误差　　B. 相对偏差　　C. 绝对误差　　D. 绝对偏差

(5) Zn^{2+} 的双硫腙-CCl_4 萃取吸光光度法中，已知萃取液为紫红色配合物，其吸收最大的光的颜色为（　　）。

A. 红　　B. 橙　　C. 黄　　D. 绿

(6) 有甲、乙两个不同浓度的同一有色物质的溶液,在同一波长下作吸光度测定,当甲用 1cm 比色皿,乙用 2cm 比色皿时测得的吸光度相同,则两者的浓度关系是(　　)。
A. 甲是乙的一半　　　B. 甲等于乙　　　　　C. 甲是乙的两倍　　　D. 都不是

(7) 有色配合物的摩尔吸光系数与下列因素中有关的是(　　)。
A. 比色皿的厚度　　B. 浓度　　　　C. 吸收池待测材料　　D. 入射光波长

(8) 符合郎伯比尔定律的某有色溶液,当浓度改变时,其吸收光谱中最大吸收峰的位置(　　)。
A. 向短波方向移动　　　　　　　　B. 不改变,峰的高度也不变
C. 向长波方向移动　　　　　　　　D. 不改变,峰的高度改变

(9) 某一符合郎伯比尔定律的有色溶液,浓度为 c 时透光率为 T,当浓度为 $2c$ 时,其透光率为(　　)。
A. $-2\lg T$　　　　B. $2T$　　　　　C. $-2\lg T$　　　　D. T^2

2. 填空题
(1) 分析工作中产生误差的原因很多,定量分析中的误差就其来源和性质的不同,可以分为_____和_____。

(2) _____称为标准溶液,也叫_____。往被测溶液中滴加标准溶液的过程称为_____。当滴加的滴定剂的物质的量与被测物质的物质的量按化学计量关系恰好反应完全时的这一点,称为_____。一般通过指示剂颜色来判断化学计量点的到达,指示剂颜色变化而停止滴定的这一点称为_____。

(3) 根据滴定反应的类型,滴定分析包括_____、_____、_____和_____。

(4) 可见光波长范围为_____nm。

(5) 物质的颜色是由于物质对不同波长的光具有_____作用而产生的。

(6) 不同物质吸收曲线形状和 λ_{max} 各不相同,同一物质的不同浓度溶液吸收曲线形状_____,λ_{max} _____,浓度增加吸光度值_____。

3. 计算题
(1) 算式 1.20×(112－1.240)÷5.4375,其计算结果应以几位有效数字报出?并简要说明判断依据。

(2) 有一试样,经测定结果为 2.478%,2.492%,2.489%,2.491%,2.490%,2.490%,求分析结果的标准偏差,变异系数,最终报告的结果是多少?(无须舍去数据)

(3) 在 50mL 容量瓶中,分别加入 Cu^{2+} 0.05mg、0.10mg、0.15mg、0.20mg,用水稀释至刻度后,用分光光度计测得各溶液的吸光度值分别为 0.21、0.42、0.63、0.84,称取某试样 0.5012g,用少量水溶解后转移入 50mL 容量瓶中,稀释至刻度,在上述相同条件下测得溶液的吸光度为 0.39,求试样中铜的质量分数。

第三章 溶　　液

本章学习目标

★ 了解分散系的概念及分类，熟悉胶体溶液和高分子溶液的性质。
★ 掌握溶液组成的表示方法及溶液的配制方法。
★ 认识渗透现象和渗透压的概念，理解渗透压与溶液浓度的关系，了解渗透压在医学上的意义。

溶液是由溶质和溶剂两部分组成的分散系。医疗卫生中经常接触到很多溶液，如生理盐水、葡萄糖溶液和酒精等。临床上给病人注射药液时，要特别注意药液的浓度，如药液的浓度不当，过浓或过稀都将产生不良后果，甚至造成死亡，这和药液的渗透压有密切关系。

第一节　分　散　系

一种或几种物质以细小颗粒分散到另一种物质里所形成的体系叫做分散系。其中，被分散的物质称为分散质；能容纳分散质的物质称为分散剂。按分散质粒子直径的大小，可将分散系分为三类。

一、分子或离子分散系

分散相粒子直径小于 1nm 的分散系叫做分子或离子分散系，又叫真溶液，简称溶液。其中分散质又叫溶质，分散剂又叫溶剂。在溶液中，溶质粒子是单个的小分子、离子或原子，能透过滤纸和半透膜。溶液是透明、均匀、稳定的体系。如生理盐水、葡萄糖溶液等。

二、胶体分散系

分散质粒子直径在 1～100nm 之间的分散系叫做胶体分散系。胶体分散系的分散质粒子能透过滤纸，但不能透过半透膜。胶体分散系主要包括溶胶和高分子溶液两类。前者是以多个小分子、离子或原子的聚集体分散在水中所形成的体系，如氢氧化铁胶体等。溶胶的稳定性较溶液稍低。后者是以单个高分子为分散质分散在分散剂中所形成的体系，称为高分子溶液。高分子溶液是透明、均匀、稳定的胶体溶液。例如淀粉溶液、蛋白质溶液、核酸水溶液等。

三、粗分散系

分散质粒子直径大于 100nm 的分散系叫做粗分散系。粗分散系的分散质粒子是巨大数目分子的集合体，不能通过滤纸，也不能通过半透膜。粗分散系不透明、不均匀、不稳定，容易聚沉。粗分散系包括悬浊液和乳浊液两种。若分散质粒子是固体颗粒，则为悬浊液，如泥浆水、外用药硫磺合剂等；若分散质粒子是液体小液滴，则为乳浊液，如牛奶、医药用的松节油搽剂等。

乳浊液在医药上又叫乳剂，使用时为增强其稳定性，常加入一定的助剂，能使乳浊液稳定的助剂称为乳化剂。常见的乳化剂有肥皂、合成洗涤剂、肝细胞合成分泌的胆汁酸盐等。乳化剂使乳浊液稳定的作用称为乳化作用。

第二节　溶液的配制

一、溶液浓度的表示方法

溶液的浓度是指一定量的溶剂或溶液中所含溶质的量。表示溶液浓度的方法有多种，医学上常用的有以下几种。

（一）物质的量浓度

在法定计量单位制中，物质的"浓度"就是"物质的量浓度"的简称。物质的量浓度的符号用 c 表示。

物质的量浓度定义为：溶质 B 的物质的量（n_B）除以溶液的体积（V）。通常用符号 c_B 表示。其公式为

$$c_B = n_B/V \tag{3-1}$$

医学上常用的单位符号是 $mol \cdot L^{-1}$、$mmol \cdot L^{-1}$、$\mu mol \cdot L^{-1}$ 等。在应用中，$1 mol \cdot L^{-1}$ 的 NaOH 溶液可表示为 $c(NaOH)=1 mol \cdot L^{-1}$。

【例3-1】　配制 $1 mol \cdot L^{-1}$ 的氢氧化钠溶液 200mL，问需称取固体氢氧化钠多少克？

解　需固体氢氧化钠的质量为

$$0.2L \times 1 mol \cdot L^{-1} \times 40 g \cdot mol^{-1} = 8g$$

答：需称取 8g 固体氢氧化钠。

【例3-2】　计算配制 $0.1 mol \cdot L^{-1}$ 硫酸铜溶液 100mL 需五水硫酸铜（$CuSO_4 \cdot 5H_2O$）多少克？

解
$$CuSO_4 \cdot 5H_2O \text{——} CuSO_4$$
$$1 mol \qquad\qquad 1 mol$$

$$n(CuSO_4 \cdot 5H_2O) = n(CuSO_4) = 0.1 mol \cdot L^{-1} \times 0.1L = 0.01 mol$$

则所需 $CuSO_4 \cdot 5H_2O$ 的质量为

$$m = n(CuSO_4 \cdot 5H_2O) \times M(CuSO_4 \cdot 5H_2O) = 0.01 mol \times 250 g \cdot mol^{-1} = 2.5g$$

答：需五水硫酸铜 2.5g。

（二）质量浓度

单位体积溶液中所含溶质 B 的质量（m_B），称为溶质 B 的质量浓度，通常用符号 ρ_B 表示。公式为

$$\rho_B = m_B/V \tag{3-2}$$

质量浓度的 SI 单位是 $kg \cdot m^{-3}$，医学上多用 $g \cdot L^{-1}$、$mg \cdot L^{-1}$ 或 $\mu g \cdot L^{-1}$。

要注意质量浓度 ρ_B 和密度 ρ 的区别。密度 ρ 是溶液的质量除以溶液的体积，而质量浓度 ρ_B 是溶液中溶质的质量除以溶液的体积。所以在书写 B 的质量浓度时，溶质 B 应以下标或括号的形式予以指明。如 NaOH 的质量浓度记为 $\rho(NaOH)$。

【例3-3】　配制 $\rho(CuSO_4)=2 g \cdot L^{-1}$ 的硫酸铜溶液 2L 作为治疗磷中毒的催吐剂，问需要五水硫酸铜（$CuSO_4 \cdot 5H_2O$）多少克？

解　配制 $\rho(CuSO_4)=2 g \cdot L^{-1}$ 的硫酸铜溶液 2L，需要 $CuSO_4$ 的质量为

$$m(CuSO_4) = 2 g \cdot L^{-1} \times 2L = 4g$$

设需 $CuSO_4 \cdot 5H_2O\ x$ 克。

$$CuSO_4 \longrightarrow CuSO_4 \cdot 5H_2O$$
$$160 \quad\quad\quad 250$$
$$4 \quad\quad\quad x$$

则 $\quad\quad 250 \times 4 = 160x \quad\quad x = 6.25$（g）

答：需 $CuSO_4 \cdot 5H_2O$ 6.25g。

（三）体积分数

对于溶质为 B 的溶液，其体积分数用符号 φ_B 表示。溶质 B 的体积分数的定义为：溶质 B 的体积（V_B）与相同温度和压强下溶液的体积（V）之比。其公式为

$$\varphi_B = V_B/V \tag{3-3}$$

体积分数无单位，表示体积分数的值可用小数或百分数。例如，医用消毒酒精的体积分数 $\varphi(C_2H_5OH) = 0.75$ 或 $\varphi(C_2H_5OH) = 75\%$。

【例 3-4】 计算配制 500mL 医用消毒酒精，需 95% 的酒精多少毫升？

解 设需 95% 酒精 x(mL)。

$$95\% \, x = 500\text{mL} \times 75\% \quad\quad x = 395 \text{（mL）}$$

答：需 95% 的酒精 395 毫升。

（四）质量分数

对于溶质为 B 的溶液，其质量分数用符号 w_B 表示。溶质 B 的质量分数定义为：溶质 B 的质量（m_B）与溶液的质量（m）之比。其公式为

$$w_B = m_B/m \tag{3-4}$$

质量分数也无单位，其值也可用小数或百分数。例如生理盐水的质量分数 $w(NaCl) = 0.009$ 或 $w(NaCl) = 0.9\%$。

【例 3-5】 配制 100mL 6mol·L^{-1} 的稀硫酸，问需质量分数 98%，密度 1.84g·mL^{-1} 的市售浓硫酸多少毫升？

解 设浓硫酸的体积为 1L，则浓硫酸的物质的量浓度为

$$c_B = \frac{1L \times 1000\text{mL} \cdot L^{-1} \times 1.84\text{g} \cdot \text{mL}^{-1} \times 98\%}{98\text{g} \cdot \text{mol}^{-1} \times 1L} = 18.4 \text{mol} \cdot L^{-1}$$

设需浓硫酸 x(mL)，根据稀释前后溶质的物质的量一定，得

$$18.4x = 6 \times 100 \quad\quad x = 32.6 \text{（mL）}$$

答：需浓硫酸 32.6mL。

【例 3-6】 配制某药剂须用 0.3mol·L^{-1} 硫酸溶液，如欲将 2000mL 0.1mol·L^{-1} 硫酸溶液利用起来，问需取 3.0mol·L^{-1} 硫酸溶液多少毫升与其混合，才能配成 0.3mol·L^{-1} 的硫酸溶液？

解 设需取 3.0mol·L^{-1} 硫酸溶液 x(mL)，则

$$3.0x + 2000 \times 0.1 = 0.3 \times (2000 + x)$$
$$x = 148 \text{（mL）}$$

答：需取 148mL 3.0mol·L^{-1} 硫酸溶液。

二、一定浓度溶液的配制

根据溶液所含溶质是否确知，溶液可分为两种，一种是浓度准确已知的溶液，称为标准溶液，这种溶液的浓度常用 4 位有效数字表示；另一种浓度不是确知的，称为一般溶液，这种溶液的浓度一般用 1~2 位有效数字表示。

这两种溶液适用于不同的要求，如在定量分析中，需要配制标准溶液，在一般物质化学性质实

验中，则使用一般溶液即可。这两种溶液的配制方法也不同，下面简单说明它们的配制方法。

（一）一般溶液的配制

在配制一般溶液时，首先应根据所配溶液的浓度和体积（质量），计算所需固体（液体）的质量（体积）和溶剂的体积。然后用台秤称取所需固体的质量，用量筒量取所需液体和溶剂的体积，混合均匀即可。

【例 3-7】 如何配制 $9g \cdot L^{-1}$ 生理盐水 500mL（忽略氯化钠溶于水时溶液体积的变化）。

解 计算需固体氯化钠的质量。

$$0.5L \times 9g \cdot L^{-1} = 4.5g$$

在台秤上称取 4.5g 固体氯化钠于 500mL 烧杯中，用量筒量取 500mL 蒸馏水于烧杯中使其溶解，混合均匀即可。

（二）标准溶液的配制

1. 基准物质

能用于直接配制标准溶液或标定溶液浓度的物质称为基准物质。基准物质必须符合下列条件。

① 纯度高，一般要求试剂纯度在 99.9% 以上。

② 物质的试剂组成和化学式完全相符，若含有结晶水，其含量也应与化学式相符合。

③ 性质稳定，干燥时不分解，称量时不吸收水分和二氧化碳，不失去结晶水，不被空气中的氧气所氧化等。

④ 在符合上述条件的基础上，要求试剂最好具有较大的摩尔质量，从而减小称量的相对误差。

滴定分析常用基准物质参见表 3-1。

表 3-1 滴定分析常用基准物质

标定对象	基准物质		干燥后组成	干燥条件/℃
	名 称	化学式		
酸	碳酸氢钠	$NaHCO_3$	Na_2CO_3	270~300
	十水合碳酸钠	$Na_2CO_3 \cdot 10H_2O$	Na_2CO_3	270~300
	无水碳酸钠	Na_2CO_3	Na_2CO_3	270~300
	碳酸氢钾	$KHCO_3$	K_2CO_3	270~300
	硼砂	$Na_2B_4O_7 \cdot 10H_2O$	$Na_2B_4O_7 \cdot 10H_2O$	放在装有 NaCl 和蔗糖饱和溶液的干燥器中
碱或 $KMnO_4$ 碱	二水合草酸	$H_2C_2O_4 \cdot 2H_2O$	$H_2C_2O_4 \cdot 2H_2O$	室温空气干燥
	邻苯二甲酸氢钾	$KHC_8H_4O_4$	$KHC_8H_4O_4$	105~110
还原剂	重铬酸钾	$K_2Cr_2O_7$	$K_2Cr_2O_7$	120
	溴酸钾	$KBrO_3$	$KBrO_3$	180
	碘酸钾	KIO_3	KIO_3	180
	铜	Cu	Cu	室温干燥器中保存
氧化剂	三氧化二砷	As_2O_3	As_2O_3	硫酸干燥器中保存
	草酸钠	$Na_2C_2O_4$	$Na_2C_2O_4$	
EDTA	碳酸钙	$CaCO_3$	$CaCO_3$	110
	锌	Zn	Zn	室温干燥器中保存
	氧化锌	ZnO	ZnO	800
$AgNO_3$	氯化钠	NaCl	NaCl	500~550
	氯化钾	KCl	KCl	500~550
氯化物	硝酸银	$AgNO_3$	$AgNO_3$	硫酸干燥器中保存

2. 标准溶液的配制

标准溶液的配制方法一般有直接配制法和间接配制法两种。

(1) **直接配制法** 直接配制法仅适用于基准物质标准溶液的配制。配制时，先用分析天平或电子天平准确称取一定量的基准物质，溶解后转入容量瓶中，加蒸馏水稀释至一定刻度，充分摇匀，根据物质的质量和容量瓶的体积，即可计算出该溶液的准确浓度。如重铬酸钾、邻苯二甲酸氢钾等标准溶液可用直接配制法。

(2) **间接配制法** 有很多物质（如 NaOH、HCl 等）不是基准物质，不能用来直接配制标准溶液，可按照一般溶液的配制方法配成大致所需的浓度，然后再用基准物质或另一种标准溶液标定其准确浓度。实验中有时也用稀释方法，将浓的标准溶液稀释为稀的标准溶液。如盐酸、氢氧化钠、高锰酸钾等标准溶液不能用直接配制法，只能用间接配制法。

第三节　溶液的渗透压

一、渗透现象和渗透压

在一杯蒸馏水中滴入几滴高锰酸钾，很快整杯水都会变成浅红色，最后成为均匀的溶液，这种现象叫做扩散。扩散是一种双向运动，是溶质分子和溶剂分子相互运动的结果，只要两种不同浓度的溶液相互接触，都会发生扩散现象。

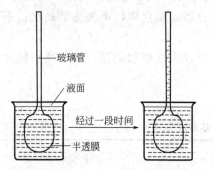

(a) 半透膜内外液面齐平　(b) 膜内液面高于膜外液面

图 3-1　渗透现象与渗透压

半透膜是一种具有特殊性质的膜，它只允许较小的溶剂分子自由通过而较大的溶质分子很难通过。如细胞膜、膀胱膜等都属于半透膜。如果把纯溶剂和溶液或两种不同浓度的溶液用半透膜隔开时，则会产生另一种现象。如图 3-1 所示，把一个半透膜袋装入蔗糖溶液，袋口接一根长玻璃管并扎紧，将其放入装有蒸馏水的烧杯中，并使膜两侧溶液的液面相平，经过一段时间后，半透膜中的蔗糖溶液液面上升，说明水分子通过半透膜进入蔗糖溶液中。若将两种不同浓度的溶液用半透膜隔开，同样可以使稀溶液中的水分子进入浓溶液。溶剂分子通过半透膜由纯溶剂进入溶液或由稀溶液进入浓溶液的扩散现象，称为渗透现象，简称渗透。

可见产生渗透现象必须具备两个条件：一是有半透膜存在；二是半透膜两侧溶液的浓度不相等。

渗透现象不会无止境发生，随着玻璃管内液面的上升，开始产生静水压，并且逐渐增大。当液面上升到一定高度时，溶剂分子进出半透膜的速率相等，玻璃管内液面停止上升，达到渗透平衡状态。

可以设想，若一开始给玻璃管内蔗糖溶液液面施加一定压力，就可以阻止纯溶剂向溶液中渗透。阻止纯溶剂向溶液中渗透，在溶液液面上所施加的最小压力称为该溶液的渗透压。

渗透压是溶液的一种性质，不同溶液表现出不同的渗透压。应该指出，如果半透膜内外是两种浓度不同的溶液，为阻止溶剂分子从稀溶液一方向浓溶液一方渗透，浓溶液一方也需施加一压力，但这一压力并不代表任一溶液的渗透压，仅表示两种溶液渗透压的差。

二、渗透压与溶液浓度的关系

从上述渗透现象的产生可以看出,渗透压的大小与溶液的浓度密切相关。溶液越浓,表示单位体积中溶质的分子数目越多,而水分子越少。因此,膜外纯水中水分子渗透进入溶液的倾向就越大,渗透压就越大。实验证明,在一定的温度下,稀溶液渗透压的大小与单位体积溶液中所含溶质的粒子数(分子或离子)成正比,而与溶质粒子的性质和大小无关。

三、渗透压在医学上的意义

(一) 医学中的渗透浓度

医学上,常用渗透浓度来比较溶液中总的渗透压大小。渗透浓度是表示溶液中所含有的能产生渗透作用的各种溶质粒子(分子和离子)的总浓度,其单位是 $mol \cdot L^{-1}$ 或 $mmol \cdot L^{-1}$。医学上常用毫渗量/升($mOsmol \cdot L^{-1}$)表示。$1mOsmol/L = 1mmol \cdot L^{-1}$。

渗透浓度($c_{渗}$)和溶液浓度(c_B)的关系为 $c_{渗} = ic_B$。其中,i 是溶质的一个分子在溶液中所能产生的颗粒数。例如

$50g \cdot L^{-1}$ 葡萄糖的渗透浓度为 $(50/180) \times 1000 = 278 mmol \cdot L^{-1} = 278 mOsmol \cdot L^{-1}$

$9g \cdot L^{-1}$ NaCl 溶液的渗透浓度为 $2 \times (9/58.5) \times 1000 = 308 mmol \cdot L^{-1} = 308 mOsmol \cdot L^{-1}$

【例 3-8】 临床上使用的复方氯化钠注射液规格是每升含 NaCl 8.6g,KCl 0.3g,$CaCl_2$ 0.33g,其渗透浓度为多少?

解

$$c_{渗} = \frac{\frac{8.6}{58.5} \times 2 + \frac{0.3}{74.5} \times 2 + \frac{0.33}{111} \times 3}{1} \times 1000 = 311 (mmol \cdot L^{-1}) = 311 (mOsmol \cdot L^{-1})$$

答:其渗透浓度为 $311 mOsmol \cdot L^{-1}$。

由于在一定温度下,溶液的渗透浓度与渗透压成正比,因此,常用它来衡量或比较溶液渗透压的大小。如,$0.1 mol \cdot L^{-1}$ 的 NaCl 溶液的渗透压等于 $0.1 mol \cdot L^{-1}$ 的 KCl 溶液的渗透压;$0.1 mol \cdot L^{-1}$ 的 NaCl 溶液的渗透压大于 $0.1 mol \cdot L^{-1}$ 的葡萄糖溶液的渗透压;$0.1 mol \cdot L^{-1}$ 的葡萄糖溶液的渗透压等于 $0.1 mol \cdot L^{-1}$ 的蔗糖溶液的渗透压;$0.1 mol \cdot L^{-1}$ 的 NaCl 溶液的渗透压小于 $0.1 mol \cdot L^{-1}$ 的 $CaCl_2$ 溶液的渗透压。

(二) 等渗、低渗和高渗溶液

相同温度下,渗透压相等的两种溶液,称为等渗溶液。对于渗透压不等的两种溶液,把渗透压相对高的溶液称为高渗溶液,把渗透压相对低的溶液称为低渗溶液。可见,等渗、高渗、低渗是相对而言的。在医学上,常以血浆渗透压的正常值作为比较的标准。正常肌体渗透压范围为 $280 \sim 310 mOsmol \cdot L^{-1}$。也就是说渗透浓度在 $280 \sim 310 mOsmol \cdot L^{-1}$ 范围或附近的溶液是等渗溶液,超出这个范围的称为低渗或高渗溶液。

临床上给病人大量输液,必须使用等渗液。常用的等渗溶液有 $0.154 mol \cdot L^{-1}$($9g \cdot L^{-1}$)氯化钠溶液(生理盐水)、$0.278 mol \cdot L^{-1}$($50g \cdot L^{-1}$)葡萄糖溶液、$0.149 mol \cdot L^{-1}$($12.5g \cdot L^{-1}$)碳酸氢钠溶液、$1/6 mol \cdot L^{-1}$($18.7g \cdot L^{-1}$)乳酸钠溶液等。

因为红细胞具有半透膜性质,在正常情况下,膜内细胞液与膜外血浆是等渗的。若大量滴注高渗溶液,使血浆中可溶物浓度增大,膜内细胞液的渗透浓度就低于膜外血浆的渗透浓度,从而使红细胞内的细胞液向血浆渗透,结果红细胞发生皱缩。若大量滴注低渗溶液,结果使血浆稀释,血浆中的水分子将向红细胞内渗透,使红细胞膨胀,严重时可使红细胞破裂,这种现象叫做溶血(图3-2)。所以临床上大量输液,必须采用等渗溶液。

低渗溶液(溶血现象)　　等渗溶液(正常现象)　　高渗溶液(皱缩现象)

图 3-2　红细胞在渗透浓度不同的溶液中的不同形态

（三）晶体渗透压与胶体渗透压

血浆渗透压由两部分组成：一部分是由低分子晶体物质（NaCl、NaHCO$_3$、葡萄糖、尿素等）产生的渗透压叫晶体渗透压；另一部分是由高分子胶态物质（蛋白质）产生的渗透压叫胶体渗透压。血浆渗透压主要来源于晶体渗透压（约占总渗透压的 99.5％）。血浆晶体渗透压能维持细胞内外水分的相对平衡，而胶体渗透压则维持血管内外水分的平衡从而维持血容量。两者对维持动物体内的水和电解质平衡起着重要调节作用。

第四节　胶体溶液和高分子化合物溶液

一、胶体溶液

（一）溶胶的性质

1. 丁达尔现象

当一束强光透过在暗室中的溶胶时，在与光线的前进方向相垂直的侧面可看到溶胶中有一束明亮的光柱，这种现象称为丁达尔现象（图 3-3）。溶液无丁达尔现象。因此可用丁达尔现象区分溶液和溶胶。

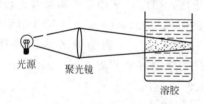
图 3-3　丁达尔现象

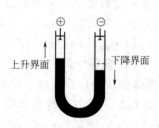
图 3-4　电泳现象

2. 电泳现象

由于溶胶微粒是带电的，溶胶的粒子在外加电场的作用下会发生定向移动，这种现象称为电泳现象（图 3-4）。根据电泳方向的不同，可将溶胶分为正溶胶和负溶胶。如氢氧化铁溶胶为正溶胶，胶粒带正电荷，在电场中向负极移动；硫化砷溶胶为负溶胶，胶粒带负电荷，在电场中向正极移动。

（二）溶胶的稳定性和聚沉

1. 溶胶的稳定性

溶胶能在相当长时间内保持稳定而不聚沉。溶胶之具有相对稳定性，除胶粒的布朗运动外，主要有以下两个原因。

① 胶粒带电。同一溶胶的胶粒带有同种电荷，它们相互排斥，从而阻止了胶粒相互接近与聚集。

② 水化膜。由于吸附在胶粒表面的离子能吸附水分子，在胶粒表面形成了水化膜，这层水化膜使胶粒彼此隔开不易聚集。

2. 溶胶的聚沉

溶胶的稳定是相对的、有条件的，减弱或消除溶胶的稳定性因素，就能使胶粒聚集成较大的颗粒而沉降。这种使胶粒聚集成较大颗粒而沉淀的过程称为聚沉。向溶胶中加入少量电解质、加入胶粒带相反电荷的溶胶或把溶胶加热，均能使溶胶发生聚沉。

二、高分子化合物溶液

相对分子质量从几千到几万甚至几百万的化合物称为高分子化合物，简称高分子。如多糖、蛋白质、核酸等。高分子化合物溶液简称高分子溶液，是指高分子溶解于适当的溶剂中所形成的溶液。由于高分子溶液的分散质粒子直径在胶体分散系的范围，同时分散质粒子又是单个的分子，故高分子溶液除具有溶胶的基本性质外，与溶胶相比有更大的黏度和稳定性。

高分子溶液在无菌、溶剂不蒸发的情况下，可以长期放置不沉淀。这主要是由于高分子化合物具有许多亲水基团，使得每个分子周围形成了一层牢固的水化膜，这层水化膜较胶粒水化膜更厚、更紧密，因此高分子溶液较溶胶更稳定，其稳定性与真溶液相似。少量电解质不会使高分子溶液聚沉，只有向其中加入大量的电解质才能使高分子化合物从溶液中析出，这种现象称为盐析。

在溶胶中加入足量的高分子溶液，可显著提高溶胶的稳定性，使其不易聚沉，这种现象称为高分子溶液对溶胶的保护作用。高分子溶液对溶胶的保护作用在动物的生理过程中起重要作用。血液中微溶性无机盐如碳酸钙、磷酸钙等是以溶胶的形式存在于血液中，血液中的蛋白质对其起保护作用。若血液中蛋白质减少，减弱了蛋白质对这些盐类溶胶的保护作用，则微溶性盐类就沉积在肝、肾等器官中形成积石。

习题

1. 选择题

(1) 100mL 0.02mol·L^{-1} MgCl$_2$ 溶液的渗透浓度是（   ）。

A. 10mOsmol·L^{-1} B. 20mOsmol·L^{-1} C. 40mOsmol·L^{-1} D. 60mOsmol·L^{-1}

(2) 密度为 1.84g·cm^{-3}、质量分数为 98% 的浓硫酸中，H$_2$SO$_4$ 的物质的量浓度是（   ）。

A. 18.8mol·L^{-1} B. 18.4mol·L^{-1} C. 18.4mol   D. 18.8

(3) 临床上将两种等渗溶液混合使用，则这种混合溶液（   ）。

A. 一定是低渗溶液

B. 一定是等渗溶液

C. 一定是高渗溶液

D. 要根据这两种溶液所用的体积来决定渗透压的高低

2. 填空题

(1) 溶胶较稳定的主要原因是_____和_____，使溶胶聚沉的方法主要有_____、_____和_____。

(2) 临床上使用乳酸钠注射液的规格是每支 20mL，每支含乳酸钠 2.24g。该乳酸钠溶液的质量浓度为_____。

(3) 0.01mol·L^{-1} 的硫酸铝溶液的渗透浓度为_____。

(4) 分子或离子分散系的主要特征是_____，_____，_____，分散质粒子能通过半透膜。

(5) 与溶胶相比较，高分子溶液具有更大的_____和_____。

(6) 在临床上使用的 5% $NaHCO_3$ 注射液,其物质的量浓度为_____,其渗透浓度为_____。

(7) 0.6 mol·L^{-1} 葡萄糖溶液和_____ mol·L^{-1} NaCl 溶液等渗。

(8) 渗透浓度是指溶液中_____的浓度。生理盐水的毫渗量浓度为_____。

(9) 向高分子溶液中加入大量电解质,可使高分子化合物从溶液中析出的作用称为_____。

(10) 在 0.1 mol·L^{-1} 葡萄糖,0.1 mol·L^{-1} NaCl,0.1 mol·L^{-1} $CaCl_2$ 溶液中,在临床上属于等渗溶液的是_____。

3. 计算题

(1) 某病人需要补充钠(Na^+)5g,应补给生理盐水(0.154 mol·L^{-1})多少毫升?

(2) 计算配制 0.1 mol·L^{-1} 盐酸溶液 200 mL,需市售浓盐酸(质量分数为 37%,密度 1.19 g·mL^{-1})多少毫升?

4. 简答题

(1) 简述产生渗透现象所需要的条件,并说明产生渗透现象的原因。

(2) 什么是高分子溶液对溶胶的保护作用?

(3) 什么是基准物质?基准物质必须符合哪些条件?

(4) 简述配制 0.1 mol·L^{-1} 重铬酸钾一般溶液和标准溶液的方法和步骤。

(5) 什么是标准溶液?配制标准溶液的方法有哪几种?

第四章 电解质溶液与水盐代谢

本章学习目标

★ 掌握化学平衡状态的特点及浓度、温度等对平衡移动的影响,理解标准平衡常数的含义。
★ 熟悉弱酸、弱碱和水的解离平衡,理解标准解离常数和水的离子积的含义。
★ 熟悉溶液的酸碱性与 pH 之间的关系。
★ 认识盐类水解规律及影响因素,了解其在医药方面的应用。
★ 了解沉淀溶解平衡,学会利用溶度积规则判断沉淀的生成和溶解。
★ 了解动物体内的水和无机盐代谢。

根据化合物在水溶液中或熔化状态下能否导电,可将化合物分为电解质和非电解质。通常将它的水溶液分为电解质溶液和非电解质溶液。动物的体液中除了含有糖类、脂肪、蛋白质等物质外,还含有许多电解质离子,如 Na^+、K^+、Ca^{2+}、Mg^{2+}、Cl^-、SO_4^{2-}、HCO_3^-、HPO_4^{2-} 等。这些离子是维持动物体的渗透平衡、酸碱平衡、水盐平衡等不可缺少的成分,它们的含量与状态与动物体的许多生理现象和病理现象有着密切的联系。

第一节 化学平衡

一、化学反应速率

化学反应有快有慢,化学反应速率就是用来衡量化学反应进行快慢程度的一个物理量。它是用单位时间内反应物浓度的减少或生成物浓度的增加来表示。浓度单位为 $mol \cdot L^{-1}$,时间单位为 s、min 等,化学反应速率单位为 $mol \cdot L^{-1} \cdot s^{-1}$、$mol \cdot L^{-1} \cdot min^{-1}$ 等。化学反应速率一般用 v_B 表示。

假如某一反应物在某时刻的浓度 $2mol \cdot L^{-1}$,3min 后测定该反应物浓度变为 $1.4mol \cdot L^{-1}$,所以在这 3min 内反应物有 $0.6mol \cdot L^{-1}$ 起了变化,则该反应的平均速率是 $0.2mol \cdot L^{-1} \cdot min^{-1}$。必须注意:同一反应,用不同的反应物或生成物表示的反应速率,其数值是不同的,但所反映速率快慢的实质是一样的。所以,表示反应速率时,必须指明是以哪一种反应物或生成物为标准的。

【例 4-1】 对于反应 $2N_2O_5(g) \rightleftharpoons 4NO_2(g) + O_2(g)$,假设反应刚开始时,$c(N_2O_5) = 8mol \cdot L^{-1}$,经 2s 后,$c(N_2O_5) = 4mol \cdot L^{-1}$,则分别用 N_2O_5、NO_2、O_2 表示反应速率。

解 $2N_2O_5(g) \rightleftharpoons 4NO_2(g) + O_2(g)$

反应起始时的浓度/$mol \cdot L^{-1}$ 8   0   0

2s 时的浓度/$mol \cdot L^{-1}$ 4   8   2

变化了的浓度/$mol \cdot L^{-1}$ 4   8   2

用 N_2O_5 浓度的减少量表示反应速率为 $v_{N_2O_5} = \dfrac{8-4}{2} = 2 \ (mol \cdot L^{-1} \cdot s^{-1})$

用 NO_2 浓度的增加量表示反应速率为　　$v_{NO_2}=\dfrac{8-0}{2}=4$（$mol \cdot L^{-1} \cdot s^{-1}$）

用 O_2 浓度的增加量表示反应速率为　　$v_{O_2}=\dfrac{2-0}{2}=1$（$mol \cdot L^{-1} \cdot s^{-1}$）

由此可以看出，对于同一化学反应，以不同物质表示的反应速率之比等于方程式前的化学计量数之比。

化学反应速率的大小首先取决于反应物的本性，对不同的反应，反应速率不同。对一同一化学反应，影响反应速率的因素主要有浓度、温度和催化剂。增加反应物的浓度或升高反应的温度，可以加快化学反应的速率；使用合适的催化剂可以改变反应的速率。此外，扩大反应物之间的接触面积、加快反应物和产物的扩散、光照等都可以加快反应速率。一些新技术，如激光、超声波、磁场等也可影响化学反应的速率。

二、可逆反应和化学平衡

（一）可逆反应

有些化学反应，从整体上看反应是朝着一个方向进行的。例如碳酸钙高温加热时，经过足够的时间能全部分解成氧化钙和二氧化碳。但是反过来，从氧化钙和二氧化碳，直接高温加热制取碳酸钙，就目前条件是不可能达到的。因此碳酸钙的分解反应是单向进行的，通常把这种单向进行的反应叫做不可逆反应。

在化学反应中，有的化学反应不但反应物可以变成生成物，而且生成物也可以变成反应物，两个相反方向的反应同时进行。例如氢气和氮气合成氨气的反应，从生产实践知道，无论选择怎样适合的反应条件，氢气和氮气不能全部转化为氨气。这是因为，同一条件下，化合生成的氨气又有一部分重新分解生成氢气和氮气。这种在同一条件下，即能向正反应方向又能向逆反应方向进行的反应称为可逆反应。为了表示化学反应的可逆性，在化学反应方程式中常用两个带相反箭头的符号"$\rightleftharpoons$"表示。上述合成氨的反应式可以写为

$$N_2 + 3H_2 \rightleftharpoons 2NH_3$$

可逆反应中，从左向右进行的反应叫正反应，从右向左进行的反应叫逆反应。

（二）化学平衡

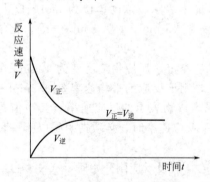

图 4-1　正逆反应速率示意图

现以上述合成氨的反应为例。如图 4-1 所示，反应开始时，正反应速率最大，随着反应的进行，氮气和氢气的浓度因不断消耗而逐渐减小，这样正反应的速率也相应地减小。另一方面，在混合物中从生成氨分子的一瞬间起，便产生了逆反应。开始时，由于氨分子的浓度最小，逆反应的速率最小，随着反应的进行，氨分子的浓度逐渐增大，因此，逆反应速率也相应地增大，一段时间后，正反应速率等于逆反应速率。此时，单位时间内，正反应生成的氨分子数等于逆反应分解的氨分子数；正反应消耗的氮分子和氢分子数也等于逆反应生成的氮分子和氢分子数，各反应物和生成物的浓度或分压都不再随时间而改变，这种状态称为化学平衡状态。

化学平衡状态有如下特点。

① 平衡状态时各组分的浓度或分压为一定值。由于平衡时，正、逆反应速率相等，即单位时间内因正反应使反应物减少的量等于因逆反应使反应物增加的量；同时单位时间内因

正反应使生成物增加的量等于因逆反应使生成物减少的量。因此，宏观上各物质的浓度或分压不再改变。

② 化学平衡是一种动态的平衡。平衡时各组分的浓度或分压不再改变，表面上看来，反应好像已经停止，实际上，正、逆反应都在进行，只不过是它们的速率相等，方向相反。

③ 到达平衡状态的途径是双向的。对可逆反应，不论从左往右还是从右往左，一定条件下均能到达平衡状态。

④ 化学平衡是有条件的、相对的。当平衡条件改变时，系统内各物质的浓度或分压就会发生变化，正、逆反应速率也随之发生变化，平衡状态将被破坏。

三、化学平衡的移动

化学平衡是一种动态平衡，平衡只是相对的、暂时的，一旦条件改变，平衡状态就遭到破坏，可逆反应从暂时的平衡变为不平衡，一段时间后，在新的条件下又建立了新的暂时的平衡状态。新平衡建立时，反应物和生成物的浓度和原来平衡状态时的浓度已经不同了。这种因条件的改变，平衡被破坏而引起浓度变化的过程，叫做化学平衡的移动，简称平衡移动。

影响平衡移动的因素主要有浓度（压力）和温度。它们对化学平衡的影响情况均符合平衡移动原理——勒夏特列原理：当体系达到平衡后，如改变平衡系统的某一条件，如浓度（压力）或温度，平衡就向减弱这个改变的方向移动。

（一）浓度（压力）对化学平衡的影响

当可逆反应达到平衡时，如果反应物或生成物的浓度改变，平衡就会发生移动。根据勒夏特列原理，若增加反应物的浓度（或减小生成物的浓度），平衡就向着减少反应物浓度（或增加生成物浓度）的方向移动，即向正反应方向移动；若减小反应物的浓度（或增加生成物的浓度），平衡就向着增加反应物浓度（或减少生成物浓度）的方向移动，即向逆反应移动。

例如，将 $FeCl_3$ 溶液和 KCNS 溶液混合，溶液呈现一定的血红色，是由于 Fe^{3+} 和 CNS^- 结合生成了 $[Fe(CNS)_6]^{3-}$。

$$Fe^{3+} + 6CNS^- \rightleftharpoons [Fe(CNS)_6]^{3-}$$

当反应平衡后，在上述溶液中加入少量的 $FeCl_3$ 和 KCNS 后可发现溶液颜色变深，这是由于增加反应物 Fe^{3+} 和 CNS^- 的浓度，可使平衡向右移动，从而生成更多的 $[Fe(CNS)_6]^{3-}$。随着反应的进行，正反应速率减小，同时由于 $[Fe(CNS)_6]^{3-}$ 的量增多，逆反应速率增加，当正逆反应速率相等时，反应达到新的平衡。这时 Fe^{3+} 和 CNS^- 的浓度比原来小，而 $[Fe(CNS)_6]^{3-}$ 的浓度比原来大，因此平衡是向右（或向正反应方向）移动的。同理，如果降低生成物 $[Fe(CNS)_6]^{3-}$ 的浓度，平衡也是向右移动的。相反，如果增加生成物 $[Fe(CNS)_6]^{3-}$ 的浓度或者降低反应物 Fe^{3+} 和 CNS^- 的浓度，平衡会向左移动。

对于有固体或纯液体参加的反应，增加固体或纯液体的量，不会改变反应物或生成物的浓度，因此不会引起平衡的移动；对于有气体参加的反应，若压力的变化引起反应物或生成物浓度的变化，使正反应速率和逆反应速率不等，也会引起平衡的移动。

（二）温度对化学平衡的影响

化学反应往往伴随着热量的变化，放出热量的反应叫做放热反应，吸收热量的反应叫做吸热反应。对于同一可逆反应而言，如果正反应是放热的，那么逆反应就是吸热的；反之，如果正反应就是吸热的，那么逆反应是放热的。

当可逆反应达到平衡时,如果改变反应的温度,平衡会发生移动。根据勒夏特列原理,升高温度时,平衡就向着使反应温度降低(即吸热反应)的方向移动;降低温度时,平衡就向着使反应温度升高(即放热反应)的方向移动。

例如,已知可逆反应 $FeCl_3 + H_2O \rightleftharpoons Fe(OH)_3 + HCl$ 正反应为吸热反应,则逆反应为放热反应。所以升温时,平衡向右移动;降温时,平衡向左移动。

四、标准平衡常数

对任一稀溶液中进行的可逆反应

$$aA(aq) + bB(aq) \rightleftharpoons cC(aq) + dD(aq)$$

在一定温度下达到平衡状态时,产物浓度与标准浓度比值的系数次方的乘积与反应物浓度与标准浓度比值的系数次方的乘积之比是一个常数。

$$K^{\ominus} = \frac{[c(C)/c^{\ominus}]^c [c(D)/c^{\ominus}]^d}{[c(A)/c^{\ominus}]^a [c(B)/c^{\ominus}]^b} = \frac{[c'(C)]^c [c'(D)]^d}{[c'(A)]^a [c'(B)]^b} \tag{4-1}$$

式中,$K^{\ominus}$ 称为标准平衡常数。$c(A)$、$c(B)$、$c(C)$、$c(D)$ 分别表示平衡时各组分的浓度。单位为 $mol \cdot L^{-1}$。$c^{\ominus}$ 指标准浓度 $1 mol \cdot L^{-1}$。

标准平衡常数与反应物的本性及温度有关,而与反应物或生成物的起始浓度及反应从正向或逆向进行无关。标准平衡常数 $K^{\ominus}$ 的大小表示平衡时化学反应进行的程度。$K^{\ominus}$ 值越大,反应正向进行得越完全。

书写标准平衡常数表达式必须注意以下几点。

① 若参加反应的物质为气体,则用气体的分压 p(单位为 kPa)除以标准态压力 $p^{\ominus}$(100kPa)代入表达式。

$$2SO_2(g) + O_2(g) \rightleftharpoons 2SO_3(g)$$

$$K^{\ominus} = \frac{[p(SO_3)/p^{\ominus}]^2}{[p(SO_2)/p^{\ominus}]^2 [p(O_2)/p^{\ominus}]} = \frac{[p'(SO_3)]^2}{[p'(SO_2)]^2 p'(O_2)}$$

② 若参加反应的物质为固体和纯液体,则它们的浓度不代入平衡常数表达式中(实际上均看作1)。如

$$Sn + Pb^{2+} \rightleftharpoons Sn^{2+} + Pb$$

$$K^{\ominus} = \frac{c'(Sn^{2+})}{c'(Pb^{2+})}$$

③ 在稀溶液中进行的反应,如有水参加,水的浓度不代入平衡常数表达式中。但是在非水溶液中的反应,如有水生成或有水参加,水的浓度不可视为常数,必须代入平衡常数表达式中。如

$$Cr_2O_7^{2-} + H_2O \rightleftharpoons 2CrO_4^{2-} + 2H^+ \quad (水溶液)$$

$$K^{\ominus} = \frac{[c'(CrO_4^{2-})]^2 [c'(H^+)]^2}{c'(Cr_2O_7^{2-})}$$

$$C_2H_5OH + CH_3COOH \rightleftharpoons CH_3COOC_2H_5 + H_2O \quad (非水溶液)$$

$$K^{\ominus} = \frac{c'(CH_3COOC_2H_5) c'(H_2O)}{c'(C_2H_5OH) c'(CH_3COOH)}$$

④ 平衡常数的数值和表达式对应某一具体的反应式。反应式中各物质前的系数不同,$K^{\ominus}$ 也不同,正逆反应的平衡常数互为倒数。如

若已知反应 $Sn + Pb^{2+} \rightleftharpoons Sn^{2+} + Pb$ 的标准平衡常数为 $K^{\ominus}$

则反应 $Sn^{2+} + Pb \rightleftharpoons Sn + Pb^{2+}$ 的标准平衡常数为 $1/K^{\ominus}$

反应 $2Sn^{2+} + 2Pb \rightleftharpoons 2Sn + 2Pb^{2+}$ 的标准平衡常数为 $(K^{\ominus})^2$

第二节 弱电解质的解离平衡

一、强电解质和弱电解质

酸、碱、盐都是电解质,它们的水溶液都能导电。但是不同的电解质溶液导电能力不同。例如用等体积的 0.1mol·L^{-1} 硝酸和 0.1mol·L^{-1} 醋酸进行导电性实验,结果发现:当电极插入硝酸溶液中时,灯泡很亮,而当电极插入醋酸溶液时,灯泡微亮,这说明硝酸的导电能力比醋酸强。电解质之所以能够导电,是由于溶液里含有自由移动的离子。电解质溶液的导电性强弱不同,说明它们溶液中所含有的自由移动离子的数目不同。由此可见,浓度相同的不同电解质溶液里,它们的解离程度是不同的。根据解离程度的不同,可以把电解质分为强电解质和弱电解质。

(一) 强电解质

凡是在水溶液中能完全解离的电解质叫做强电解质。强酸(HCl,H_2SO_4,HNO_3 等)、强碱[$NaOH$,KOH,$Ba(OH)_2$ 等]及大部分盐类都是强电解质。

强电解质在水溶液中完全解离,溶液中只有阴、阳离子,没有弱电解质分子,因此解离过程为不可逆过程,用符号"$\longrightarrow$"表示。例如

$$HCl \longrightarrow H^+ + Cl^-$$
$$KOH \longrightarrow K^+ + OH^-$$
$$KCl \longrightarrow K^+ + Cl^-$$

(二) 弱电解质

凡是在溶液中只能部分解离的电解质叫做弱电解质。弱酸(H_2CO_3、HF、HAc 等)、弱碱(氨水等)、水和少数盐类(如 $HgCl_2$ 和 $PbAc_2$ 等)都是弱电解质。

弱电解质在水溶液中部分解离,溶液中既有阴、阳离子,又有弱电解质分子,因此解离过程为可逆过程,用符号"$\rightleftharpoons$"表示。例如

$$HAc \rightleftharpoons H^+ + Ac^-$$
$$NH_3 \cdot H_2O \rightleftharpoons NH_4^+ + OH^-$$

二、弱酸、弱碱的解离平衡

(一) 一元弱酸、弱碱的解离平衡

弱酸、弱碱在水溶液中部分解离,在已解离的离子和未解离的分子之间存在着离解平衡。以 HA 表示一元弱酸,解离平衡式为

$$HA \rightleftharpoons H^+ + A^-$$

标准平衡常数表达式为

$$K_a^\ominus = \frac{[c(H^+)/c^\ominus][c(A^-)/c^\ominus]}{[c(HA)/c^\ominus]} = \frac{c'(H^+)c'(A^-)}{c'(HA)} \tag{4-2}$$

式中,$c(HA)$ 表示平衡时未解离的 HA 分子浓度,$c(H^+)$、$c(A^-)$ 表示 H^+ 和 A^- 的平衡浓度。

以 B 表示一元弱碱,解离平衡式为

$$B + H_2O \longrightarrow BH^+ + OH^-$$

标准平衡常数表达式为

$$K_b^\ominus = \frac{[c(BH^+)/c^\ominus][c(OH^-)/c^\ominus]}{[c(B)/c^\ominus]} = \frac{c'(BH^+)c'(OH^-)}{c'(B)} \tag{4-3}$$

式中,$c(B)$ 表示平衡时未解离的 B 分子浓度,$c(BH^+)$、$c(OH^-)$ 表示 BH^+ OH^- 的

平衡浓度。

解离反应的标准平衡常数称为弱电解质的标准解离常数,用 $K_i^\ominus$ 表示。弱酸的标准解离常数通常用 $K_a^\ominus$ 来表示,弱碱的标准解离常数通常用 $K_b^\ominus$ 来表示。又如

$$HAc \rightleftharpoons H^+ + Ac^-$$

$$K_a^\ominus = \frac{c'(H^+)c'(Ac^-)}{c'(HAc)}$$

$$NH_3 + H_2O \rightleftharpoons NH_4^+ + OH^-$$

$$K_b^\ominus = \frac{c'(NH_4^+)c'(OH^-)}{c'(NH_3)}$$

同标准平衡常数一样,标准解离常数 $K_i^\ominus$ 仅随温度而变化,与浓度无关。标准解离常数 $K_i^\ominus$ 表示弱电解质解离程度的大小。$K_i^\ominus$ 越小,弱电解质解离越困难,电解质越弱。

标准解离常数可以通过实验测定,常见弱电解质标准解离常数如表 4-1 所示。其中的 $pK_i^\ominus$ 值定义为弱电解质的解离指数,关系式为

$$pK_i^\ominus = -\lg K_i^\ominus$$

(二) 多元弱酸、弱碱的解离平衡

多元弱电解质在水溶液中的解离是分步进行的,例如氢硫酸是二元弱酸,分两步解离。

第一步解离 $\qquad H_2S \longrightarrow H^+ + HS^- \qquad (1)$

$$K_{a1}^\ominus = \frac{c'(H^+)c'(HS^-)}{c'(H_2S)}$$

第二步解离 $\qquad HS^- \rightleftharpoons H^+ + S^{2-} \qquad (2)$

$$K_{a2}^\ominus = \frac{c'(H^+)c'(S^{2-})}{c'(HS^-)}$$

由表 4-1 可以看出,多元弱电解质 $K_{i1}^\ominus$ 远大于 $K_{i2}^\ominus$,因此,多元弱电解质的强弱主要由一级解离常数决定。

表 4-1 一些常见弱电解质的标准解离常数 (298K)

弱电解质	$K_i^\ominus$	$pK_i^\ominus$	弱电解质	$K_i^\ominus$	$pK_i^\ominus$
HAc	1.76×10^{-5}	4.76	H$_3$PO$_4$	7.52×10^{-3} ($K_{a1}^\ominus$)	2.12
HCN	4.93×10^{-10}	9.31		6.23×10^{-8} ($K_{a2}^\ominus$)	7.21
HF	3.53×10^{-4}	3.45		2.2×10^{-13} ($K_{a3}^\ominus$)	12.67
HCOOH	1.77×10^{-4}	3.75	H$_2$S	5.7×10^{-8} ($K_{a1}^\ominus$)	7.24
H$_2$CO$_3$	4.30×10^{-7} ($K_{a1}^\ominus$)	6.37		1.2×10^{-13} ($K_{a2}^\ominus$)	14.92
	5.61×10^{-11} ($K_{a2}^\ominus$)	10.25	NH$_3$	1.77×10^{-5}	4.75
H$_2$C$_2$O$_4$	5.90×10^{-2} ($K_{a1}^\ominus$)	1.23	C$_6$H$_5$NH$_2$	4.76×10^{-10}	9.33
	6.40×10^{-5} ($K_{a2}^\ominus$)	4.19			

三、水的解离平衡

水是一种极弱的电解质,其解离方程式为

$$H_2O \rightleftharpoons H^+ + OH^-$$

在一定温度下达平衡时

$$K_w^\ominus = c'(H^+)c'(OH^-) \qquad (4-4)$$

式中,$K_w^\ominus$ 称为水的离子积常数,简称水的离子积。它表示一定温度下,水中的 $c'(H^+)$

和 $c'(OH^-)$ 的乘积为一常数。

实验测得常温 298K 时,纯水中 $c(H^+)=c(OH^-)=10^{-7} mol \cdot L^{-1}$,则
$$K_w^\ominus = c'(H^+)c'(OH^-) = 10^{-14}$$

水的离子积与标准平衡常数一样,仅与温度有关,与溶液中 H^+ 浓度和 OH^- 浓度无关。

实际上,不仅在纯水中,任何一稀水溶液(无论酸性、中性还是碱性)中均有氢离子和氢氧根离子。且 $c'(H^+)$ 和 $c'(OH^-)$ 的乘积为一常数,常温下等于 10^{-14}。

例如已知某碱性溶液中 $c(OH^-)=0.1 mol \cdot L^{-1}$,则该溶液中
$$c'(H^+) = \frac{K_w^\ominus}{c'(OH^-)} = \frac{10^{-14}}{0.1} = 10^{-13}$$

即该碱性溶液中 $c(H^+)=10^{-13} mol \cdot L^{-1}$。

必须指出,弱电解质的解离平衡同化学平衡一样,都是一定条件下的动态平衡,当外界条件发生变化时,解离平衡就会发生移动。由于解离过程受温度影响不大,故影响解离平衡的主要因素为浓度。

第三节 溶液的酸碱性和 pH

一、溶液的酸碱性

纯水是中性的,其中 $c(H^+)=c(OH^-)$。若向纯水中加入某一酸或碱,改变其中 $c(H^+)$ 或 $c(OH^-)$,则水的解离平衡就会发生移动,达到新的平衡状态时,溶液中 $c(H^+)$ 不再等于 $c(OH^-)$,显示一定的酸性或碱性。

溶液的酸碱性,主要是由溶液中 $c(H^+)$ 和 $c(OH^-)$ 的相对大小决定的。

$c(H^+)=c(OH^-)$ 时,溶液显中性

$c(H^+)>c(OH^-)$ 时,溶液显酸性

$c(H^+)<c(OH^-)$ 时,溶液显碱性

常温 25℃ 时

$c(H^+)=c(OH^-)=10^{-7} mol \cdot L^{-1}$ 时,溶液显中性

$c(H^+)>10^{-7} mol \cdot L^{-1}>c(OH^-)$ 时,溶液显酸性

$c(H^+)<10^{-7} mol \cdot L^{-1}<c(OH^-)$ 时,溶液显碱性

二、溶液的 pH

溶液的酸碱性可用 $c(H^+)$ 来表示,但是当 $c(H^+)$ 很小时,书写极不方便,因此常用 pH 来表示。所谓 pH,就是 $c(H^+)$ 的负对数。即
$$pH = -\lg c'(H^+) \tag{4-5}$$

若已知某溶液中的 $c(H^+)$,便可求出其 pH。例如已知某溶液的 $c(H^+)=6\times10^{-5} mol \cdot L^{-1}$,则 $pH=-\lg(6\times10^{-5})=5-\lg 6=4.22$。

这样,便可用 pH 来表示溶液的酸碱性。常温 25℃ 时,有如下关系。

中性溶液　　pH=7

酸性溶液　　pH<7

碱性溶液　　pH>7

常温下,溶液的 pH 越小,酸性越强;pH 越大,碱性越强。pH 的范围在 0~14 之间,此时溶液中 $c(H^+)$ 在 $1\sim10^{-14} mol \cdot L^{-1}$ 之间。但应注意,当溶液中 $c(H^+)$ 或 $c(OH^-)$ 大于 $1 mol \cdot L^{-1}$ 时,用 pH 表示溶液的酸碱性并不方便,此时可直接用 $c(H^+)$ 或 $c(OH^-)$ 来表示。

pH 在医学上非常重要。生物体的生长发育都要求一定的 pH，以维持正常代谢的进行。如人体血液的 pH 总是维持在 7.35～7.45 之间，家畜血浆 pH 在 7.24～7.54 之间，如果超出这一范围，就会出现酸中毒或碱中毒，甚至死亡。

【例 4-2】 计算 $0.05\text{mol} \cdot \text{L}^{-1}$ H_2SO_4 溶液的 pH。

解 H_2SO_4 为强电解质，在水溶液中完全解离。

$$H_2SO_4 \longrightarrow 2H^+ + SO_4^{2-}$$

溶液中同时存在水的解离平衡

$$H_2O \longrightarrow H^+ + OH^-$$

因此，H_2SO_4 溶液有 H^+，同时也有 OH^-。溶液中 H^+ 由 H_2SO_4 解离和水解离产生，OH^- 是由水解离产生的。由于硫酸的加入使水的解离平衡左移，水解离产生的 $c(H^+)$ 远小于由硫酸解离产生的 $c(H^+)$，故可将其忽略，则溶液中

$$c(H^+) = 2c(H_2SO_4) = 2 \times 0.05 \text{mol} \cdot \text{L}^{-1} = 0.1 \text{mol} \cdot \text{L}^{-1}$$

$$\text{pH} = -\lg 0.1 = 1$$

【例 4-3】 计算 $0.001\text{mol} \cdot \text{L}^{-1}$ NaOH 溶液的 pH。

解 NaOH 为强电解质，在水溶液中完全解离：

$$\text{NaOH} \longrightarrow \text{Na}^+ + \text{OH}^-$$

溶液中同时存在水的解离平衡

$$H_2O \rightleftharpoons H^+ + OH^-$$

因此，NaOH 溶液中有 OH^-，同时也有 H^+。溶液中 OH^- 由 NaOH 解离和水解离产生，H^+ 是由水解离产生的。由于 NaOH 的加入使水的解离平衡左移，水解离产生的 $c(OH^-)$ 远小于由 NaOH 解离产生的 $c(OH^-)$，故可将其忽略，则溶液中

$$c(OH^-) = c(\text{NaOH}) = 0.001 \text{mol} \cdot \text{L}^{-1}$$

$$c'(H^+) = \frac{K_w^{\ominus}}{c'(OH^-)} = \frac{10^{-14}}{0.001} = 10^{-11}$$

$$\text{pH} = -\lg 10^{-11} = 11$$

三、酸碱指示剂

测定溶液 pH 的方法很多，通常可用酸碱指示剂、pH 试纸或 pH 计。酸碱指示剂是在不同 pH 溶液中能显示不同颜色的化合物，一般是有机弱酸或弱碱。例如，常用的酚酞指示剂就是一种有机弱酸，甲基橙是一种有机弱碱。现以 HIn 表示有机弱酸酚酞分子，它在水溶液中解离式如下。

$$\text{HIn} \rightleftharpoons H^+ + \text{In}^-$$

$$\begin{array}{cc}\text{酚酞分子} & \text{酚酞离子} \\ (\text{无色}) & (\text{红色})\end{array}$$

当加酸时，溶液中 H^+ 浓度增大，平衡向左移动，结果使溶液中酚酞分子 HIn 浓度增大，溶液红色变浅；相反，当加碱时，溶液中 H^+ 浓度减小，平衡向右移动，结果使溶液中酚酞离子 In^- 浓度增大，溶液红色加深。对酚酞来说，当 pH≤8.0 时，溶液呈无色，当 pH≥10.0 时，溶液呈红色。由此可见，酚酞指示剂由无色变为红色时，溶液的 pH 由 8.0 变到 10.0。这种使指示剂发生变色的 pH 范围叫做指示剂的变色范围。表 4-2 表示了几种常用指示剂的变色范围。

利用指示剂可以粗略地测出溶液的 pH 范围。例如在某溶液中滴入甲基橙显黄色，说明该溶液 pH≥4.4，如果该溶液又使酚酞显无色，说明 pH<8，故该溶液的 pH 为 4.4～8.0。

表 4-2　常用指示剂的变色范围

指示剂	变色范围(pH)		
甲基橙	<3.1 红色	3.1~4.4 橙色	>4.4 黄色
酚酞	<8.0 无色	8.0~10.0 浅红色	>10.0 红色
石蕊	<5.0 红色	5.0~8.0 紫色	>8 蓝色
甲基红	<4.4 红色	4.4~6.2 橙色	>6.2 黄色

测定溶液的 pH 比较简便的方法是用 pH 试纸。pH 试纸是把滤纸浸入几种酸碱指示剂的混合溶液中，经晾干而成的试纸，在不同酸性或碱性溶液中显示不同颜色。用玻璃棒蘸取待测试液滴在 pH 试纸上，将试纸显示的颜色跟标准比色卡比较，就可以确定该溶液的 pH。

第四节　盐类的水解

一、离子反应

电解质在水溶液中能够解离成离子，所以电解质在水溶液中的反应，实质上是离子之间的反应，称为离子反应。

例如，向氯化钠溶液中加入硝酸银溶液，有白色的氯化银沉淀生成，这是因为氯化钠和硝酸银都是强电解质，在水溶液中完全解离。

$$NaCl \longrightarrow Na^+ + Cl^- \qquad AgNO_3 \longrightarrow Ag^+ + NO_3^-$$

其中完全解离产生的 Ag^+ 和 Cl^- 发生离子反应，生成氯化银沉淀，即

$$Ag^+ + Cl^- \longrightarrow AgCl \downarrow$$

这类离子反应发生的条件是有沉淀、气体或难解离的物质等生成。例如

$$Ba^{2+} + SO_4^{2-} \longrightarrow BaSO_4 \downarrow$$
$$H^+ + OH^- \longrightarrow H_2O$$
$$CO_3^{2-} + 2H^+ \longrightarrow H_2O + CO_2 \uparrow$$

二、盐类的水解

水溶液的酸碱性，主要是取决于溶液中 H^+ 浓度和 OH^- 浓度的相对大小。NaAc、Na_2CO_3 等盐类物质，在水中既不能解离出 H^+，也不能解离出 OH^-，它们的水溶液似乎都应该是中性的，但事实并非如此。实验证明，溶解在水中的盐类，不但能解离，而且有些盐解离出来的离子还能和溶液中的 H^+ 或 OH^- 作用生成难解离的弱酸或弱碱，致使溶液中的 $c(H^+)$ 或 $c(OH^-)$ 发生了变化，显示出一定的酸性或碱性。

盐类物质解离出来的离子和溶液中水解离出来的 H^+ 或 OH^- 作用生成弱电解质的反应，叫做盐类的水解。

(一) 盐类的水解规律

1. 弱酸强碱盐

以 NaAc 为例，它在水中能够完全解离成 Na^+ 和 Ac^-，水则微弱解离成 H^+ 和 OH^-。

$$\begin{array}{c} NaAc \longrightarrow Ac^- + Na^+ \\ + \\ H_2O \Longleftrightarrow H^+ + OH^- \\ \Updownarrow \\ HAc \end{array}$$

当四种离子相遇时，其中 Ac^- 和 H^+ 结合生成了难解离的弱电解质 HAc 分子，结果溶液中 H^+ 浓度减少，破坏了水的解离平衡，使水的解离平衡向右移动，$c(OH^-)$ 不断增大，

溶液中 $c(OH^-) > c(H^+)$，溶液呈碱性。NaAc 水解的方程式为

$$NaAc + H_2O \rightleftharpoons HAc + NaOH$$

由此可知，弱酸和强碱所组成的盐可以水解，水解后溶液呈碱性。

2. 强酸弱碱盐

强酸弱碱盐的水解情况和弱酸强碱盐的水解相似，不同的是与水作用的是盐解离出来的阳离子。例如 NH_4Cl 的水解

$$\begin{array}{c} NH_4Cl \longrightarrow NH_4^+ + Cl^- \\ + \\ H_2O \rightleftharpoons OH^- + H^+ \\ \updownarrow \\ NH_3 \cdot H_2O \end{array}$$

NH_4Cl 解离产生的 NH_4^+ 能与水解离产生的 OH^- 结合为弱电解质 $NH_3 \cdot H_2O$，使 OH^- 浓度减少，水的解离平衡向右移动，H^+ 浓度增大，溶液呈酸性。NH_4Cl 水解的方程式为

$$NH_4Cl + H_2O \rightleftharpoons NH_3 \cdot H_2O + HCl$$

由此可知，强酸弱碱盐水解后，溶液呈酸性。

3. 弱酸弱碱盐

组成弱酸弱碱盐的酸和碱都是弱电解质，盐中的阳离子和阴离子都能分别跟水中的 OH^- 和 H^+ 结合，生成弱酸和弱碱，使水的解离平衡向右移动。例如 NH_4Ac，其水解反应可表示如下。

$$\begin{array}{c} NH_4Ac \longrightarrow NH_4^+ + Ac^- \\ + \quad\quad + \\ H_2O \rightleftharpoons OH^- + H^+ \\ \updownarrow \quad\quad \updownarrow \\ NH_3 \cdot H_2O \quad HAc \end{array}$$

NH_4Ac 完全解离产生的 NH_4^+ 和 Ac^- 分别跟水解离产生的 OH^- 和 H^+ 结合生成弱电解质 $NH_3 \cdot H_2O$ 和 HAc。由于 $NH_3 \cdot H_2O$ 的 $K_b^{\ominus}$ 近似等于 HAc 的 $K_a^{\ominus}$，溶液呈中性。NH_4Ac 水解的方程式为

$$NH_4Ac + H_2O \rightleftharpoons NH_3 \cdot H_2O + HAc$$

可见弱酸弱碱盐更容易水解，水解后溶液的酸碱性决定于弱酸和弱碱两者标准解离常数的相对大小。当二者的标准解离常数相等时显中性；弱酸的标准解离常数大于弱碱的标准解离常数时则显酸性，反之则显碱性。

4. 强酸强碱盐

NaCl 是由强酸和强碱反应所生成的盐，经测定其水溶液为中性。这是因为

$$\begin{array}{c} NaCl \rightleftharpoons Na^+ + Cl^- \\ H_2O \rightleftharpoons OH^- + H^+ \end{array}$$

溶液中四种离子间均不能发生反应，水的解离平衡不受影响，所以 NaCl 在水中不发生水解，其水溶液呈中性。

总之，盐的水解反应可以看成是酸碱中和反应的逆反应。它的实质是盐的弱酸根离子或弱碱根离子和水解离产生的 H^+ 或 OH^- 结合生成难解离的弱酸或弱碱，使溶液中 $c(OH^-)$ 和 $c(H^+)$ 发生相对改变，因此使溶液显示酸性或碱性。

(二) 影响盐类水解的因素

盐类水解程度的大小，首先决定于盐的本性和水解产物的性质，盐类相应的弱酸（碱）

越弱，水解程度越大。

水解平衡跟其他平衡一样，也受温度、浓度和酸碱度的影响。一般来说，盐溶液浓度越小，水解程度越大；由于盐类水解后呈现一定的酸碱性，故改变溶液的 pH，也可以抑制或促进水解；由于水解反应是吸热反应，根据平衡移动原理，加热可以促进水解反应的进行，反之可抑制水解。

（三）盐类水解的应用和抑制

盐类的水解在医药卫生方面有重要的应用。例如明矾净水就是利用它水解生成 $Al(OH)_3$ 胶体吸附水中的杂质；临床上治疗酸中毒使用碳酸氢钠，这是因为碳酸氢钠水解后呈碱性；治疗碱中毒使用氯化铵就是利用它水解后呈酸性。

盐类的水解有时也会带来不利的影响。有些药物易水解变质，如青霉素钠盐和钾盐临床使用粉剂，以防止其水解。此外，实验室在配制某些易水解的盐溶液时，为抑制其水解，往往在其浓溶液中先加入少量相应的酸或碱，然后再加水至所需体积。如配制 $FeCl_3$ 溶液时，常需加入少量盐酸；配制 Na_2S 溶液时，常需加入少量 NaOH。

第五节 沉淀溶解平衡

一、沉淀溶解平衡

自然界没有绝对不溶解的物质。通常认为不溶于水的物质也有微弱的溶解并解离。例如将难溶电解质 A_mB_n 溶于水时，仅有微量溶解并解离，建立以下平衡。

$$A_mB_n \rightleftharpoons mA^{n+} + nB^{m-}$$

$$K_{sp}^{\ominus} = [c'(A^{n+})]^m [c'(B^{m-})]^n \tag{4-6}$$

$K_{sp}^{\ominus}$ 是难溶电解质沉淀溶解平衡的标准平衡常数，它反应了物质的溶解能力，故称溶度积常数，简称溶度积。它表示在一定温度下，难溶电解质的饱和溶液中离子浓度与标准浓度比值的系数次方乘积为一常数。溶度积的数值可以通过实验测定，常见难溶电解质的 $K_{sp}^{\ominus}$ 值列于表 4-3。

表 4-3 难溶电解质的溶度积常数

名称	化学式	$K_{sp}^{\ominus}$	名称	化学式	$K_{sp}^{\ominus}$
氯化银	$AgCl$	1.56×10^{-10}	氢氧化铁	$Fe(OH)_3$	1.1×10^{-36}
溴化银	$AgBr$	7.7×10^{-13}	硫化铁	FeS	3.7×10^{-19}
碘化银	AgI	1.5×10^{-16}	氯化亚汞	Hg_2Cl_2	2×10^{-18}
铬酸银	Ag_2CrO_4	9.0×10^{-12}	溴化亚汞	Hg_2Br_2	1.3×10^{-21}
碳酸钡	$BaCO_3$	8.1×10^{-9}	碘化亚汞	Hg_2I_2	1.2×10^{-28}
铬酸钡	$BaCrO_4$	1.6×10^{-10}	硫化汞	HgS	$4 \times 10^{-53} \sim 2 \times 10^{-49}$
硫酸钡	$BaSO_4$	1.08×10^{-10}	碳酸锂	Li_2CO_3	1.7×10^{-3}
碳酸钙	$CaCO_3$	8.7×10^{-9}	碳酸镁	$MgCO_3$	2.6×10^{-5}
草酸钙	CaC_2O_4	2.57×10^{-9}	氢氧化镁	$Mg(OH)_2$	1.2×10^{-11}
氟化钙	CaF_2	3.95×10^{-11}	氢氧化锰	$Mn(OH)_2$	4×10^{-14}
硫酸钙	$CaSO_4$	1.96×10^{-4}	硫化锰	MnS	1.4×10^{-15}
硫化镉	CdS	3.6×10^{-29}	碳酸铅	$PbCO_3$	3.3×10^{-14}
硫化铜	CuS	8.5×10^{-45}	铬酸铅	$PbCrO_4$	1.77×10^{-14}
硫化亚铜	Cu_2S	2×10^{-47}	碘化铅	PbI_2	1.39×10^{-8}
氯化亚铜	$CuCl$	1.02×10^{-6}	硫酸铅	$PbSO_4$	1.06×10^{-8}
溴化亚铜	$CuBr$	4.15×10^{-8}	硫化铅	PbS	3.4×10^{-28}
碘化亚铜	CuI	5.06×10^{-12}	氢氧化锌	$Zn(OH)_2$	1.8×10^{-14}
氢氧化亚铁	$Fe(OH)_2$	1.64×10^{-14}	硫化锌	ZnS	1.2×10^{-23}

与一般平衡常数一样，$K_{sp}^{\ominus}$仅与温度有关，与各离子的浓度无关。$K_{sp}^{\ominus}$仅适用于难溶电解质的饱和溶液（平衡状态），它表示难溶电解质在溶液中溶解趋势的大小或生成该难溶电解质沉淀的难易。

二、溶度积规则

（一）离子积

一般难溶电解质 A_mB_n 在水溶液中存在如下可逆反应。

$$A_mB_n \rightleftharpoons mA^{n+} + nB^{m-}$$

若将任一状态时各离子的浓度代入溶度积常数的表达式，得

$$Q_i = [c'(A^{n+})]^m [c'(B^{m-})]^n \tag{4-7}$$

式中，Q_i 称为离子积。

（二）溶度积规则

对于某一给定的溶液，溶度积 $K_{sp}^{\ominus}$ 与离子积 Q_i 的关系可能有以下三种。

（1）$Q_i = K_{sp}^{\ominus}$，说明溶液饱和，无沉淀析出，达到动态平衡。

（2）$Q_i < K_{sp}^{\ominus}$，说明是不饱和溶液，无沉淀析出，若系统中有沉淀，则沉淀开始溶解，直至饱和为止。

（3）$Q_i > K_{sp}^{\ominus}$，说明是过饱和溶液，有沉淀析出，此时反应向生成沉淀的方向进行，直至饱和为止。

溶度积规则总结了难溶强电解质多相平衡的规律，在一定温度下，控制难溶强电解质的离子浓度，可以促使沉淀的生成或溶解。

【例 4-4】 将等体积的 4×10^{-3} mol·L^{-1} 的 $AgNO_3$ 和 4×10^{-3} mol·L^{-1} 的 K_2CrO_4 混合，是否能析出 Ag_2CrO_4 沉淀。

解 两种溶液等体积混合后浓度减半

$$c(Ag^+) = 2 \times 10^{-3} \text{ mol·L}^{-1}, c(CrO_4^{2-}) = 2 \times 10^{-3} \text{ mol·L}^{-1}$$

代入离子积的表达式

$$Q_i = [c'(Ag^+)]^2 c'(CrO_4^{2-}) = (2 \times 10^{-3})^2 \times 2 \times 10^{-3} = 8 \times 10^{-9}$$

查表 4-3 知，$K_{sp}^{\ominus} = 9.0 \times 10^{-12} < Q_i$，故有 Ag_2CrO_4 沉淀生成。

第六节　动物体内的水、盐代谢

动物体内的水和溶解于水中的无机盐、小分子有机物、蛋白质共同构成体液。体液是机体物质代谢所必需的环境。无机盐和一些有机物在体液中以离子形式存在，又称为电解质。因此水盐代谢的内容就是水、电解质平衡。

家畜机体内体液的分布、组成和容量必须保持相对稳定，才能保证细胞的正常代谢和维持各组织器官的正常功能。很多疾病如胃肠道疾病会引起水、电解质平衡紊乱，影响全身各系统器官特别是循环系统和肾、脑的机能，甚至死亡。

一、体液

（一）体液的分布

以细胞膜为界，把体液分为细胞内液和细胞外液两部分。正常成年动物体液总量约占体重的 60%，其中细胞内液占体重的 40%，细胞外液占体重的 20%（血浆占 5%，细胞间液占 15%）。细胞外液是组织细胞直接生存的内环境，是细胞与外界环境进行物质交换的中介

场所。

$$\text{体液总量(占体重60\%)} \begin{cases} \text{细胞内液(占体重40\%)} \\ \text{细胞外液(占体重20\%)} \begin{cases} \text{血浆(占体重5\%)} \\ \text{细胞间液(占体重15\%)} \end{cases} \end{cases}$$

正常成年动物体内体液含量比较恒定,但也可因品种、性别、年龄和个体营养状态不同而有差异。

(二)体液的电解质含量

电解质在细胞内、外液中的分布差异很大(见表4-4),其组成有如下特点。

表4-4 体液各分区中的电解质含量

电解质	细胞外液		细胞内液/mmol·L^{-1}
	血浆/mmol·L^{-1}	细胞间液/mmol·L^{-1}	
Na$^+$	142	147	15
K$^+$	5	4	150
Ca^{2+}	2.5	1.25	1
Mg^{2+}	1	0.5	13.5
阳离子总数	150.5	152.75	179.5
Cl$^-$	103	114	—
HCO$_3^-$	27	30	10
HPO$_4^{2-}$	1	1	50
SO$_4^{2-}$	0.5	0.5	10
有机酸	5	7.5	—
Pr$^-$	16	微量	63
阴离子总数	152.5	153	134

① 无论是细胞内液还是细胞外液,均呈电中性。

② 细胞外液与细胞内液中电解质的分布差异很大,细胞外液的阳离子以Na$^+$为主,阴离子以Cl$^-$及HCO$_3^-$为主,而细胞内液的阳离子以K$^+$为主,阴离子以HPO$_4^{2-}$和Pr$^-$(蛋白负离子)为主。

③ 细胞外液的阳、阴离子总量大于细胞内液的阳、阴离子总量,但细胞内液与细胞外液的渗透压基本相等。这是由于细胞内液中多价离子如蛋白质阴离子和Ca^{2+}含量较多,使细胞内、外液产生渗透压的粒子浓度相当。

④ 细胞外液中,血浆与细胞间液中的电解质分布及含量都比较接近,唯有蛋白质含量不同,血浆的蛋白质含量多于细胞间液,因此血浆胶体渗透压高于细胞间液胶体渗透压。这对于血浆和细胞间液间的液体交换有重要意义。如由于某种原因,使血浆蛋白质含量明显降低,血浆的胶体透压则降低,细胞间液的水分就不能回流入血液,导致潴留,引起组织水肿。

二、水平衡

正常成年畜体每天摄入水量和丢失水量相等,称为水平衡。

(一)水的生理功能

水在体内含量最大,是组成体液的主要成分,体液对于维持机体物质代谢和生理活动的正常进行极其重要。水的生理功能可概括为以下三点。

1. 促进和参与物质代谢

水是良好的溶剂,能溶解多种物质,有利于物质代谢;水流动性好,通过血液循环完成对各种营养物质和代谢产物的运输;水还可以直接参与代谢反应,如水解、加水、脱氢等。

2. 调节体温

水的比热大，1g水从15℃升至16℃时需要4.184J热量，比等量其他物质所需的热量多，因而水能吸收较多的热量而本身温度升高不多；而且通过体液交换和血液循环，体液中的水可将代谢所产生的热运送到体表散发，也有使全身各处温度均匀的作用。另外水的蒸发热也高，1g水在37℃时，完全蒸发需要吸热2405.8J，汽化蒸发少量的汗，就能散发大量的热，这在高温环境时尤为重要。

3. 润滑作用

水有润滑作用。如唾液可润滑食团，协助吞咽；关节腔液能减少关节活动的摩擦。

（二）水的摄入与排出

1. 水的摄入

体内水的来源有饮水、饲料中的水和代谢水三种。饮水及饲料所含的水是体内水的主要来源。体内由脂肪、糖、蛋白质氧化所产生的代谢水不多，但比较恒定，在水源缺乏时，代谢水对机体水的供应起着重要作用。

2. 水的排出

体内水的排出途径主要有以下几种。

（1）**呼吸蒸发** 机体在肺呼吸时以水蒸气形式丢失部分水分，丢失水量多少取决于呼吸速度和深度，快而深的呼吸丢失水较多，这对汗腺不发达的狗、鸡极为重要。

（2）**皮肤蒸发** 排汗有两种方式，一种是非显性汗，是机体由皮肤表面蒸发而排出水分。另一种是显性汗，为汗腺分泌的汗。出汗量多少与环境温度及劳役量有关，大家畜排汗多时可达数升。非显性汗丢失的基本是纯水，显性汗中除水外还有无机盐。所以，大量出汗后，除应及时补充水分外，还应注意补充一部分电解质。

（3）**粪便排出** 由粪便排出的水量不多。但马、牛粪量大，含水也多，丢失水量在10L以上。在异常情况下，如呕吐、腹泻都能导致胃肠内的消化液大量丢失。

（4）**肾脏排尿** 肾脏是调节水、电解质平衡的主要器官。排尿量的多少受饮食、环境、劳役等因素影响。此外泌乳也丢失水分。

三、电解质平衡

（一）电解质的生理功能

1. 维持体液的酸碱平衡和渗透压

Na^+、K^+、HCO_3^-、HPO_4^{2-}等构成了体液中缓冲系统，参与酸碱平衡的调节（见第五章）。此外，Na^+、Cl^-、K^+和HPO_4^{2-}还是维持细胞内外液渗透压的主要离子，当这些离子浓度改变时，会引起细胞内外液的渗透压及容量的变化。

2. 维持神经肌肉的正常兴奋性

神经肌肉的兴奋性与体液中Na^+、K^+、Ca^{2+}、Mg^{2+}、H^+有关。当体液中K^+、Na^+浓度升高时，神经肌肉的兴奋性升高；当Ca^{2+}、Mg^{2+}及H^+浓度升高时，神经肌肉的兴奋性降低。

3. 维持心肌的正常兴奋性

K^+对心肌有抑制作用。高血钾（血浆K^+高于正常）可使心肌兴奋性降低，出现传导阻滞，甚至心跳骤停于舒张状态。低血钾（血浆K^+低于正常）时心肌兴奋性增强，可出现室性早搏，甚至心跳骤停于收缩状态。Na^+、Ca^{2+}对K^+有拮抗作用。血浆Na^+浓度升高，心肌兴奋性增强；血浆Ca^{2+}浓度升高，心肌收缩力增强。

4. 其他功能

无机离子还是多种酶的辅酶成分或酶的激活剂,无机离子还可直接参与物质代谢。如 Cl^- 是唾液淀粉酶的激活剂,在体内参与胃酸的合成;K^+ 参与糖原及蛋白质的合成。

(二) 钠与氯代谢

1. 含量与分布

成畜体内钠含量一般是每千克体重约为 1g。其中约有 50% 存在于细胞外液;40%~45% 存在于骨骼;其余存在于细胞内液。氯主要存在于细胞外液。

2. 吸收与排泄

动物体内 Na^+ 的来源主要由饲料摄入。草食动物的饲料含 K^+ 多,含 Na^+ 少,所以常需添加食盐;肉食兽食入的动物性饲料含 Na^+ 多,故不需补盐。Na^+ 与 Cl^- 的排泄主要经肾随尿排出,大量的汗也排泄一小部分。肾对钠的排出有很强的控制能力,其排钠特点是:多食多排,少食少排,不食不排。当机体不摄入钠时,肾的排钠量几乎为零。氯伴随钠而排出。

(三) 钾代谢

1. 含量与分布

成畜体内钾含量一般是每千克体重约为 2g。其中约 98% 存在于细胞内液,细胞外液仅含约 2%。钾在细胞内外分布虽然极不均匀,但却缓慢地进行交换,维持动态平衡。

2. 吸收与排泄

K^+ 是动物和植物细胞内液中含量最多的阳离子,饲料中的钾的浓度都很高,因而只要正常进食,家畜机体不会缺钾。体内的钾主要经肾随尿排出,肾脏对排钾的控制能力没有对钠那么强,肾排钾的特点是:多食多排,少食少排,不食也排。所以临床上对禁食或大量输液的动物要注意补钾。

(四) 钙、磷代谢

钙、磷是体内含量最高的无机元素。它们在体内主要参与骨和牙的构成。游离于体液中的钙、磷还具有许多其他重要生理功能。血浆 Ca^{2+} 具有降低毛细血管及细胞膜的通透性和神经肌肉的兴奋性,参与肌肉收缩、细胞分泌及血液凝固过程。此外 Ca^{2+} 有利于心肌收缩,能和有利于心肌舒张的 K^+ 相拮抗,从而维持心肌的正常收缩与舒张。

1. 含量与分布

体内无机盐以钙、磷含量最高,钙、磷占无机元素的 70% 左右。总钙量的 99% 和总磷量的 80%~85% 存在于骨骼和牙齿中。其余部分分布于体液和其他组织中。

2. 吸收和排泄

(1) 钙、磷的吸收 动物体内的钙、磷靠饲料供给。饲料中的钙和无机磷在酸度较大的小肠前段吸收,而饲料中的有机磷需经消化酶水解成无机磷后,才能被吸收于小肠后段。现认为钙的吸收是主动耗能性吸收,而磷是伴随钙的吸收而被动吸收。钙、磷的吸收可受多种因素影响。

① 维生素 D 是影响钙吸收的最主要因素,它可促进钙、磷的吸收。

② 钙、磷吸收与机体的需要量相一致。在妊娠和泌乳时,母畜可增加钙、磷的吸收率;幼畜生长,吸收钙、磷也多。

③ 肠道 pH 的影响。钙与磷的盐类在酸性溶液中易于溶解,而在碱性溶液中易于沉淀。因此,凡饲料中含有增加肠道酸性的物质,如乳酸、柠檬酸等有助于钙、磷的吸收。正常胃酸的分泌对钙的吸收有很大意义,它不仅可增加肠道酸度,使溶解度小的碱性磷酸钙转变为

溶解度大的酸性磷酸钙,而且还可将草料中的有机酸钙转变为水溶性氯化钙。

④ 凡能与钙、磷结合成为不溶性盐的物质,均可影响钙、磷的吸收。例如草料中的草酸、谷皮中的植酸都能与钙结合为不溶性盐,影响单胃动物对钙、磷的吸收。而反刍动物瘤胃内微生物可分解草酸和植酸,所以不影响钙、磷的吸收。

⑤ 饲料中钙、磷的比值对钙、磷的吸收有很大影响。饲料中的钙过多时,多余的钙在小肠后段与磷结合,生成不溶性的磷酸钙,影响磷的吸收;同样过多的磷也可与钙结合,影响钙的吸收。因此在家畜饲养中必须注意调整饲料中钙、磷含量的比值。一般说来,饲料中的钙磷以(2∶1)~(1.5∶1)为宜。

(2) 钙、磷的排泄 动物主要通过粪和尿排出钙和磷。钙、磷由尿排出是受到调节的,尿中排出的钙、磷量受血浆中钙、磷浓度的影响,当血中钙、磷浓度低时排出较少,血中钙、磷浓度高时则排出增加。需要说明的是,牛排出的尿磷要比粪磷少得多,人则相反。这是由于牛排碱性尿的原因,碱性 pH 严重限制由尿同时排出钙和磷的可能性。

3. 血钙和血磷

血磷主要是指血浆中的无机磷酸盐所含的磷。血钙是指血浆中的钙。血钙以离子钙和结合钙两种形式存在。其中结合钙主要是指钙与血浆清蛋白结合形成的蛋白结合钙。血浆蛋白结合钙与离子钙之间可以互相转变,处于动态平衡,并受血液 pH 的影响。当血液 pH 增高(碱中毒)时,蛋白结合钙增多,Ca^{2+} 减少,神经肌肉应激性增强,易发生痉挛。反之,当血液 pH 减小(酸中毒)时,蛋白结合钙的解离加强,使 Ca^{2+} 浓度增高。

$$血浆蛋白结合钙 \xrightleftharpoons[HCO_3^-]{H^+} 血浆蛋白质 + Ca^{2+}$$

血浆中的钙与磷的浓度保持着一定数量关系。当正常成畜每 100mL 血浆中钙、磷浓度以毫克数表示时,其乘积范围为 35~40。当血磷浓度升高时,血钙浓度则降低;血磷浓度降低时,血钙浓度则升高,以维持乘积的相对恒定。钙、磷浓度的乘积低于 35 时,则骨盐的形成受阻,将妨碍骨组织钙化,甚至使骨盐再溶解,影响成骨作用,引起佝偻病或软骨病。乘积高于 40 时,骨盐的沉积速度加快,所以当骨骼生成时(如幼畜生长期),乘积常较高。

血钙和血磷含量虽少,但与骨骼中的钙、磷保持动态平衡。所以它们的含量变化,常能反映出骨组织的代谢情况,因此测定血钙、血磷的含量,对一些疾病的诊断有所帮助。

(五) 铁

1. 生理功能和分布

机体内铁的含量很少,但具有重要的生理功用。它是构成血红蛋白和肌红蛋白的原料,也是细胞色素体系过氧化氢酶和过氧化物酶的必需组成成分,参与氧的转运和电子的转运。

正常成年动物含铁总量为 3~5g,其中 60%~70% 存在于血红蛋白内,约 5% 的铁存在于肌红蛋白内,约 1% 存在于细胞色素和其他一些氧化酶中,其余以铁蛋白形式存在于肝、脾、骨髓及肠黏膜中。

2. 来源

体内的铁除来自饲料外,还有一部分来自血红蛋白的分解。由于动物机体贮存铁的能力很强,而且可以在体内反复利用,所以每天由饲料中补充铁量并不多。家畜饲料中一般铁的含量是足够的,但初生仔猪常发生缺铁性贫血症,其原因是仔猪出生时,体内铁的贮存量较低(约 40~50mg),出生后早期生长快,每天需要贮留 6~8mg 铁,但母猪乳中每天只能供给 1mg 左右,如果无其他补充来源,会发生缺铁性贫血,所以必须及时给仔猪补铁。据了解，仔猪每天需口服 15mg 左右铁。

3. 铁的吸收、运输与贮存

饲料中的铁主要在十二指肠中被吸收。一般情况下，无机铁较有机铁易于吸收，低价铁（Fe^{2+}）又较高价铁（Fe^{3+}）易于吸收。由于胃酸、谷胱甘肽和维生素 C 能将 Fe^{3+} 还原为 Fe^{2+}，故可促进铁的吸收。

在正常情况下，机体吸收铁的多少由机体的需要量及体内的贮存量决定。当 Fe^{2+} 进入肠黏膜细胞时被氧化为 Fe^{3+}，再与嗜铁球蛋白合成铁蛋白贮存。同样 Fe^{2+} 进入血液后，经铜蓝蛋白催化，氧化为 Fe^{3+}，再与运铁蛋白结合运输，进入细胞被利用，或进入肝脾等网状巨噬系统中贮存。当贮存铁蛋白达到平衡饱和后，肠黏膜不再吸收铁。

4. 铁的排泄

正常情况下，机体排出铁量极少。家畜粪中的铁绝大部分是饲料中未被吸收的铁，只有极少量是随胆汁及肠黏膜细胞脱落而由体内排出的。经肾脏随尿排出的铁量更少。此外通过出汗、被毛脱落及皮肤脱落，也丢失少量的铁。母畜泌乳也排出少量的铁。

（六）镁代谢

动物所有组织均含镁，其中骨中的镁占 70%，其次为肝、肾、骨骼肌、脑组织。Mg^{2+} 主要存在于细胞内。血浆中 Mg^{2+} 含量因家畜而有差异，一般在 2～5mg。

Mg^{2+} 是某些酶的激活剂，在糖、蛋白质代谢中具有重要作用；Mg^{2+} 对心血管系统和神经系统具有抑制作用。镁离子浓度降低时，可增加神经肌肉兴奋性，甚至发生痉挛和抽搐；镁离子浓度升高时有抑制作用，临床上用作麻醉和镇静药。乳饲犊牛和放牧乳牛可能会发生低血镁症，发生缺镁性抽搐。

正常机体每日摄入的 Mg^{2+} 往往超过生理需要，食物中未被吸收的过多的镁，从粪便排出。体液中过多的镁主要通过肾随尿排出，泌乳动物泌乳时，Mg^{2+} 也随乳排出。

四、微量元素

微量元素是一些在机体内含量不足体重万分之一的元素。动物体必需的微量元素主要有铜、锌、钴、锰、碘、氟、铬、钼、锶、钒、硼、硅、镍、锡等。

必须有微量元素在机体内，以不同的方式发挥生理作用，是维持生命活动所不可缺少的元素。

碘是合成甲状腺素的原料，食物中缺碘将引起甲状腺素的不足。

锌参与多种酶的组成，并为酶活性所必需，如碳酸酐酶、碱性磷酸酶等。幼小动物缺锌，常出现生长停滞、贫血、生殖器官及第二性征发育不全。

硒在动物食物中含 $0.1×10^{-6}$（质量分数）是有益的，当达到 $8×10^{-6}$ 则有害，动物食入过量的硒，可出现硒中毒。极低量的硒能与维生素 E 协同，产生强抗氧化剂作用，可防止不饱和脂肪酸的氧化，对某些致癌因素也有抵抗作用。

铬可使胰岛素活性增加。此外核酸和核蛋白中含铬很多。

氟是骨骼和牙齿的组成成分，在骨骼和牙齿的生长与形成中十分重要，但是食物或饮水中含氟量过高，会引起慢性氟中毒。

铜是细胞色素氧化酶、过氧化氢酶、抗坏血酸氧化酶等的组成成分。当机体缺铜时，酶的活性明显下降，氧化磷酸化受阻，ATP 生成减少，许多合成机能降低。

锰是许多酶的激活剂，特别是磷酸酶。动物缺锰时，可出现骨骼发育不良、畸形、性欲丧失、性腺退化、性激素合成降低。

习题

1. 选择题

(1) 在氨催化氧化反应 $4NH_3 + 5O_2 \rightleftharpoons 4NO + 6H_2O$，在容积为 5L 的密闭容器中进行，0.5min 后，NO 的物质的量增加了 0.3mol，5min 后，此反应的平均速率为（　　）。

A. $v(O_2) = 0.01 \text{mol} \cdot L^{-1} \cdot s^{-1}$
B. $v(NO) = 0.01 \text{mol} \cdot L^{-1} \cdot s^{-1}$
C. $v(H_2O) = 0.003 \text{mol} \cdot L^{-1} \cdot s^{-1}$
D. $v(NH_3) = 0.001 \text{mol} \cdot L^{-1} \cdot s^{-1}$

(2) 反应 $MnO_2(s) + 4H^+(aq) + 2Cl^-(aq) \rightleftharpoons Mn^{2+}(aq) + Cl_2(g) + 2H_2O(l)$ 的标准平衡常数 $K^\ominus$ 的表示式为（　　）。

A. $K^\ominus = \dfrac{c(Mn^{2+})p(Cl_2)}{[c(H^+)]^4[c(Cl^-)]^2}$
B. $K^\ominus = \dfrac{[c(Mn^{2+})/c^\ominus][p(Cl_2)/p^\ominus]}{[c(H^+)/c^\ominus]^4[c(Cl^-)/c^\ominus]^2}$
C. $K^\ominus = \dfrac{c(Mn^{2+})p(Cl_2)}{c(MnO_2)[c(H^+)]^4[c(Cl^-)]^2}$
D. $K^\ominus = \dfrac{\sqrt{c(Mn^{2+})/c^\ominus}[p(Cl_2)/p^\ominus]}{[c(H^+)/c^\ominus]^2[c(Cl^-)/c^\ominus]}$

(3) 判断下列盐类水解的叙述中正确的是（　　）。

A. 溶液呈中性的盐一定是强酸强碱盐
B. 含有弱酸根盐的水溶液一定呈碱性
C. 盐溶液的酸碱性主要决定于形成盐的酸和碱的相对强弱
D. NH_4Ac 溶液呈中性，说明 NH_4Ac 不水解

(4) 将 pH=3.5 的盐酸与 pH=10.5 的氢氧化钠溶液等体积混合后，溶液的 pH（　　）。

A. 等于 7 　　B. 小于 7 　　C. 大于 7 　　D. 无法判断

(5) 将少量 NaAc 晶体加入 $0.001 \text{mol} \cdot L^{-1}$ HAc 溶液中，将使（　　）。

A. $K_a^\ominus$ 值增大
B. $K_a^\ominus$ 减小
C. 溶液的 pH 减小
D. 溶液的 pH 增大

(6) 用 $0.1000 \text{mol} \cdot L^{-1}$ NaOH 溶液滴定等体积、等 pH 的 HCl 和 HAc 溶液时，所消耗 NaOH 溶液的体积（　　）。

A. 相同　　B. HCl>HAc　　C. HCl<HAc　　D. 无法确定

2. 填空题

(1) 细胞内液的阳离子主要是_____，细胞外液的主要阴离子是_____。

(2) 血浆与细胞间液都是细胞外液，大部分电解质含量都很接近，其中含量差别最大的成分是_____。

(3) 铁在体内的主要功能是_____，缺铁可引起_____。

(4) 正常成年动物体液总量约占体重的_____，其中细胞内液占体重的_____，细胞外液占体重的_____。_____是组织细胞直接生存的内环境，是细胞与外界环境进行物质交换的中介场所。

(5) 现在 $CuSO_4$、$NaHCO_3$、NH_4Ac、$Al_2(SO_4)_3$、NH_4NO_3、KNO_3、$FeCl_3$、K_2S 溶液，其中显酸性的有_____，显碱性的有_____，显中性的有_____。

3. 计算题

(1) 计算下列溶液的 pH。

① 2.8g KOH 溶解于 500mL 水中。
② 25mL $0.5 \text{mol} \cdot L^{-1}$ HNO_3 稀释至 100mL。

(2) 假定 $Mg(OH)_2$ 在饱和溶液中完全解离 $[K_{sp}^\ominus(Mg(OH)_2) = 1.8 \times 10^{-11}]$，计算 $Mg(OH)_2$ 饱和溶液中 OH^- 的浓度和 Mg^{2+} 的浓度。

(3) 已知 AgCl 的 $K_{sp}^\ominus = 1.80 \times 10^{-10}$，将 $0.001 \text{mol} \cdot L^{-1}$ NaCl 和 $0.001 \text{mol} \cdot L^{-1}$ $AgNO_3$ 溶液等体积混合，是否有 AgCl 沉淀生成？

(4) 将含有 Ag^+ 的溶液与另一种含有 CrO_4^{2-} 的溶液混合后生成了 Ag_2CrO_4 沉淀。平衡时测得溶液中

Ag^+ 浓度为 4.4×10^{-6} mol·L^{-1}，CrO_4^{2-} 浓度为 8.6×10^{-2} mol·L^{-1}，计算 Ag_2CrO_4 的溶度积。

4. 简答题

(1) 体液中存在的电解质有什么生理功能？

(2) 影响钙磷吸收的因素有哪些？

(3) 影响铁的吸收的因素有哪些？

(4) 镁主要有哪些生理作用？

第五章 缓冲溶液和酸碱平衡

本章学习目标

★ 理解酸碱质子理论中酸和碱的概念。
★ 理解缓冲溶液的组成和缓冲作用的原理。
★ 掌握缓冲溶液的配制方法。
★ 了解机体内酸碱物质的来源。
★ 理解机体内酸碱平衡的意义和调节。

在溶液中进行的许多反应,尤其是动物体内的化学反应,往往需要在一定 pH 条件下才能正常进行。但是在生命活动的过程中,体内会经常生成一些酸性或碱性的代谢产物,并且还有些酸、碱性物质进入体内,势必会使体液的 pH 发生较大的变化。实际上动物体液的 pH 均可保持相对恒定,这主要是由于动物的体液是一种缓冲溶液,可缓解体内多余的酸、碱性物质,此外还有肺和肾的调节作用。

第一节 酸碱质子理论

一、酸碱质子理论的概念

酸碱质子理论认为:凡是能给出质子的物质都是酸;凡是能接受质子的物质都是碱。为区别于解离理论的酸和碱,常称为质子酸和质子碱。

$$HCl \rightleftharpoons H^+ + Cl^-$$
$$H_2O \rightleftharpoons H^+ + OH^-$$
$$HAc \rightleftharpoons H^+ + Ac^-$$
$$NH_4^+ \rightleftharpoons H^+ + NH_3$$
$$H_2CO_3 \rightleftharpoons H^+ + HCO_3^-$$
$$HCO_3^- \rightleftharpoons H^+ + CO_3^{2-}$$

HCl、H_2O、HAc、NH_4^+、H_2CO_3、HCO_3^- 等都能给出质子,都是酸(质子酸);Cl^-、OH^-、Ac^-、NH_3、HCO_3^-、CO_3^{2-} 等都能接受质子,都是碱;HCO_3^- 既能给出质子,又能接受质子,称为两性物质。质子酸可以是分子,也可以是离子;同样质子碱可以是分子,也可以是离子。

根据酸碱质子理论,酸和碱不是孤立的。酸给出质子后生成碱,碱接受质子后就变成酸。这种酸或碱通过 H^+ 的传递而转化为相对应的碱或酸的关系,称之为共轭关系,具有共轭关系的酸碱称之为共轭酸碱对。左边的酸是右边碱的共轭酸;右边的碱是左边酸的共轭碱。

$$共轭酸 \rightleftharpoons H^+ + 共轭碱$$

可见,质子理论中只有酸和碱的概念,没有盐的概念。这样就扩大了酸和碱的范围,不仅中和反应是酸与碱之间的反应，弱电解质的解离、盐类的水解等反应均可以看作是酸和碱之间的反应，其实质是两对共轭酸碱之间质子传递的反应。如

$$NH_3 + HCl \rightleftharpoons NH_4^+ + Cl^- \text{（中和）}$$
$$NH_3 + H_2O \rightleftharpoons NH_4^+ + OH^- \text{（解离）}$$
$$Ac^- + H_2O \rightleftharpoons HAc + OH^- \text{（水解）}$$
$$\text{碱}_1 \quad \text{酸}_2 \quad \text{酸}_1 \quad \text{碱}_2$$

二、共轭酸碱的强弱

根据酸碱质子理论，一对共轭酸碱在水溶液中的解离过程实质是两对共轭酸碱之间质子传递的反应，若均为弱电解质，存在如下解离平衡。

$$\text{共轭酸} + H_2O \rightleftharpoons H_3O^+ + \text{共轭碱} \qquad \text{共轭碱} + H_2O \rightleftharpoons \text{共轭酸} + OH^-$$

简化为

$$\text{共轭酸} \rightleftharpoons H^+ + \text{共轭碱}$$

$$K_a^\ominus = \frac{c'(H^+)c'(\text{共轭碱})}{c'(\text{共轭酸})} \qquad K_b^\ominus = \frac{c'(\text{共轭酸})c'(OH^-)}{c'(\text{共轭碱})}$$

不难推出，一对共轭酸碱的 $K_a^\ominus$ 和 $K_b^\ominus$ 之间有如下关系。

$$K_a^\ominus \cdot K_b^\ominus = c'(H^+) \cdot c'(OH^-) = K_w^\ominus = 10^{-14}$$

由此可以看出，共轭酸的酸性越强（$K_a^\ominus$ 越大），其共轭碱的碱性就越弱（$K_b^\ominus$ 越小）；共轭酸的酸性越弱（$K_a^\ominus$ 越小），其共轭碱的碱性就越强（$K_b^\ominus$ 越大）。

第二节 缓冲溶液

一、缓冲溶液的概念

实验发现，在 HAc 和 NaAc 组成的混合溶液中外加少量强酸、强碱或加少量水稀释，溶液的 pH 几乎不变，这种溶液称为缓冲溶液。缓冲溶液具有的这种抗酸、抗碱及抗稀释作用，称为缓冲作用。

二、缓冲溶液的组成

缓冲溶液通常是由足够浓度的共轭酸碱对组成。组成缓冲溶液的共轭酸碱对称为缓冲系或缓冲对（常见的缓冲对参见表 5-1）。缓冲溶液中可同时含有几对缓冲对。

表 5-1 常见的缓冲对及其 $pK_a^\ominus$

缓冲系	抗碱成分	抗酸成分	解离平衡式	$pK_a^\ominus$
$HAc\text{-}Ac^-$	HAc	NaAc	$HAc \rightleftharpoons H^+ + Ac^-$	4.75
$NH_4^+\text{-}NH_3$	NH_4Cl	NH_3	$NH_4^+ \rightleftharpoons H^+ + NH_3$	9.25
$H_2CO_3\text{-}HCO_3^-$	H_2CO_3	$NaHCO_3$	$H_2CO_3 \rightleftharpoons H^+ + HCO_3^-$	6.35
$HCO_3^-\text{-}CO_3^{2-}$	$NaHCO_3$	Na_2CO_3	$HCO_3^- \rightleftharpoons H^+ + CO_3^{2-}$	10.25
$H_3PO_4\text{-}H_2PO_4^-$	H_3PO_4	NaH_2PO_4	$H_3PO_4 \rightleftharpoons H^+ + H_2PO_4^-$	2.12
$H_2PO_4^-\text{-}HPO_4^{2-}$	NaH_2PO_4	Na_2HPO_4	$H_2PO_4^- \rightleftharpoons H^+ + HPO_4^{2-}$	7.21
$HPO_4^{2-}\text{-}PO_4^{3-}$	Na_2HPO_4	Na_3PO_4	$HPO_4^{2-} \rightleftharpoons H^+ + PO_4^{3-}$	12.67

某些两性物质水溶液本身含有缓冲对，因而具有一定的缓冲能力，如酒石酸氢钾，邻苯二甲酸氢钾等。此外，较高浓度的强酸或强碱水溶液中虽不含缓冲对，但有一定的缓冲作用，其缓冲范围一般 pH<3 或 pH>12，无实际应用价值。

三、缓冲作用的原理

缓冲溶液为什么会具有缓冲作用呢？现以 HAc-NaAc 缓冲体系为例进行讨论。

在含有 HAc 和 NaAc 的混合溶液中，HAc 是弱电解质，水溶液中部分解离，存在如下平衡。

$$HAc \rightleftharpoons H^+ + Ac^-$$

同时，NaAc 是强电解质，水溶液中完全解离，产生大量的 Ac^-，从而抑制了 HAc 的解离。因此溶液中含有大量的 HAc 和 Ac^-，极少量的 H^+。当向溶液中加入少量强酸时，H^+ 浓度增大，平衡左移，达到新平衡时，溶液中 H^+ 浓度不会显著变化，溶液的 pH 几乎不变；如果在上述溶液中加入少量强碱，OH^- 浓度增大，平衡右移，新平衡建立时，溶液中 OH^- 浓度不会显著变化，溶液的 pH 几乎不变。HAc-NaAc 缓冲体系中共轭酸 HAc 起抗碱的作用，称为抗碱成分；共轭碱 Ac^- 起抗酸的作用，称为抗酸成分。

由以上分析可知，缓冲溶液之所以具有缓冲能力，是由于其中含有足够的抗酸和抗碱成分。水中虽然也有共轭酸碱对，但由于其抗酸和抗碱成分含量极低，不足以抵抗外加少量强酸或强碱，因而无缓冲能力。

很显然，缓冲溶液的缓冲作用是有一定限度的，只有在外加少量强酸或强碱时，缓冲液才具有缓冲作用。若外加过量的强酸或强碱，使抗酸或抗碱成分耗尽，将导致缓冲溶液的 pH 值发生显著变化。

较高浓度的强酸或强碱也具有一定的缓冲作用，但由于不含缓冲系，其缓冲作用原理与上述不同。

四、缓冲溶液的 pH

对于由共轭酸和其共轭碱组成的缓冲系，其 pH 可按下面的公式来计算。

$$pH = pK_a^\ominus + \lg \frac{c(共轭碱)}{c(共轭酸)} \tag{5-1}$$

式(5-1) 称为亨德森-哈塞尔巴赫方程，又叫缓冲公式。其中，$pK_a^\ominus$ 为共轭酸的标准解离常数；$c(共轭碱)$ 为缓冲溶液中共轭碱的浓度；$c(共轭酸)$ 为缓冲溶液中共轭酸的浓度，两者的比值称为缓冲比。

如 HAc-Ac^- 缓冲系中，共轭酸是 HAc，共轭碱是 Ac^-。

$$pH = pK_a^\ominus + \lg \frac{c(Ac^-)}{c(HAc)}$$

又如 NH_4^+-NH_3 缓冲系中，共轭酸是 NH_4^+，共轭碱是 NH_3。

$$pH = pK_a^\ominus + \lg \frac{c(NH_3)}{c(NH_4^+)} = 14 - pK_b^\ominus + \lg \frac{c(NH_3)}{c(NH_4^+)}$$

由上计算公式可知，缓冲溶液的 pH 主要取决于共轭酸的 $pK_a^\ominus$（或共轭碱的 $pK_b^\ominus$），其次取决于缓冲比。很明显，若向缓冲溶液中加入少量水，缓冲比不变，pH 也不变，因此缓冲溶液还具有抗稀释作用。当然若加入大量的水稀释，会使缓冲溶液中抗酸和抗碱成分的含量明显降低，从而失去缓冲作用。

五、缓冲溶液的配制

实际工作中，常常需要配制一定 pH 的缓冲溶液。配制方法主要有以下几种。

（一）根据缓冲公式配制

① 首先根据所需缓冲溶液的 pH 选择合适的缓冲对。

所选缓冲系中共轭酸的 $pK_a^\ominus$ 要尽可能接近所需缓冲溶液的 pH（一般要求 pH 在 $pK_a^\ominus \pm 1$ 的范围）。例如，欲配制 pH=5 的缓冲溶液，可选择 HAc-NaAc 缓冲对；配制 pH=10 的缓冲溶液，可选择 $NaHCO_3$-Na_2CO_3 或 NH_4Cl-NH_3 缓冲对。

此外,选择缓冲对还应考虑其他因素,如所选缓冲系不能对所要进行的反应产生干扰;药用缓冲溶液还必须考虑到是否有毒性等。例如,硼酸-硼酸盐缓冲溶液因为有毒,显然不能用做口服或注射剂的缓冲溶液。

② 根据缓冲溶液 pH 的计算公式,算出缓冲比。

③ 选择一定浓度的共轭酸和共轭碱,按浓度比配制(实际配制中,一般用等浓度的共轭酸和共轭碱按一定体积比混合,体积比即浓度比)。注意缓冲溶液的总浓度不宜太低,也不宜太高,一般要求控制在 $0.05\sim0.20\text{mol}\cdot\text{L}^{-1}$。

④ 如有必要,用酸度计测定所配缓冲溶液的 pH,并用相应的共轭酸或共轭碱加以校正。

(二) 按经验配方配制

从有关化学手册中,查得经验配方,按其配方配制,可免去计算麻烦。

(三) 标准缓冲溶液的配制

标准缓冲溶液具有准确的 pH,主要用于 pH 计的校正。标准缓冲溶液是由特定的缓冲系按一定比例配制而成,其配制方法可参考标准溶液的直接配制法。

第三节 酸 碱 平 衡

一、体内酸碱性物质的来源

(一) 酸性物质的来源

1. 内源性酸

主要来自于糖、脂肪、蛋白质及核酸在体内的代谢产物。这是体内酸性物质的主要来源。根据这些酸性物质在体内排出方式的不同,可将内源性酸分为挥发酸和固定酸。

糖、脂肪、蛋白质完全氧化产生 CO_2,进入血液与 H_2O 形成碳酸,由于碳酸又在肺部变成 CO_2 呼出体外,因此称为挥发酸,它是体内产生最多的酸性物质。此外,糖、脂类、蛋白质和核酸在分解代谢中,还产生一些有机酸(丙酮酸、乳酸、乙酰乙酸、β-羟丁酸等)和无机酸(硫酸、磷酸等)这些酸不能由肺呼出,过量时必须由肾脏排出体外,故称为固定酸或非挥发酸。

2. 外源性酸

主要来自饲料和某些药物中,如柠檬酸、醋酸、氯化铵、阿司匹林等,随食物进入体内成为体内酸性物质的又一来源。

(二) 碱性物质的来源

1. 内源性碱

体内物质代谢也可产生为数不多的碱性代谢产物,如氨基酸分解代谢产生的氨。

2. 外源性碱

主要来自饲料和某些药物中,如有机酸钾盐或钠盐、乳酸钠等。有机酸根在体内氧化成 CO_2 和 H_2O,留下 Na^+ 和 K^+ 与 HCO_3^- 结合成碳酸氢盐。体液 $NaHCO_3$ 或 $KHCO_3$ 的增多,使体液 pH 趋于升高。

二、酸碱平衡的调节

正常情况下,体液的酸碱度是相对恒定的,人体动脉血 pH 在 7.34~7.45 之间变动,家畜血浆 pH 在 7.24~7.54 之间变动。由于血浆不断循环,沟通各组织,所以血浆的 pH

可反映其他部分体液的酸碱度状态。血浆 pH 的相对恒定，表明机体有完善的调节机构，能将体内多余的酸碱物质排出体外，使体液 pH 维持相对恒定，这一过程为酸碱平衡。

酸碱平衡包括血液的缓冲作用、肺和肾脏的调节。上述任何一方面失调都可能导致体内酸碱平衡的失常，从而发生酸中毒或碱中毒。

（一）血液的缓冲作用

血液是由多种缓冲对组成的缓冲溶液，血液中的缓冲系主要有五种（表 5-2），分布在血浆及红细胞中，包括碳酸氢盐缓冲系统、磷酸氢盐缓冲系统、血浆蛋白质缓冲系统、血红蛋白缓冲系统以及氧合血红蛋白缓冲系统。

表 5-2　血液中五种缓冲系统

弱酸—弱酸盐	缓冲机制	分布部位
H_2CO_3-(K)$NaHCO_3$	$H_2CO_3 \rightleftharpoons H^+ + HCO_3^-$	血浆、红细胞
(K)NaH_2PO_4-(K$_2$)Na_2HPO_4	$H_2PO_4^- \rightleftharpoons H^+ + HPO_4^{2-}$	血浆、红细胞
HPr-NaPr（Pr 为血浆蛋白质）	$HPr \rightleftharpoons H^+ + Pr^-$	血浆
HHb-KHb（Hb 为血红蛋白）	$HHb \rightleftharpoons H^+ + Hb^-$	红细胞
$HHbO_2$-$KHbO_2$（HbO_2 为氧合血红蛋白）	$HHbO_2 \rightleftharpoons H^+ + HbO_2^-$	红细胞

各种来源的酸性或碱性物质进入血液后，受到血液中各种缓冲系统的缓冲作用，从而使血液的 pH 保持基本恒定。

血浆中以碳酸氢盐缓冲体系（H_2CO_3-$NaHCO_3$）为主，红细胞中以血红蛋白缓冲体系（HHb-KHb、$HHbO_2$-$KHbO_2$）为主，但在机体酸碱平衡调节中以 H_2CO_3-$NaHCO_3$ 体系最为重要，其含量最多，缓冲能力最大。

根据缓冲溶液的缓冲公式可知，H_2CO_3-$NaHCO_3$ 缓冲系统的 pH 主要和 H_2CO_3 和 $NaHCO_3$ 浓度的比值有关。当比值发生改变时，血液的 pH 就随之变化，因此酸碱平衡调节的实质就是通过多种途径，调整血浆中 H_2CO_3 和 $NaHCO_3$ 浓度的比值，以维持血液的正常 pH。

1. 对固定酸的缓冲作用

进入血液的固定酸主要受到 H_2CO_3-$NaHCO_3$ 的缓冲作用，使 H_2CO_3 浓度增大，$NaHCO_3$ 浓度减小，即使酸性较强的固定酸变成酸性较弱的 H_2CO_3，H_2CO_3 分解成 CO_2 和 H_2O，CO_2 通过呼吸排出。

2. 对挥发酸的缓冲作用

对挥发酸 H_2CO_3 的缓冲作用主要是依靠红细胞中 HHb-KHb 和 $HHbO_2$-$KHbO_2$ 的缓冲作用，将组织细胞代谢过程中产生的 CO_2 通过血液循环运送至肺部，最终通过呼吸排出体外。

3. 对碱的缓冲作用

进入血液的碱性物质由缓冲系统中的弱酸部分来缓冲，其中 H_2CO_3 起主要作用。碱性物质与 H^+ 结合生成水，所消耗的 H^+ 由 H_2CO_3 补充，结果 H_2CO_3 浓度减小，$NaHCO_3$ 浓度增大，使较强的碱变成较弱的碱 $NaHCO_3$，过多的 $NaHCO_3$ 由肾脏排出。

（二）肺对酸碱平衡的调节

肺是动物机体气体交换的器官。血液中红细胞的血红蛋白把组织中产生的 CO_2 带到肺释放出来；同时结合氧气，再把 O_2 带入组织。

肺还是酸碱平衡的调节器官。肺通过改变呼吸的频率和深度来控制 CO_2 的排出量，进而调节血浆中 H_2CO_3 的浓度。肺呼吸运动的频率和深度，皆由位于延髓的呼吸中枢所控制。当血液 $p(CO_2)$ 上升或 pH 下降时（H^+ 增多），呼吸中枢兴奋，呼吸运动加深加快，呼出过多的 CO_2 使血中 H_2CO_3 含量减少。反之，当血液 $p(CO_2)$ 下降或 pH 上升时（H^+ 减少），则呼吸中枢受到抑制，呼吸运动变慢变浅，使 CO_2 排出量减少而血中 H_2CO_3 浓度增加。

（三）肾脏对酸碱平衡的调节作用

肾脏是调节机体酸碱平衡的重要器官，它主要是通过排出过多的酸或碱来调节血浆中 $NaHCO_3$ 的正常含量，以维持 H_2CO_3 和 $NaHCO_3$ 浓度的正常比值。当血浆中 $NaHCO_3$ 浓度降低时，肾脏加强排酸及重吸收 $NaHCO_3$；反之当血浆 $NaHCO_3$ 浓度升高时，肾脏增加对碱性物质的排出，使血浆 $NaHCO_3$ 浓度降至正常水平。肾脏的这种调节作用主要是通过肾小管上皮细胞的泌氢、排钾和泌氨作用实现的。

1. 肾小管的泌氢作用和钠的重吸收（H^+-Na^+ 交换作用）

肾小管上皮细胞有泌 H^+ 的能力，这种作用是和 Na^+ 的重吸收同时进行的，又称为 H^+-Na^+ 交换作用（图 5-1）。

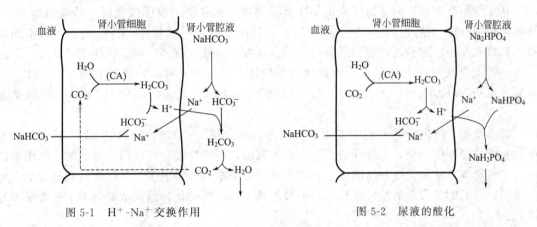

图 5-1 H^+-Na^+ 交换作用　　　　　图 5-2 尿液的酸化

肾小管上皮细胞内碳酸酐酶（CA）催化 CO_2 和 H_2O 生成 H_2CO_3。H_2CO_3 解离成 H^+ 与 HCO_3^-，H^+ 分泌至管腔的原尿中与 HCO_3^- 结合成 H_2CO_3，在 CA 的催化下分解成 CO_2 和 H_2O，扩散到细胞中被再利用，即 HCO_3^- 以 CO_2 的形式被重吸收。

原尿中 Na^+ 进入肾小管上皮细胞内，与 HCO_3^- 一起转运至血液，这样就补充了血液在缓冲固定酸时所消耗的 $NaHCO_3$，从而有利于维持 $NaHCO_3$-H_2CO_3 缓冲对的正常比值，使血液 pH 恒定。

此外，肾小管原尿中 Na_2HPO_4 解离出的 Na^+ 也可通过与 H^+ 的交换作用，使 Na_2HPO_4 转变成 NaH_2PO_4 随尿排出，其结果使终尿液酸化（图 5-2）。

由此可见，肾小管上皮细胞中的 H^+-Na^+ 交换作用，是维持体内酸碱平衡的一种重要方式，也是机体排酸的主要方式。

2. NH_3 的分泌和铵盐的生成（NH_4^+-Na^+ 交换）

分泌 NH_3 是肾远曲小管细胞的重要功能之一，其作用在于帮助强酸的排泄。肾小管上皮细胞内的 NH_3 分泌入管腔中与 Na^+ 发生交换作用。NH_3 与管腔中的 H^+ 结合成 NH_4^+。NH_4^+ 再与管腔内强酸盐（如 $NaCl$，Na_2SO_4 等）的酸根部分结合成铵盐随尿排出。NH_4^+ 的生成可使管腔液中的 H^+ 浓度降低，有利于 H^+-Na^+ 交换和较强酸的排泄（图 5-3）。

分泌到管腔中的 NH_3，只有以 NH_4^+ 的形式才容易随尿排出，故酸性尿有利于 NH_3 的

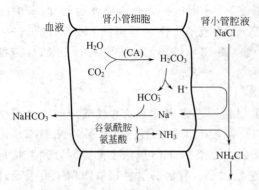

图 5-3 氨的分泌及铵盐的生成

排泄。

3. K^+ 的排泄与 K^+-Na^+ 交换

肾远曲小管除泌氢作用外，还排泄 K^+，排泄的 K^+ 和肾小管腔液中的 Na^+ 进行交换。这种 K^+-Na^+ 交换与 H^+-Na^+ 交换可相互竞争，即 H^+-Na^+ 交换增强时，K^+-Na^+ 交换减弱；而 K^+-Na^+ 交换增强时，H^+-Na^+ 交换减弱。

当机体酸中毒时，由于体内 H^+ 浓度升高，肾小管上皮细胞对 H^+ 泌出增多，因而 K^+ 排泄减少，于是 K^+ 在体内聚集，所以酸中毒时常伴有高血钾，相反碱中毒时常伴有低血钾。同样高血钾症常伴有酸中毒，低血钾症常伴有碱中毒。

在正常情况下，不同家畜尿液的 pH 是不同的，狗和猫一般排酸性尿，草食动物如牛、马等则排碱性尿，猪可以由于饲料的不同，或排酸性尿或排碱性尿。这是由于饲料不同所致，凡摄入高蛋白饲料的，蛋白质分解产酸（硫酸、磷酸）较多，肾脏排出 H^+ 较多，超过从肾小管重吸收的 $NaHCO_3$ 量，因而尿液偏酸性；凡摄入草料的，含较多的有机酸盐，分解后产生的 $NaHCO_3$ 和 $KHCO_3$ 较多，因而排出 $NaHCO_3$ 较多，而排 H^+ 较少，故尿液偏碱性。

综上所述，体内酸碱平衡主要由血液缓冲体系、肺、肾的调节协同完成，三者缺一不可。血液的缓冲作用快，但缓冲能力有一定的限度，不能持续发挥作用。肺的调节作用也较快，但只能调节血浆中碳酸的浓度，加之影响呼吸中枢的因素很多，所以肺的调节常受一定的限制。肾的调节作用虽然发挥较慢，但效能高，持续时间长，是调节酸碱平衡极为重要的器官。

必须指出，机体对酸碱平衡的调节能力是有一定限度的。如果体内酸、碱性物质产生或丢失过多，超出机体的调节能力，或肺、肾出现功能障碍，均可导致酸碱平衡紊乱，出现酸中毒或碱中毒。

习题

1. 选择题

(1) 按质子理论，Na_2HPO_4 是（　　）。
A. 中性物质　　　　　　　　　　B. 酸性物质
C. 碱性物质　　　　　　　　　　D. 两性物质

(2) 下列各组溶液中，不属于缓冲溶液的是（　　）。
A. NH_3-NH_4Cl 溶液　　　　　　B. NaH_2PO_4-K_2HPO_4 溶液
C. $0.1 mol \cdot L^{-1}$ NaOH 和 $0.2 mol \cdot L^{-1}$ HAc 等体积混合的溶液
D. $0.1 mol \cdot L^{-1}$ NaOH 和 $0.1 mol \cdot L^{-1}$ HAc 等体积混合的溶液

(3) 已知 H_3PO_4 的 $pK_{a1}^{\ominus}=2.72$，$pK_{a2}^{\ominus}=7.21$，$pK_{a3}^{\ominus}=12.67$，HAc 的 $pK_a^{\ominus}=4.75$，欲配制 pH=7.0 的缓冲溶液，应选择的缓冲对为（　　）。
A. HAc-Ac^-　　　　　　　　　B. H_3PO_4-$H_2PO_4^-$
C. $H_2PO_4^-$-HPO_4^{2-}　　　　　　D. HPO_4^{2-}-PO_4^{3-}

2. 是非题

(1) 酸碱反应的实质是两个共轭酸碱对之间的质子传递的反应。(　　)
(2) 能抵抗外加少量强酸、强碱和少量水的稀释，而保持 pH 不变的作用均为缓冲作用。(　　)
(3) $NH_3^+—CH_2—COO^-$ 的共轭碱是 $NH_2—CH_2—COO^-$。(　　)

3. 填空题

(1) 在 NH_3-NH_4Cl 缓冲系中，与其缓冲作用密切相关的两个成分是＿＿＿＿和＿＿＿＿，其中起抗酸作用的是＿＿＿＿，起抗碱作用的是＿＿＿＿。

(2) 肺在酸碱平衡中的作用是通过改变＿＿＿＿来控制＿＿＿＿的排出量，进而调节血浆中＿＿＿＿的浓度。

(3) 肾脏是调节机体酸碱平衡的重要器官，主要是通过＿＿＿＿来调节血浆中＿＿＿＿的正常含量，以维持＿＿＿＿浓度的正常比值。

4. 简答题

(1) 什么是缓冲溶液的缓冲作用？
(2) 什么是酸碱平衡？酸碱平衡的调节包括哪几方面？
(3) 简述缓冲溶液的配制方法和步骤。

第二部分 有机化学

第六章 有机化合物的基本类型

本章学习目标

★ 了解有机化合物的概念和分类。
★ 熟悉有机物的性质特点,理解有机物的结构特点。
★ 掌握有机物分子结构的书写方法。
★ 认识常见的官能团及常见有机物的类型。
★ 认识有机化合物的同分异构现象。
★ 了解顺反异构体、对映异构体在结构和性质上的差别。
★ 了解旋光度和比旋光度的概念,学会旋光度的测定技术。

在化学上,通常把化合物分为两大类,一类如水、硫酸、氢氧化钠、碳酸钾等称为无机化合物,另一类如甲烷、乙醇、乙醚、葡萄糖等含碳的化合物,称为有机化合物。

有机化合物与人的衣食住行、生老病死密切相关。如动物体的三大营养物质——糖、脂肪和蛋白质都是有机化合物。疾病的发生、发展、诊断、治疗和预防过程均与有机化合物有关。

第一节 有机化合物概述

根据对有机化合物的研究,发现组成有机化合物主要元素是碳元素,此外,还往往含有氢、氧、氮、硫、磷、卤素等元素。根据确切的定义,有机物是指碳氢化合物及其衍生物。研究碳氢化合物及其衍生物的组成、结构、性质及其变化规律的学科是有机化学。

一、有机化合物的特性

有机化合物一般是通过共价键结合形成的共价化合物,它与无机化合物相比具有以下特性,如表 6-1 所示。

表 6-1 有机物与无机物的比较

项 目	有 机 化 合 物	无 机 化 合 物
1. 可燃性	多数可燃	一般不可燃
2. 耐热性	不耐热,受热易分解,熔点低	耐热性好,受热不易分解,熔点高
3. 溶解性	难溶于水,易溶于有机溶剂	易溶于水,难溶于有机溶剂
4. 导电性	水溶液不能导电	水溶液能导电
5. 化学反应	反应速率慢,且往往伴随有副反应和副产物,产率低	反应速率快,一般无副反应和副产物,产率高
6. 种类	1000 万种以上	5 万种左右

以上是一般有机物的共性，各种有机物还有不同的特性。例如，酒精可以与水以任意比例混溶；四氯化碳不但不能燃烧，而且能用作灭火剂等。

二、有机化合物的结构

物质的结构决定物质的性质，学习和探索有机物的结构特点对于深入了解有机物的性质和反应规律有着极其重要的作用。

（一）碳原子的特性

有机物是以碳原子为主体的化合物，碳原子的结构特点决定了有机物的结构特点，由于碳原子位于周期表中第二周期ⅣA族，最外层有 4 个电子，它有如下特性。

碳原子和周围原子间总是形成四个共价键。

碳原子的结合方式多种多样。它可以自相结合成链或环，也可形成单键、双键和三键，还可以与其他元素的原子相互结合，从而构成各类结构复杂的有机化合物。如

丙烷　　　　苯　　　　二甲醚

（二）有机化合物的分子结构特点

碳原子的特性决定了有机化合物分子结构具有以下特点。

1. 具有一定的几何形状

比如，甲烷分子是一种正四面体的立体结构；乙烯分子是平面形结构；乙炔分子是直线形结构，如图 6-1 所示。

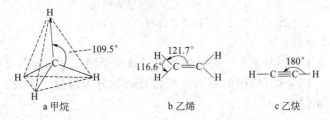

a 甲烷　　　b 乙烯　　　c 乙炔

图 6-1　分子中原子的空间分布

2. 同分异构现象普遍

所谓同分异构现象，是指分子式相同而结构不同的现象。具有同分异构现象的化合物互称为同分异构体。如分子式为 C_4H_{10} 的烷烃具有两种异构体。

$$CH_3-CH_2-CH_2-CH_3 \qquad \begin{array}{c} CH_3-CH-CH_3 \\ | \\ CH_3 \end{array}$$

丁烷　　　　　　　　　　　异丁烷

有机物的同分异构现象非常普遍，而且往往随着分子中碳原子数的增多，同分异构体的数目也迅速增加。这也是有机物种类繁多的一个重要原因。

三、有机化合物的表示方法

由于同一分子式可能有不同的分子结构，因此表示有机化合物一般不用分子式，而用结构式。分子结构式是用来表示分子结构的式子。

有机化合物的分子结构包括分子构造、构型和构象。构造是指分子中原子相互连接的方式和次序;构型和构象是指具有一定构造的分子中原子或基团在空间的排列。

以一个短线代表一个共价键,表示分子中各原子的连接次序和方式的化学式称为构造式。通常说的结构式一般指构造式。构造式还可用构造简式或键线式代替,例如

	甲烷	乙烷	乙烯
分子式	CH_4	C_2H_6	C_2H_4
构造式	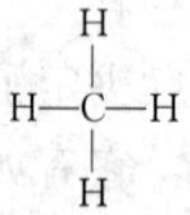 H–C(H)(H)–H	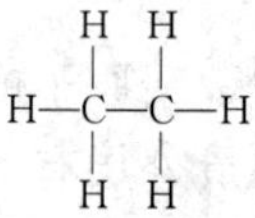 H–C(H)(H)–C(H)(H)–H	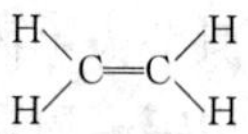 H₂C=CH₂
构造简式	CH_4	$CH_3—CH_3(CH_3)_2$	$H_2C=CH_2$

书写结构式时,常用构造简式,对于较长的碳链或环状结构,也有用键线式的,键线式只表示碳的骨架。例如

	戊烷	环己烷
构造简式	$CH_3—CH_2—CH_2—CH_2—CH_3$	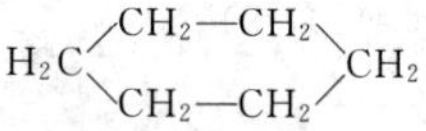 环己烷结构
键线式	 锯齿线	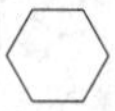 六边形

如要表示有机物分子的立体结构,可用透视式或投影式(这里不作介绍)。

四、有机化合物的分类

(一)按碳架分类

根据组成有机物分子碳架的不同,有机化合物通常分为以下几类。

$$
\text{有机化合物}\begin{cases}\text{链状化合物(脂肪族化合物)}\\ \text{碳环化合物}\begin{cases}\text{脂环化合物}\\ \text{芳香族化合物}\end{cases}\\ \text{杂环化合物}\end{cases}
$$

(二)按官能团分类

官能团是指有机化合物分子中一些特殊的原子或原子团,它决定着有机化合物的某些特有的性质。按照分子中所含官能团的不同,可将有机物分为烯烃、炔烃、醇、酚、醚、醛、酮、羧酸、酯、胺和酰胺等。

第二节 烃

在有机化合物中,仅由碳和氢两种元素组成的有机物称为碳氢化合物,简称烃。烃是有机物中最简单的一类,可以看作是有机物的母体。

根据烃的结构和性质的不同,可将烃分成以下几类。

$$
\text{烃}\begin{cases}\text{链烃}\begin{cases}\text{饱和链烃(烷烃)}\\ \text{不饱和链烃}\begin{cases}\text{烯烃}\\ \text{炔烃}\end{cases}\end{cases}\\ \text{环烃}\begin{cases}\text{脂环烃}\\ \text{芳香烃}\end{cases}\end{cases}
$$

一、饱和链烃

分子中碳原子之间都是以单键结合成链,其余的价键都被氢原子所饱和,即分子中只含

有单键的链烃，叫做饱和链烃，又称烷烃。如

$$CH_4 \qquad CH_3-CH_3 \qquad CH_3-CH_2-CH_3 \qquad CH_3-CH_2-CH_2-CH_3$$
$$\text{甲烷} \qquad \text{乙烷} \qquad \text{丙烷} \qquad \text{丁烷}$$

由以上烷烃的分子结构式可以看出，它们的分子结构相似，在分子组成上相差一个或若干个 CH_2 原子团。这种结构相似而在分子组成上相差一个或数个 CH_2 原子团的一系列化合物称为同系列。同系列中的化合物互称同系物，CH_2 叫做同系差。所有的烷烃彼此都是同系物，同属于烷烃系列，符合同一个通式 C_nH_{2n+2}。

烃分子中去掉一个或几个氢原子后所剩下的部分叫做烃基，用"—R"表示。如果烷烃分子中去掉一个氢原子后剩下的部分，就叫做烷基，用"—C_nH_{2n+1}"表示。如

$$-CH_3 \qquad -CH_2CH_3(-C_2H_5) \qquad -CH_2CH_2CH_3 \qquad -CH(CH_3)_2$$
$$\text{甲基} \qquad \text{乙基} \qquad \text{正丙基} \qquad \text{异丙基}$$

二、不饱和链烃

分子中含有碳碳不饱和键的链烃叫做不饱和链烃。其中，含有碳碳双键（C＝C）的叫做烯烃；含有碳碳三键（C≡C）的叫做炔烃。C＝C 和 C≡C 键分别是烯烃和炔烃的官能团。

所有的烯烃（分子中含一个 C＝C）彼此都是同系物，同属于烯烃系列，符合同一个通式 $C_nH_{2n}(n\geqslant 2)$；所有的炔烃（分子中含一个 C≡C）彼此都是同系物，同属于炔烃系列，符合同一个通式 $C_nH_{2n-2}(n\geqslant 2)$。如

$$CH_2=CH_2 \qquad CH_2=CH-CH_3 \qquad CH_2=CH-CH_2-CH_3$$
$$\text{乙烯} \qquad \text{丙烯} \qquad \text{1-丁烯}$$

$$CH\equiv CH \qquad CH\equiv C-CH_3 \qquad CH\equiv C-CH_2-CH_3$$
$$\text{乙炔} \qquad \text{丙炔} \qquad \text{1-丁炔}$$

三、芳香烃

分子中含有环状结构的烃，称为环烃。其中具有类似于脂肪族化合物性质的环烃称为脂环烃；具有特殊化学性质（芳香性）的环烃，称为芳香烃，简称芳烃。芳烃一般是指分子中含有苯环结构的烃。如

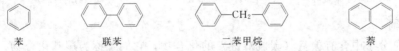

苯　　　　联苯　　　　二苯甲烷　　　　萘

其中，苯是最简单、最基本的芳烃。苯分子中六个碳原子和六个氢原子都在同一平面上，六个碳原子组成一个正六边形，六个碳碳键完全相同，是介于单键和双键之间的一种特殊的共价键。这种特殊的分子结构，决定了苯环具有特殊的化学性质（芳香性）。

若苯分子中的一个或多个氢原子被烷基取代，就得到苯的同系物，其通式为 C_nH_{2n-6} $(n\geqslant 6)$。如

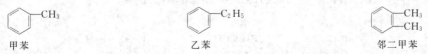

甲苯　　　　乙苯　　　　邻二甲苯

从芳香烃分子中苯环上去掉一个氢原子后，剩下的部分叫做芳基，常用"Ar—"表示。常见的芳基是苯基，即从苯分子中去掉一个氢原子后，剩下的部分（⌬— 或 C_6H_5-），常用"Ph—"表示。

第三节 烃的衍生物

烃分子中的氢原子被其他原子或基团取代后的生成物，叫做烃的衍生物。烃的衍生物有很多种，其中很多不仅是有机合成的重要原料和中间体，也是物质代谢过程中的重要物质，在有机合成和医药卫生中具有重要的作用。根据取代基团的不同，可将烃的衍生物分为卤代烃、醇或酚、醛、酮、羧酸、酯、胺和酰胺等。

一、醇、酚、醚

（一）醇和酚

醇和酚都含有相同的官能团羟基（—OH）。脂肪烃、脂环烃或芳烃侧链上的氢原子被羟基取代的化合物称为醇。芳环上的氢原子被羟基取代的化合物称为酚。醇的官能团羟基称为醇羟基，酚的官能团羟基称为酚羟基。如

CH_3CH_2OH　　　$CH_2=CH-CH_2OH$　　　环己醇-OH　　　苯甲醇-CH_2OH
乙醇　　　　　　　烯丙醇　　　　　　　环己醇 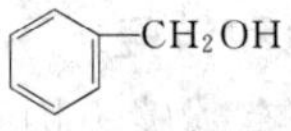　　　　　苯甲醇

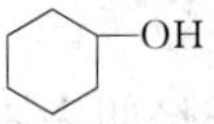

丙三醇（甘油）　　苯酚 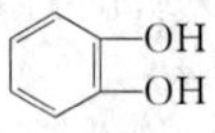　　　邻苯二酚（儿茶酚） 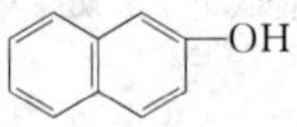　　β-萘酚

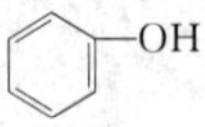

根据分子中烃基的结构，醇可分为脂肪醇和芳香醇。根据分子中所含羟基的数目，醇又可分为一元醇和多元醇。

酚可根据分子中所含酚羟基的数目，分为一元酚和多元酚；根据羟基所连芳环的不同，酚又可分为苯酚、萘酚等。

（二）醚

醚可看作是醇或酚分子中羟基上的氢原子被烃基取代而生成的化合物。醚的官能团为醚键（C—O—C）。其通式可表示为 R—O—R′。R、R′相同的称为单醚，不同的称为混醚，由芳香烃基形成的醚称为芳香醚。例如

$CH_3-O-CH_2CH_3$　　　$CH_3CH_2-O-CH_2CH_3$　　　苯甲醚
甲乙醚（脂肪混醚）　　　乙醚（脂肪单醚）　　　　苯甲醚（芳香混醚）

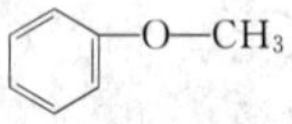

二、醛、酮

醛、酮都是分子中含有羰基（碳氧双键）的化合物，它们统称为羰基化合物。

羰基碳上至少连一个氢原子，即含有醛基（$-\overset{O}{\underset{}{C}}-H$ 或 —CHO）的化合物称为醛，醛基是醛的官能团。羰基碳上不含氢原子，而与两个烃基碳原子相连的化合物称为酮，酮的官能团是酮羰基。

根据醛、酮分子中所含羰基的数目，可将醛、酮分为一元醛、酮和多元醛、酮；根据分子中烃基的不同，醛、酮又可分为脂肪醛酮和芳香醛酮。例如

HCHO　　　CH_3CHO　　　乙二醛
甲醛　　　　乙醛　　　　　乙二醛

丙酮　　　苯甲醛 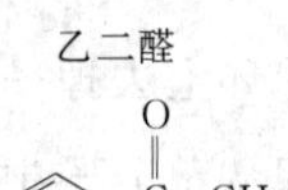　　　苯乙酮

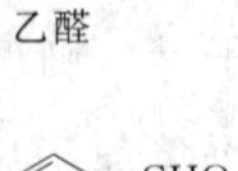

三、羧酸、酯

（一）羧酸

羧酸是烃分子中的氢原子被羧基 $\left(\begin{array}{c}O\\\|\\-C-OH\end{array}\right.$ 或 $-COOH\left.\right)$ 取代后形成的化合物。羧基是羧酸的官能团。根据分子中烃基的不同，羧酸可分为脂肪酸和芳香酸；根据分子中所含羧基的数目，羧酸又可分为一元羧酸和多元羧酸。例如

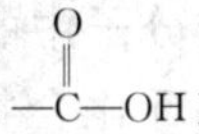

CH_3COOH　　　　$H_2C=CH-COOH$　　　　苯甲酸（C_6H_5COOH）　　　　$HOOC-COOH$
乙酸　　　　　　　丙烯酸 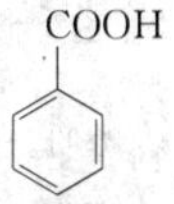　　　　　　　　苯甲酸　　　　　　　　乙二酸（草酸）

羧酸分子中去掉羧基上的羟基后剩下的部分叫做酰基。如

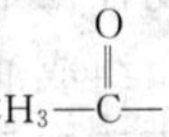

乙酰基 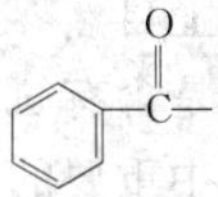　　　　　　苯甲酰基 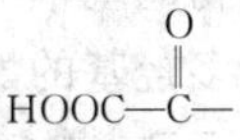　　　　　　　草酰基

（二）酯

酯是羧酸分子中的羟基被烃氧基取代后的生成物，也是羧酸和醇发生酯化反应生成的产物。酯的官能团是酯键 $\left(\begin{array}{c}O\\\|\\-C-O-\end{array}\right.$ 或 $-COO-\left.\right)$。如

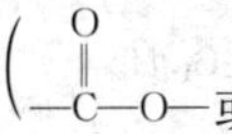

$HCOOCH_2CH_3$　　　　$CH_3COOCH_2CH_3$　　　　苯甲酸苯酯
甲酸乙酯　　　　　　　乙酸乙酯　　　　　　　苯甲酸苯酯

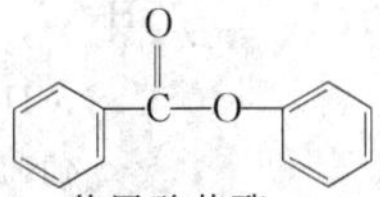

四、胺和酰胺

（一）胺

氨分子中的氢原子被一个或多个烃基取代后的衍生物称为胺，氨基（$-NH_2$）是胺的官能团。

根据氨分子中被取代的氢原子的个数，可将胺分为伯胺（一个氢原子被取代）、仲胺（二个氢原子被取代）和叔胺（三个氢原子被取代）。NH_4^+ 中四个氢原子均被烃基取代的衍生物称为季铵类化合物，相应的有季铵盐和季铵碱（注意"胺"和"铵"的区别）。

$R-NH_2$　　　$R-NH-R'$　　　$R-N(R'')-R'$　　　$R_4N^+X^-$　　　$R_4N^+OH^-$
伯胺　　　　　仲胺 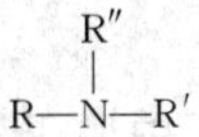　　　　　　叔胺　　　　　　季铵盐　　　　季铵碱

（二）酰胺

酰胺由酰基与氨基或烃氨基构成，可看作是羧酸分子中的羟基被氨基（$-NH_2$）或烃氨基（$-NHR$、$-NR_2$）取代后的化合物，也可看作是氨或胺分子中氮上的氢原子被酰基取代而成的化合物。如

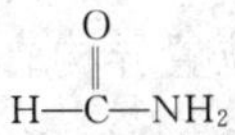

甲酰胺 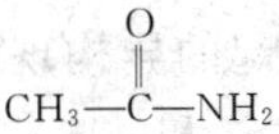　　　　　　乙酰胺 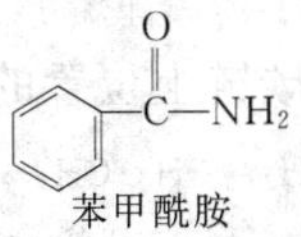　　　　　　　苯甲酰胺

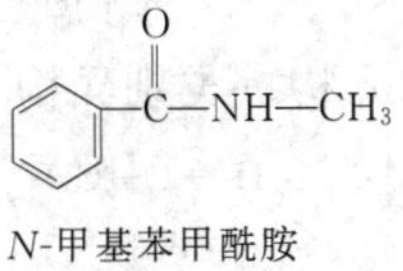

N-甲基苯甲酰胺 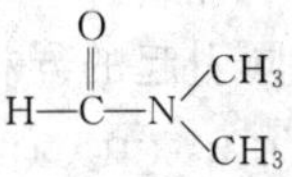　　　　　N,N-二甲基甲酰胺（DMF）

五、杂环化合物

杂环化合物是一类非常重要的有机化合物，它与人们的生命活动密切相关。如植物体内的叶绿素、动物体内的血红素、遗传物质核酸分子中的碱基等都是杂环化合物，这些化合物在生物体内有着极其重要的生理作用。所谓杂环化合物是指成环的原子除碳原子外还有氧、硫、氮等其他杂原子的环状有机化合物。如

呋喃　　　噻吩　　　吡咯　　　吡啶

此外，烃的衍生物还的很多种，如烃分子中的氢原子被卤素原子（—X）取代的产物称为卤代烃，被硝基（—NO_2）取代的产物称为硝基化合物，被氰基（—CN）取代的产物称为腈等，这些都是常见有机物的基本类型，实际上自然界中的化合物往往是含多个官能团的复杂有机物。如葡萄糖是含有多羟基的醛；氨基酸是含有氨基的羧酸；组成油脂的三油酸甘油酯是含有不饱和碳碳双键的三元酯；物质代谢过程中重要的中间产物丙酮酸是含有羰基的羧酸等。

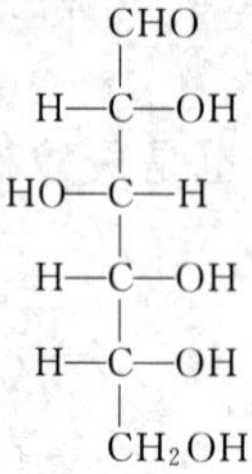

葡萄糖 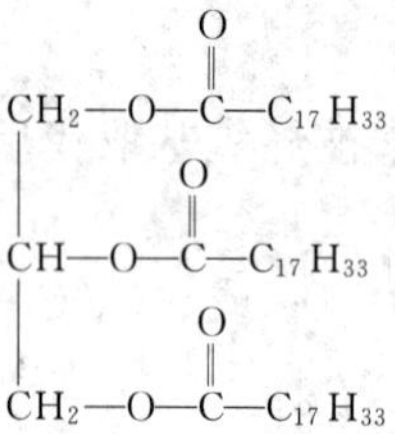　　　　　　　三油酸甘油酯

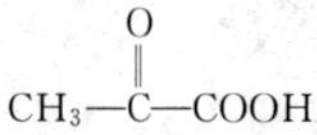

丙酮酸 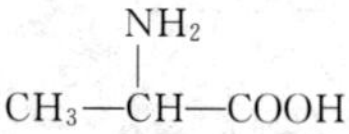　　　　　丙氨酸 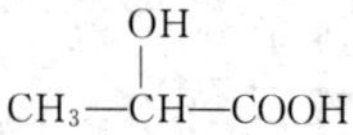　　　　　乳酸

第四节　有机化合物的同分异构

同分异构现象在有机化合物中极为普遍，有机物的同分异构现象可分为构造异构和立体异构两大类。

一、构造异构

所谓构造异构，是指分子式相同而分子中原子互相连接的方式和顺序不同产生的异构现象。它又可分为碳架异构、位置异构和官能团异构等。

由于分子中碳原子的骨架不同引起的异构现象，称为碳架异构。如

$CH_3-CH_2-CH_2-CH_3$　　和　　$CH_3-CH-CH_3$
　　　　　　　　　　　　　　　　　　　　　　　$|$
　　　　　　　　　　　　　　　　　　　　　　　CH_3
　　丁烷　　　　　　　　　　　　　　　异丁烷

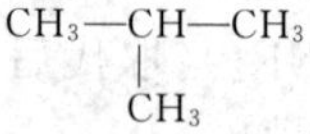

由于官能团在碳链上位置的不同而引起的异构现象，称为位置异构。如

$CH_2=CH-CH_2-CH_3$　　和　　$CH_3-CH=CH-CH_3$
　　　1-丁烯　　　　　　　　　　　　　　2-丁烯

由于官能团种类不同引起的异构现象称为官能团异构（类别异构）。如

CH_3-CH_2-OH　　和　　CH_3-O-CH_3
　　乙醇　　　　　　　　　　　甲醚

此外，某些有机化合物的结构以两种官能团异构体互相迅速变换而处于动态平衡状态，这种现象称为互变异构。酮式和烯醇式互变是互变异构现象中最常见的一种，在生物体内的代谢过程中也是普遍存在的。如

$$HOOC-\overset{O}{\overset{\|}{C}}-CH_2-COOH \rightleftharpoons HOOC-\overset{OH}{\overset{|}{C}}=CH-COOH$$

二、构型异构

立体异构是指构造相同的分子，由于分子中原子或原子团在空间排列方式不同而引起的异构现象。构型异构是立体异构的一种，此处主要介绍构型异构中的顺反异构和对映异构。

（一）顺反异构

烯烃不仅存在碳架异构和位置异构，有些烯烃还有顺反异构。如 2-丁烯有两种顺反异构体。

$$\underset{\text{顺-2-丁烯}}{\underset{(\text{或称}(Z)\text{-2-丁烯})}{\overset{H_3C}{_H}}C=C\overset{CH_3}{_H}} \qquad \underset{\text{反-2-丁烯}}{\underset{(\text{或称}(E)\text{-2-丁烯})}{\overset{H_3C}{_H}}C=C\overset{H}{_{CH_3}}}$$

产生这种现象的原因是由于碳碳双键不能自由旋转，当同一个双键碳原子上分别连接不同的原子或原子团时，就出现了两种不同的空间排列方式即两种不同的构型。这种分子的构造相同，只是由于双键旋转受阻而产生的原子或原子团在空间的排列方式不同所引起的立体异构现象叫做顺反异构。顺反异构体物理性质不同，化学性质基本相同。

（二）对映异构

对映异构是另一类型的立体异构，它与化合物的一种特殊性质——旋光性有关。

1. 偏振光与旋光性

光是一种电磁波，其振动方向与其前进方向垂直，如图 6-2(a) 所示。自然光是由各种波长的，垂直于其前进方向的各个平面内振动的光波所组成，如图 6-2(b) 所示。当普通光通过尼可尔棱镜后，由于尼可尔棱镜只允许与其晶轴平行振动的光通过，于是普通光转变为只在某一平面内振动的光，这种光就是平面偏振光，简称偏振光或偏光。如图 6-3所示。

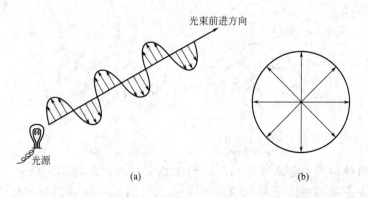

图 6-2　光的传播

自然界中许多物质，葡萄糖、果糖、乳酸等能使偏振光的振动平面发生偏转，这种能使偏振光振动平面旋转的性质称为旋光性或光学活性，具有旋光性的物质称为旋光性物质或光

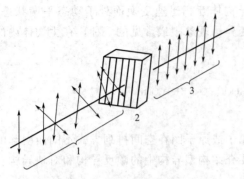

图 6-3 偏振光示意图
1—普通光；2—尼可尔棱镜；3—偏振光

学活性物质。其中能使偏振光振动平面向右旋转的物质称为右旋体，一般用（+）表示；使偏振光振动平面向左旋转的物质称为左旋体，一般用（−）表示。如，天然葡萄糖是右旋，表示为（+）-葡萄糖；果糖是左旋，表示为（−）-果糖。

2. 旋光度和比旋光度

旋光性物质使偏振光振动平面旋转的角度称为旋光度（α）。旋光度除与物质的结构有关外，还与测定时光波的波长、测定时的温度、溶液的浓度、偏光通过液层的厚度和溶剂的性质等因素有关。但在一定条件下，不同旋光性物质的比旋光度（$[\alpha]_D^t$）为一常数。比旋光度与旋光度的关系为

$$[\alpha]_D^t = \frac{\alpha}{l\rho}$$

式中　α——测得的旋光度；
　　　D——钠光（589.3nm）；
　　　t——测定时的温度，℃；
　　　ρ——溶液的质量浓度（若为纯液体，即为纯液体的密度 ρ），$g \cdot mL^{-1}$；
　　　l——盛液管的长度，dm。

因此，比旋光度指的是在一定温度和波长下，当溶液浓度（纯液体的密度）为 $1g \cdot mL^{-1}$、液层厚度为 1dm 时的旋光度。

比旋光度是旋光性物质的物理常数，有关数据可在手册和文献中查到。通过测得物质的旋光度即可计算出比旋光度；根据比旋光度也可计算出被测物质溶液的浓度。

3. 对映异构

对映异构是指分子的构造相同，但原子和基团在空间的排列方式上互呈镜像对映关系的立体异构现象。例如丙氨酸在空间有两种构型。

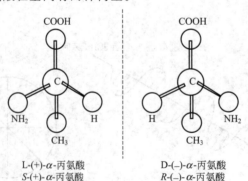

L-(+)-α-丙氨酸　　　　　D-(−)-α-丙氨酸
S-(+)-α-丙氨酸　　　　　R-(−)-α-丙氨酸

可以看出两种构型看起来非常相似，但无论怎样翻转，都不可能完全重合，其间的关系正如人的左手和右手，实物和镜像的关系，它们是一对对映异构体，简称对映体。对映体的理化性质基本相同，只是对平面偏振光的旋光性能不同，所以对映异构又称为旋光异构。一对对映体中一个是左旋体，另一个是右旋体。两者的旋光方向相反，比旋光度相等。

习题

1. 选择题

(1) 下列各对物质，互为同系物的是（　　）。
A. CH_4 和 $C_{10}H_{20}$　　　　　　　　B. CH_4 和 C_2H_5OH
C. C_2H_6 和 C_4H_{10}　　　　　　　　D. CH_3COOH 和 C_3H_8

(2) 异戊烷和新戊烷互为同分异构体的依据是（　　）。
A. 具有相似的化学性质　　　　　　　B. 具有相同的物理性质
C. 分子具有相同的空间结构　　　　　D. 分子式相同，但分子中碳原子结合方式不同

(3) 下列各类烃中，碳氢两元素的质量比为一定值的是（　　）。
A. 烷烃　　　　B. 烯烃　　　　C. 炔烃　　　　D. 二烯烃

(4) 下列化合物中，属于醛类化合物的是（　　）。

A. 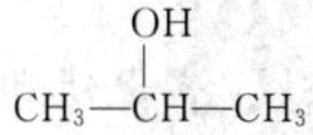 $CH_3-\underset{\underset{OH}{|}}{CH}-CH_3$　　　　　　　　B. 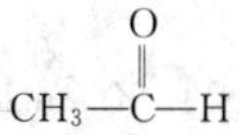 $CH_3-\overset{\overset{O}{\|}}{C}-H$

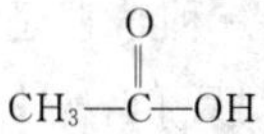

C. $CH_3-\overset{\overset{O}{\|}}{C}-OH$　　　　　　　　D. 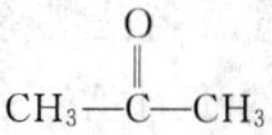 $CH_3-\overset{\overset{O}{\|}}{C}-CH_3$

2. 是非题

(1) 每种有机物都有一定的组成，具有相同组成的有机物就是同一种物质。（　　）

(2) 一种有机物完全燃烧后生成二氧化碳和水，则该有机物组成里一定含有碳、氢、氧三种元素。（　　）

(3) 含碳和氢的化合物就是烃。（　　）

(4) 含羟基的化合物一定是醇。（　　）

(5) 含羰基的化合物一定是酮。（　　）

(6) 所有烯烃均有顺反异构体。（　　）

(7) 乙醇和乙醚互为同分异构体。（　　）

(8) 一对对映体的理化性质基本相同，只是对平面偏振光的旋光性能不同，其中一个是左旋体，另一个是右旋体，它们的比旋光度数值相等。（　　）

3. 有机物与无机物相比，具有哪些特性？

4. 指出下列化合物中所含的主要官能团及名称。

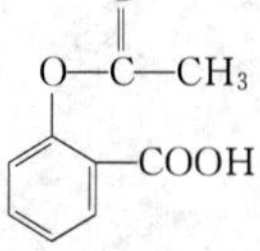

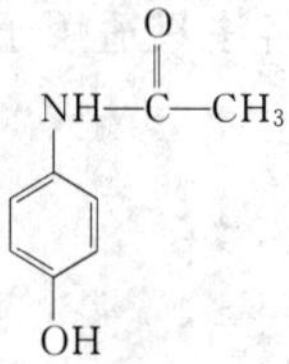

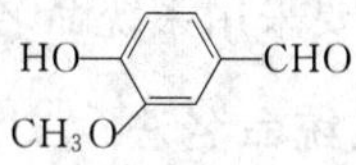

5. 20℃时，将葡萄糖溶液放入10cm长的盛液管中测得的旋光度为+5.25°，已知该葡萄糖溶液的比旋光度为+52.5°。求此葡萄糖溶液的质量浓度。

第七章　有机化合物的命名

本章学习目标

★ 了解有机化合物命名的一般规律。
★ 熟悉有机化合物系统命名的基本原则。
★ 掌握常见有机物的命名方法。

有机化合物的命名有多种方法：俗名法、普通命名法、衍生物命名法、音译法和系统命名法等。目前使用较多的是普通命名法和系统命名法。其中系统命名法是一种普遍适用的命名方法，它是采用国际上通用的 IUPAC 命名原则，结合我国文字特点制定的一种命名方法。本章重点讨论的是常见简单有机化合物系统命名法的一般规律。

第一节　烷烃的命名

一、烷烃的普通命名法

普通命名法是根据分子中碳原子数目命名为"某烷"。碳原子数在 10 以下的，依次用天干名"甲、乙、丙、丁、戊、己、庚、辛、壬、癸"表示，碳原子数在 10 以上的则用中文数字表示。对于同数碳原子的异构体，一般在前面加"正、异、新"等字样加以区分。例如

$$CH_3-CH_2-CH_2-CH_2-CH_3 \qquad CH_3-\underset{\underset{CH_3}{|}}{CH}-CH_2-CH_3 \qquad CH_3-\underset{\underset{CH_3}{\overset{CH_3}{|}}}{\overset{CH_3}{\underset{|}{C}}}-CH_3$$

　　　　正戊烷　　　　　　　　　异戊烷 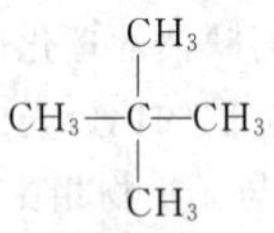　　　　　　　　　新戊烷

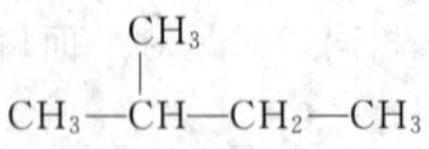

普通命名法又称习惯命名法，这种命名法只适用于结构比较简单的烷烃。对于结构较为复杂的烷烃，则需要采用系统命名法。

二、烷烃的系统命名法

（一）　直链烷烃的命名

直链烷烃的系统命名法与普通命名法相同，即根据烷烃分子中所含碳原子数目，命名为"某烷"，但不用"正"字。例如

$$CH_3-CH_2-CH_3 \qquad\qquad CH_3-CH_2-CH_2-CH_2-CH_2-CH_3$$

　　　　丙烷　　　　　　　　　　　　　己烷

（二）　支链烷烃的命名

支链烷烃，则将其看作直链烷烃的衍生物。其系统命名法按下列步骤和原则进行。

（1）**选主链**　在分子中，选择含碳原子数最多的一条碳链作为主链，根据主链所含碳原子数称为"某烷"。主链以外的支链称为取代基。

如果分子中同时含有多个等长碳链均为最长碳链时，则选含取代基较多的一条作为主链。

（2）编号　从靠近取代基的一端开始，用阿拉伯数字给主链上的碳原子依次编号，以确定取代基的位次。

在有几种编号的可能时，应当选择使取代基具有最低系列的那种编号。即碳链以不同方向编号，得到两种（或两种以上）不同编号的系列，则逐次比较各系列中取代基的不同位次，最先遇到的位次最小者，定为"最低系列"。

若不同取代基在两种（或两种以上）编号中处于等同位置，即无论从主链何端编号，都得到符合"最低系列"的相同编号系列时，应按"次序规则"（见本节后的相关链接），较优基团后编号。

（3）命名　命名时，取代基的位置和名称依次写在主链名称的前面，位置与名称之间用半字线"-"连接。

如果分子中有几个相同的取代基，则合并起来用二、三等数字表示其数目，相同取代基的位置之间用"，"隔开；如果分子中取代基不同，应按"次序规则"，优先基团后列出。

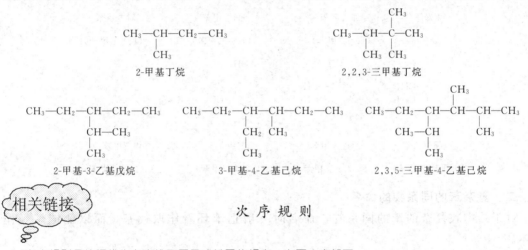

次序规则

次序规则是按照优先次序排列原子或基团的规定，主要内容如下。

1. 将各种取代基的原子按其原子序数大小排列，原子序数大的优先，排在前面。例如，几种常见原子的次序为

$$I > Br > Cl > F > O > N > C > H$$

2. 若两个基团的第一个原子的原子序数相同，则依次比较第二个原子的原子序数，如此依次外推，直到比较出大小为止。如常见烷基的大小次序为

$$-CH(CH_3)_2 > -CH_2CH_2CH_3 > -CH_2CH_3 > -CH_3$$

3. 若基团是不饱和的双键或三键，可以认为连有两个或三个相同原子。例如

则常见不饱和基团的优先次序如下：

第二节 苯的同系物的命名

一、简单苯的同系物的命名

对于结构较简单的苯的同系物，命名时以苯环作母体，侧链作取代基。给苯环上的六个碳原子编号，将取代基的位次和名称写在苯之前，省略"基"。若只有一个取代基，一般省略位号；若苯环上连有两个取代基时，还可用"邻、间、对"表示相对位置；当苯环上连有三个相同取代基时，还可用"连、偏、均"表示相对位置。

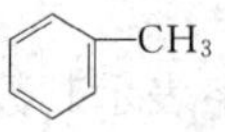

甲苯 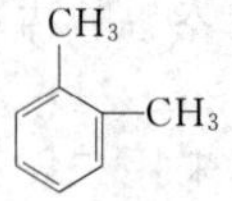　　　邻二甲苯　　　间二甲苯　　　对二甲苯
　　　　　（1,2-二甲苯）　（1,3-二甲苯）　（1,4-二甲苯）

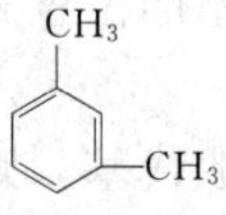

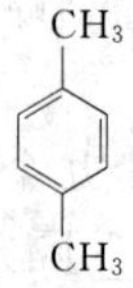

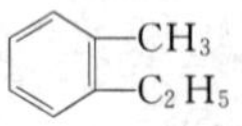

邻甲乙苯　　　连三甲苯　　　偏三甲苯　　　均三甲苯
（1-甲基-2-乙苯）（1,2,3-三甲苯）（1,2,4-三甲苯）（1,3,5-三甲苯）

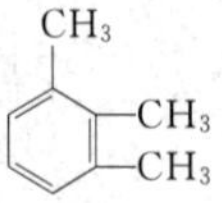

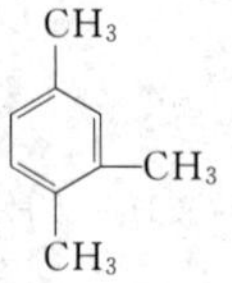

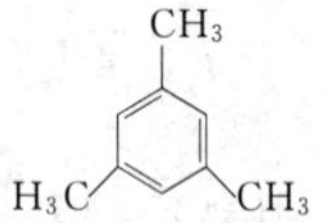

二、复杂苯的同系物的命名

对于结构较复杂的苯的同系物，命名时一般把苯环看作取代基，而以侧链烷烃作母体。

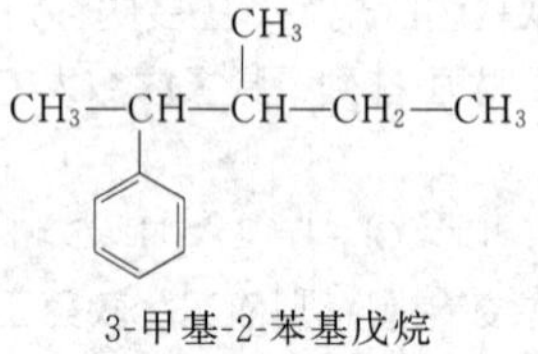

3-甲基-2-苯基戊烷

第三节 脂肪族化合物的命名

一、主体官能团和取代基官能团

有机物命名规则规定了官能团的优先次序，常见官能团的优先次序如下。

$$-COOH > -SO_3H > -COOR > -CONH_2 > -CHO > -\overset{O}{\underset{}{C}}- > 醇-OH > 酚-OH >$$
$$-NH_2 > -C≡C- 、 >C=C< > (-R) > -X > -NO_2$$

根据官能团的优先次序可将官能团分为主体官能团和取代基官能团两类。

官能团优先次序表中位于烷基之前的官能团称为主体官能团；位于烷基之后的官能团称为取代基官能团。命名时，取代基官能团只能作为取代基；主体官能团一般作母体，有时也可作取代基。常见主体官能团作母体和作取代基的名称参见表 7-1。

表 7-1　常见主体官能团作母体和作取代基时的名称

主体官能团	作母体名称	作母体词尾	作取代基名称	一般命名方法
—COOH	羧酸	酸	羧基	
—SO₃H	磺酸	磺酸	磺酸基	
—CHO	醛	醛	甲酰基	
$-\overset{O}{\underset{}{C}}-(R)$	酮	酮	酰基	系统命名法
—OH	醇	醇	羟基	
—C≡C—	炔烃	炔		
\C=C/	烯烃	烯		
—NH₂	胺	胺	氨基	习惯命名法（系统命名法）
—COOR	酯		烷氧羰基	
$-\overset{O}{\underset{}{C}}-NH_2$	酰胺		氨基甲酰基	习惯命名法（较复杂化合物有时也可用系统命名法）
—OH	酚		羟基	
—O—(R)	醚		烷氧基	

二、只含取代基官能团的脂肪族化合物的命名

对于分子中只含有取代基官能团的脂肪族化合物，命名时以烷烃作母体，将取代基官能团和烷基均看作取代基，选择含有与取代基官能团相连碳原子在内的一条最长碳链作主链，按烷烃的命名原则和步骤命名。如

$$CH_3-\underset{Cl}{\underset{|}{CH}}-\underset{CH_3}{\underset{|}{CH}}-CH_3 \qquad CH_3-\underset{NO_2}{\underset{|}{CH}}-\underset{CH_3}{\underset{|}{CH}}-CH_2-CH_3 \qquad \underset{F}{\overset{F}{\underset{|}{\overset{|}{F-C}}}}-\underset{Cl}{\overset{Br}{\underset{|}{\overset{|}{C}}}}-H$$

2-甲基-3-氯丁烷　　　　　3-甲基-2-硝基戊烷　　　　1,1,1-三氟-2-氯-2-溴乙烷（氟烷）

三、含单个主体官能团的脂肪族化合物的命名

对于分子中只含有单个主体官能团的脂肪族化合物，命名时以主体官能团对应的化合物作母体。除少数化合物一般采用习惯命名法外，多数化合物一般采用系统命名法（常见主体官能团对应的母体名称及常见命名方法参见表 7-1），即在烷烃命名的基础上，优先考虑主体官能团。按如下步骤和原则命名。

（1）选主链　选择含有与主体官能团（或与主体官能团相连碳原子）在内的一条最长碳链作为主链。若同时含有取代基官能团，主链中还要尽可能包含与取代基官能团相连的碳原子。

（2）编号　从靠近主体官能团的一端开始编号。若主体官能团位于主链中央，按烷烃命名的编号原则。

（3）命名　根据主体官能团和主链碳原子数，确定母体名称，即在表示主链碳数的基数词后缀上主体官能团相应的词尾（常见主体官能团对应母体的词尾参见表 7-1），然后在前面标明主体官能团的位号，最后按烷烃的命名原则，依次加上取代基的位号和名称。

关于主体官能团和取代基的位号，还需注意以下几点。

① 若官能团为双键或三键，其位号指的是键开始碳原子的位号。

② 若母体化合物为醛或羧酸，由于官能团醛基和羧基始终在 1 号位，往往省略该位号。

③ 若化合物只有一种可能结构时，往往也可省略主体官能团位号。

④ 此外，取代基的位号除用数字表示外，有时还可根据距离主体官能团的远近，用希腊字母表示。与主体官能团直接相连的碳原子为 α，其他依次为 β、γ 等。

$$\underset{\text{2-甲基-2-丁醇}}{CH_3-\underset{\underset{OH}{|}}{\overset{\overset{CH_3}{|}}{C}}-CH_2CH_3} \qquad \underset{\text{4-甲基-2-戊酮(}\beta\text{-甲基-2-戊酮)}}{CH_3-\underset{\underset{CH_3}{|}}{CH}-CH_2-\overset{\overset{O}{\|}}{C}-CH_3} \qquad \underset{\text{3-甲基-3-氯-1-丁烯}}{CH_3-\underset{\underset{CH_3}{|}}{\overset{\overset{Cl}{|}}{C}}-CH=CH_2}$$

$$\underset{\text{2,2,5-三甲基-3-己炔}}{CH_3-\underset{\underset{CH_3}{|}}{\overset{\overset{CH_3}{|}}{CH}}-C\equiv C-\underset{\underset{CH_3}{|}}{\overset{\overset{CH_3}{|}}{C}}-CH_3} \qquad \underset{\text{2-甲基-3-乙基戊酸}}{CH_3CH_2-\underset{\underset{CH_2CH_3}{|}}{CH}-\underset{\underset{CH_3}{|}}{CH}-COOH} \qquad \underset{\text{2-甲基丁醛(}\alpha\text{-甲基丁醛)}}{CH_3-\underset{\underset{C_2H_5}{|}}{CH}-CHO}$$

$$\underset{\text{丙烯}}{CH_3-CH=CH_2} \qquad \underset{\text{丙酮}}{CH_3-\overset{\overset{O}{\|}}{C}-CH_3}$$

四、含多个主体官能团的脂肪族化合物的命名

（一）含多个相同主体官能团的脂肪族化合物的命名

含多个相同主体官能团的脂肪族化合物的命名类似于单主体官能团化合物。注意尽可能使多个相同主体官能团（或与其相连碳原子）在主链中，且位号较低。写名称时，将相同官能团合并起来，在表示主链碳数的基数词和词尾之间用中文数字表示相同官能团的数目。如

$$\underset{\text{丁二酸(琥珀酸)}}{\begin{array}{c}CH_2-COOH\\|\\CH_2-COOH\end{array}} \qquad \underset{\text{1,2,3-丙三醇(丙三醇,甘油)}}{\begin{array}{c}CH_2-CH-CH_2\\|\quad|\quad|\\OH\ OH\ OH\end{array}} \qquad \underset{\text{乙二酸(草酸)}}{HOOC-COOH} \qquad \underset{\text{1,3-丁二烯}}{CH_2=CH-CH=CH_2}$$

若多个相同主体官能团不能同时在主链中，可将侧链上的看作取代基命名。如

$$\underset{\text{2-羧基丁二酸}}{HOOC-CH_2-\underset{\underset{COOH}{|}}{CH}-COOH}$$

（二）含多个不同主体官能团的脂肪族化合物的命名

含多个不同主体官能团脂肪族化合物的命名，是在单官能团脂肪族化合物命名的基础上，按如下步骤和原则命名。

（1）**确定母体** 比较不同主体官能团的优先次序，找出其中最优先的主体官能团作为命名的母体官能团，从而确定化合物的母体。

（2）**选主链** 选择含有次序优先主体官能团（或与其相连碳原子）较多及支链较多的最长碳链作主链。

（3）**编号** 从靠近母体官能团一端开始编号。若母体官能团位于主链中央，则从靠近较次主体官能团一端起，以此类推。

（4）**命名** 写名称时，以母体官能团化合物作母体，其他较次主体官能团的处置方法如下。

① 若较次主体官能团不含碳，则命名时将其作为取代基。如

$$\underset{\alpha\text{-羟基丙酸(乳酸)}}{CH_3-\underset{\underset{OH}{|}}{CH}-COOH} \qquad \underset{\alpha\text{-氨基丙酸(丙氨酸)}}{CH_3-\underset{\underset{NH_2}{|}}{CH}-COOH} \qquad \underset{\text{酒石酸(2,3-二羟基丁二酸)}}{\begin{array}{c}HO-CH-COOH\\|\\HO-CH-COOH\end{array}}$$

② 若较次主体官能团含碳，而且在主链中，则命名时主链碳数要体现在较次含碳官能团的名称中。即在表示主链碳数的基数词和母体官能团对应的词尾间加较次官能团对应的词尾，并分别标明官能团的位号。如

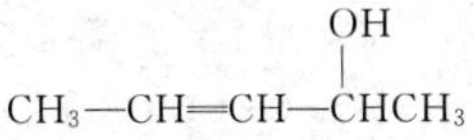

$$CH_3-CH(OH)-CH=CHCH_3 \qquad CH_2=CH-CH_2-CHO \qquad CH_3-CO-COOH$$

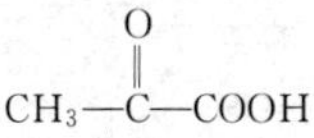

3-戊烯-2-醇　　　　　　　3-戊烯醛　　　　　　　丙酮酸

$$CH_3-CO-CH_2-COOH \qquad HOOC-CO-CH_2-COOH \qquad H-CO-COOH$$

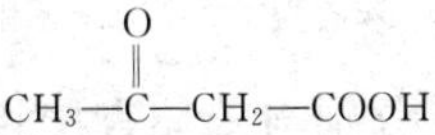

β-丁酮酸(乙酰乙酸) 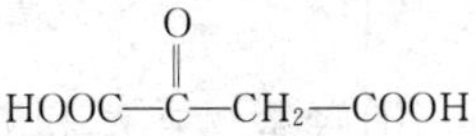　　　丁酮二酸(草酰乙酸) 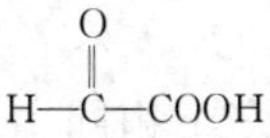　　　乙醛酸

③ 若较次主体官能团含碳，但不在主链中，则将其看着取代基。如

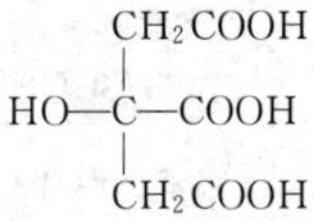

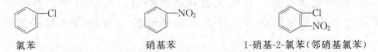

柠檬酸(3-羧基-3-羟基戊二酸)

第四节　芳香族化合物的命名

芳香族化合物是指具有特殊芳香性化合物的总称，这里主要介绍只含有一个苯环的单环芳香族化合物的命名。其系统命名是建立在脂肪族化合物和苯的同系物命名的基础之上的。命名的关键是选择合适的母体，然后根据相应母体化合物的命名原则命名。

一、只含取代基官能团的芳香族化合物的命名

① 若芳香族化合物中只含有取代基官能团（不含烷基）且均与苯环直接相连，命名时以苯作为母体，而把官能团看作取代基，按简单苯的同系物的命名原则命名。

氯苯　　　　　硝基苯　　　　1-硝基-2-氯苯（邻硝基氯苯）

② 若芳香族化合物中只含取代基官能团，且与苯环侧链相连，选择含取代基官能团的侧链脂肪族化合物作母体。按脂肪族化合物的命名原则命名。

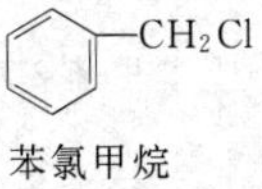

苯氯甲烷

③ 若只含取代基官能团且与苯环直接相连，同时环上还含有烷基时，由于烷基优先于取代基官能团，以烷基和苯环组成的化合物（芳烃）作母体，而把官能团看作取代基命名。编号与简单苯的同系物相同，烷基所在侧链为1号位。

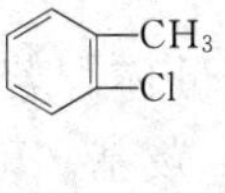

邻氯甲苯（2-氯甲苯） 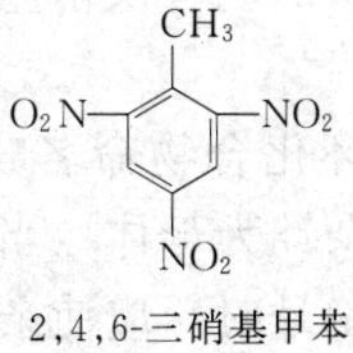　　　2,4,6-三硝基甲苯

二、含主体官能团的芳香族化合物的命名

① 只含单个主体官能团,且环上不含其他侧链的简单芳香族化合物,一般以该侧链作母体,苯作取代基命名,也可按习惯命名法。

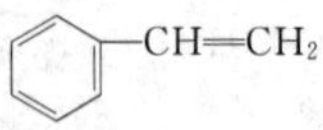

苯乙烯 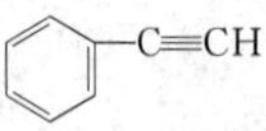　　苯乙炔 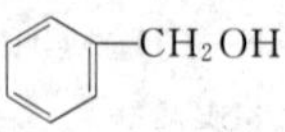　　苯甲醇 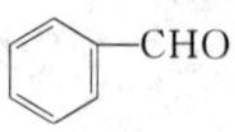　　苯甲醛 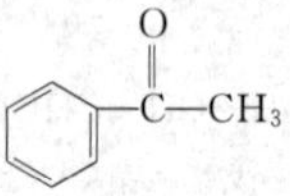　　苯乙酮 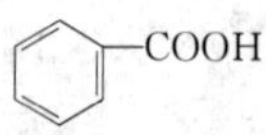　　苯甲酸

② 若含多个相同主体官能团(酚羟基、羧基和醛基),且分别与苯环直接相连,则将相同官能团合并。即在苯和母体名称间用中文数字表示相同官能团的数目。

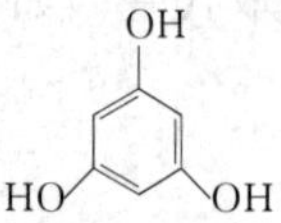

间苯三酚 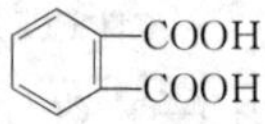　　邻苯二甲酸 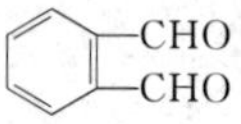　　邻苯二甲醛

③ 母体官能团所在侧链较简单,且环上同时含有其他侧链,以母体官能团所在侧链和苯环组成的化合物作母体,其余侧链作取代基命名。编号与简单苯的同系物相同,母体官能团所在侧链为1号位。

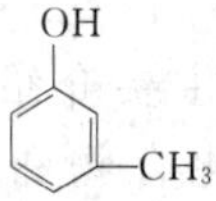

间甲苯酚 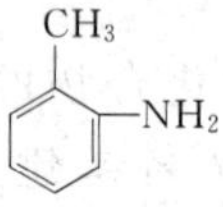　　邻甲苯胺 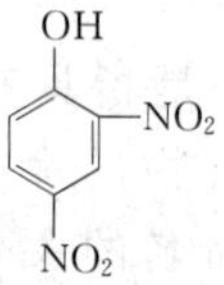　　2,4-二硝基苯酚

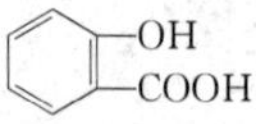

邻羟基苯甲酸(水杨酸) 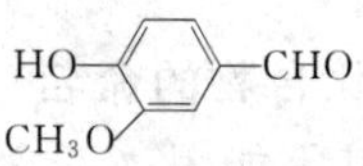　　4-羟基-3-甲氧基苯甲醛(香草醛) 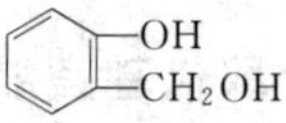　　邻羟基苯甲醇

④ 母体官能团所在侧链较复杂,无论是否含其他侧链,均以母体官能团所在侧链作母体,按侧链脂肪族化合物命名原则命名。环上其他侧链的编号以母体官能团所在侧链为1号位。

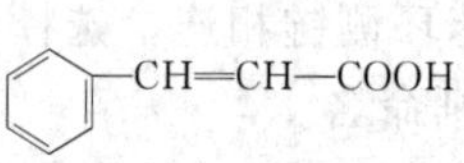

3-苯基丙烯酸(肉桂酸) 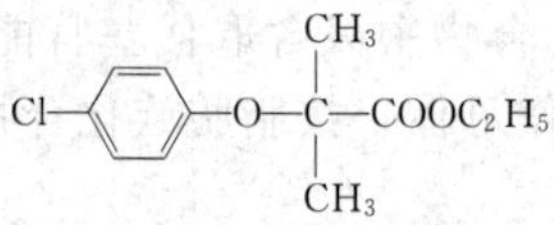　　2-甲基-2-对氯苯氧基丙酸乙酯(降血脂药;氯苯丁酯)

第五节　杂环化合物的命名

杂环化合物的命名,一般有两种方法:音译法和系统命名法。最常用的是音译法。即根据英文名称的译音,在近似的同音汉字左边加上一个"口"字旁。常见杂环化合物的名称参见表7-2。

环上连有取代基的杂环化合物命名时,首先要确定母体。若环上连有烷基、卤素、氨基、硝基等取代基时,以杂环为母体;当环上连有醛基、羧基、磺酸基等官能团时,将杂环作为取代基。给成环原子编号时,应使杂原子位次最小;如有不同种类杂原子,则按O、S、

表 7-2 常见杂环化合物的结构和名称

杂环分类		重要的杂环化合物
单杂环	五元杂环 含一个杂原子	呋喃　噻吩　吡咯
	五元杂环 含两个杂原子	咪唑　吡唑　噻唑
	六元杂环 含一个杂原子	吡啶　吡喃
	六元杂环 含两个杂原子	嘧啶　吡嗪　哒嗪
稠杂环	五元杂环与苯环稠合体系	吲哚
	六元杂环与苯环稠合体系	喹啉　异喹啉
	杂环与杂环稠合体系	嘌呤

N 的顺序由小到大编号。例如

3-甲基吡啶　　　3-吡啶甲酸　　　4-氨基嘧啶　　　5-乙基噻唑
(β-甲基吡啶)　　(β-吡啶甲酸、烟酸)

相关链接　　　　**一些有机化合物的习惯命名**

1. 酚的命名

酚的命名一般采用习惯命名法，在酚字前加上芳环的名称，称为"某酚"。

苯酚　　　　　　　β-萘酚

2. 醚和胺的命名

简单醚和胺常用习惯命名法命名，将烃基名称写在醚或胺前，相同的取代基合并（脂肪单醚，一般省略"二"），不同的取代基，一般是优先基团后列出，芳醚则是芳基在前面，脂肪烃基在后。

氮上连有烃基的芳香族仲胺和叔胺，以芳胺作母体，在烃基前冠以“*N*”字，以表示该基团是连在氮原子上，而不是连在芳环上，称“*N*-某基某胺”。

$CH_3—NH_2$

甲胺

苯胺

苯甲胺

$CH_3CH_2—O—CH_2CH_3$

（二）乙醚

二苯醚

$CH_3—O—CH_2CH_3$

甲乙醚

$CH_3CH_2—NH—CH_2CH_3$

二乙胺

二苯胺

$CH_3—NH—CH_2CH_3$

甲乙胺

苯甲醚

N-甲基苯胺

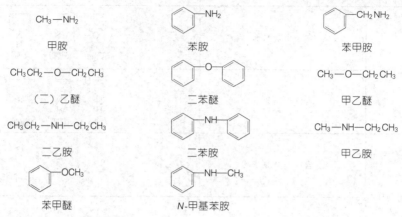

3. 酯和酰胺的命名

酯的命名是根据相应酸和醇的名称称为“某酸某酯”；酰胺的命名是根据酰基和氨基的名称称为“某酰（某）胺”。若酰胺分子中氮上氢原子被烃基取代，命名时还可以在烃基前冠以“*N*”字，称“*N*-某基某酰胺”。

$CH_3COOCH_2CH_3$

乙酸乙酯

$HCOOCH_2CH_3$

甲酸乙酯

苯甲酸苯酯

乙酰胺

N-甲基乙酰胺（乙酰甲胺）

N-苯基乙酰胺（乙酰苯胺）

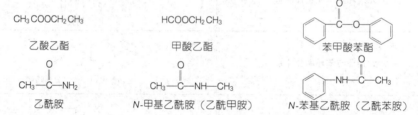

习题

1. 选择题

（1）下列有机物的命名正确的是（　　）。

A. 3,3-二甲基丁烷　　B. 2,2-二甲基丁烷

C. 2-乙基丁烷　　D. 2,3,3-三甲基丁烷

（2）六氯苯是被联合国有关公约禁止或限制使用的有毒物质之一，下式中能表示六氯苯的是（　　）。

A.

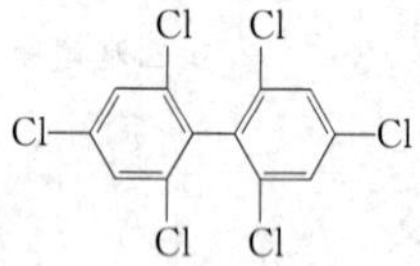

B.

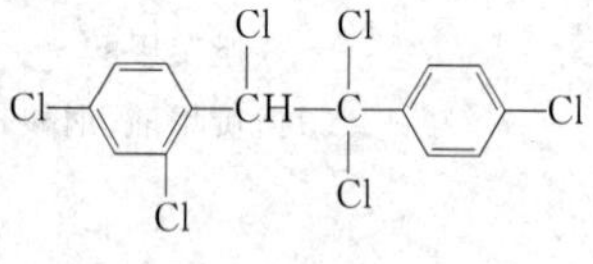

C.

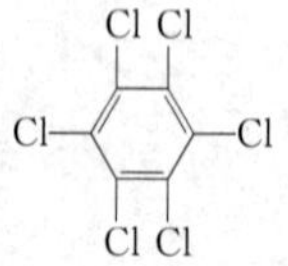

D.

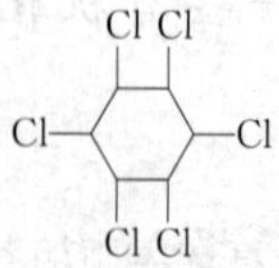

（3）下列有机物名称不正确的是（　　）。

A. 2-甲基己烷　　B. 1,2-二甲基戊烷

C. 2,3-二甲基戊烷　　D. 2-甲基-4-乙基庚烷

（4）不久前，欧盟对我国出口的酱油进行检查发现，部分酱油中3-氯-1,2-丙二醇（$CH_2Cl—CHOH—CH_2OH$）含量高达$10mg\cdot L^{-1}$，超过欧盟规定的该项指标。3-氯-1,2-丙二醇和1,3-二氯-2-丙醇统称为“氯丙醇”，都是致癌物，1,3-二氯-2-丙醇的结构简式是（　　）。

A. CH₂OH—CHCl—CH₂OH B. CH₂Cl—CHOH—CH₂Cl
C. CH₂OH—CHOH—CH₂OH D. CH₂Cl—CHOH—CH(OH)Cl

2. 用系统命名法命名下列化合物

(1) 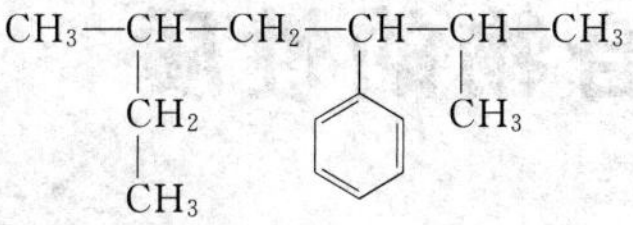 CH₃—CH—CH₂—CH—CH—CH₃
           | | |
           CH₂   C₆H₅ CH₃
           |
           CH₃

(2) HC≡C—CH—CH—CH₃
              | |
              CH₃ C₂H₅

(3) 邻甲乙苯 (苯环带 CH₃ 和 CH₂CH₃)

(4) C₆H₅—CH=CBr—CH₂CH₃

(5) CH₃—CH—CH—CH₃
          | |
          OH   C₂H₅

(6) CH₃—CH—C(=O)—CH₂—CH₃
          |
          CH₃

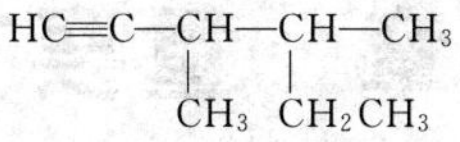

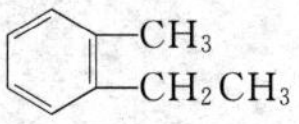

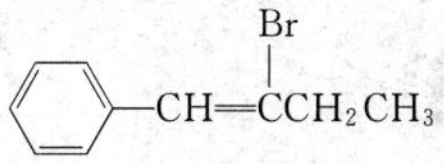

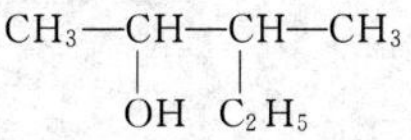

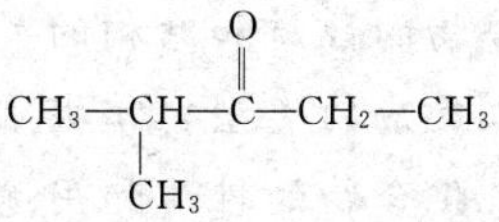

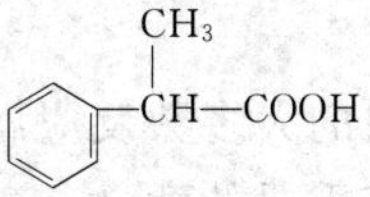

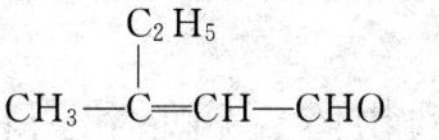

(7) C₆H₅—CH(CH₃)—COOH

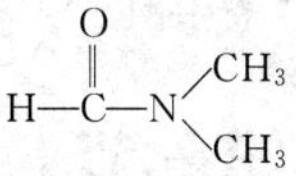

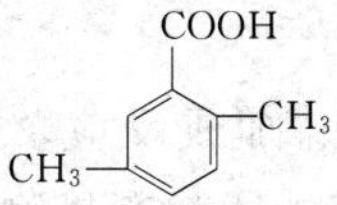

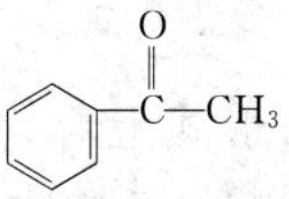

(8) CH₃—C(C₂H₅)=CH—CHO

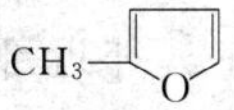

(9) 邻甲基苯胺 (苯环带 CH₃ 和 NH₂)

(10) H—C(=O)—N(CH₃)₂

(11) 2-甲基-5-甲基苯甲酸 (苯环带 COOH, 2-CH₃, 5-CH₃)

(12) C₆H₅—C(=O)—CH₃

(13) 2-甲基呋喃

(14) CH₃—C(=O)—CH(OH)—COOH

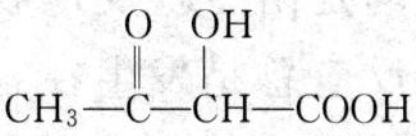

3. 写出下列化合物的结构简式

(1) 2,3-二甲基-1-苯基-1-戊烯   (2) 苯乙炔
(3) 4-硝基-2-氯甲苯   (4) 2-苯乙醇
(5) 2-甲基-2-丙醇   (6) 间甲苯酚
(7) 乙醚   (8) 苯乙酮
(9) α-氯代丙醛   (10) 乙酸甲酯

第八章　重要有机化合物的性质

本章学习目标

★ 认识有机化合物的性质和结构的关系。
★ 了解常见有机反应的类型，掌握重要的有机化学反应。
★ 掌握重要有机化合物的性质和用途。

有机化合物是组成动物体、病原和药物等的主要物质，动物体内的大多数反应属于有机化学反应。因此研究有机化学反应，认识有机化合物的性质具有极其重要的意义。

第一节　重要的有机反应

有机反应的类型很多。从形式上看，有机反应可分为取代反应、加成反应、消除反应等。但无论是哪种反应均是由有机反应物的分子结构所决定，由于官能团是有机物分子中最活泼的部位，所以有机反应总是发生在官能团上或受官能团的影响发生在其邻近部位（α 或 β 位）。具有相同或相似官能团的化合物具有相类似的化学性质。

一、取代反应

有机物分子中某一原子或原子团被其他原子或原子团所代替的反应称为取代反应。根据被取代基团的不同，分为卤代、硝化、磺化等。

（一）芳环上的取代

苯环特殊的芳香性结构决定了苯环一般不易发生加成和氧化反应，但易发生取代反应。苯环上的氢原子在一定条件下可被卤素、硝基、磺酸基等取代发生卤代、硝化和磺化反应。例如

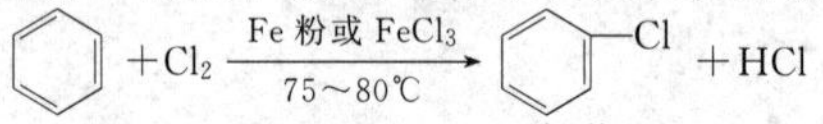

$$C_6H_6 + Cl_2 \xrightarrow[75\sim 80℃]{Fe粉或 FeCl_3} C_6H_5Cl\ (氯苯) + HCl$$

$$C_6H_6 + NHO_3 \xrightarrow[50\sim 60℃]{浓 H_2SO_4} C_6H_5NO_2\ (硝基苯) + H_2O$$

$$C_6H_6 + H_2SO_4 \underset{\triangle}{\rightleftharpoons} C_6H_5SO_3H\ (苯磺酸) + H_2O$$

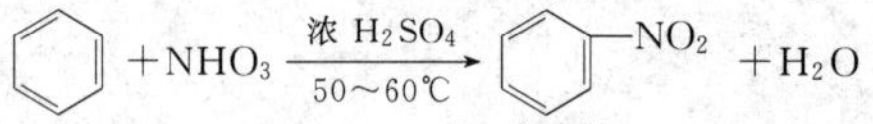

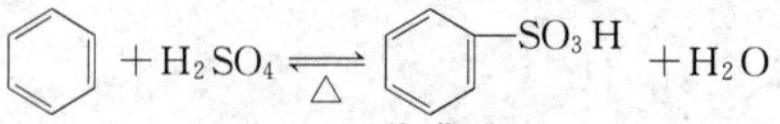

当苯环上连有羟基、氨基等强烈活化苯环的基团时，取代反应更易发生，且往往生成多元取代产物。例如，苯酚与溴水反应，立即生成 2,4,6-三溴苯酚白色沉淀。类似地，苯胺与溴水反应，也能生成白色沉淀。该反应常用于苯酚和苯胺的检验。

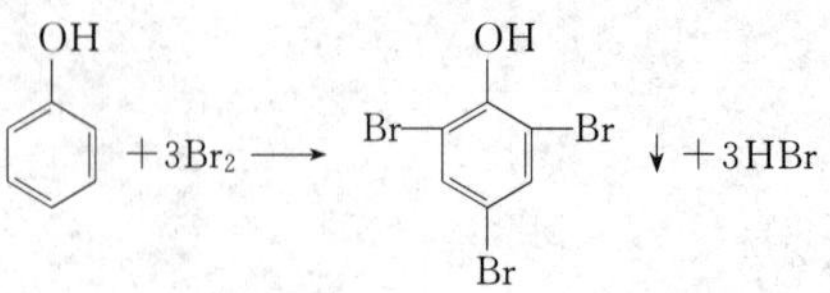

$$C_6H_5OH + 3Br_2 \longrightarrow C_6H_2Br_3OH \downarrow + 3HBr$$

2,4,6-三溴苯酚（白色）

$$\text{C}_6\text{H}_5\text{NH}_2 + 3\text{Br}_2 \longrightarrow \text{Br}_3\text{C}_6\text{H}_2\text{NH}_2 \downarrow + 3\text{HBr}$$

2,4,6-三溴苯胺（白色）

（二）碘仿反应

醛酮分子中的 α-H 受官能团羰基的影响，具有较强活性，一定条件下可被卤素原子所取代。

乙醛和甲基酮与碘的碱溶液作用时，三个 α-H 均被碘取代生成三碘代物，该三碘代物在碱性条件下不稳定，最终分解生成碘仿，该反应称为碘仿反应。由于产物碘仿是不溶于水的亮黄色结晶，故常用此反应鉴别乙醛和甲基酮。如

$$\text{CH}_3\text{-CO-CH}_3 \xrightarrow{\text{I}_2,\text{NaOH}} \text{CH}_3\text{-CO-CI}_3 \xrightarrow{\text{OH}^-} \text{CHI}_3\downarrow + \text{CH}_3\text{-COO}^-$$

碘仿

乙醇和含有 $\text{CH}_3\text{-CH(OH)-}$ 结构的醇也可以被碘的碱溶液氧化，生成乙醛和甲基酮，故也能发生碘仿反应。

（三）羧酸的取代反应

羧酸分子中的 α-H 受官能团羧基的影响，一定条件下也可被卤素原子所取代。但反应活性不如醛酮，不能发生碘仿反应。一般需要碘、硫或红磷的催化作用。

此外，一定条件下，羧酸分子中的羟基可被某些原子或基团所取代，生成羧酸的衍生物。例如

$$\text{CH}_3\text{-COOH} + \text{PCl}_3 \longrightarrow \text{CH}_3\text{-COCl} + \text{H}_3\text{PO}_3$$
乙酰氯

$$\text{CH}_3\text{-COOH} + \text{CH}_3\text{CH}_2\text{OH} \underset{\triangle}{\overset{\text{H}^+}{\rightleftharpoons}} \text{CH}_3\text{-COOCH}_2\text{CH}_3 + \text{H}_2\text{O}$$
乙酸乙酯

$$\text{CH}_3\text{-COOH} \xrightarrow{\text{NH}_3} \text{CH}_3\text{-COONH}_4 \xrightarrow[-\text{H}_2\text{O}]{\triangle} \text{CH}_3\text{-CONH}_2$$
乙酰胺

$$2\text{CH}_3\text{-COOH} \xrightarrow[\triangle]{\text{P}_2\text{O}_5} \text{CH}_3\text{-CO-O-CO-CH}_3 + \text{H}_2\text{O}$$
乙酸酐

此外，很多含活泼氢的化合物中的氢原子在一定条件下都可以被其他基团所取代，如氨或胺分子中氮上的氢原子一定条件下也可被烷基或酰基取代等。取代反应是有机反应的一大类型。下面介绍的分子间的脱水反应、酯和酰胺的水解反应等也都可以看作取代反应。

二、加成反应

有机物分子中不饱和键中的 π 键断裂，试剂的两部分分别加到不饱和键两端，生成新物质的反应叫做加成反应。不饱和烃分子中的碳碳双键、碳碳三键以及醛酮分子中的碳氧双键一定条件下均可发生加成反应。

(一) 不饱和烃的加成

1. 催化加氢

在催化剂 Ni、Pd、Pt 等的存在下,不饱和烃能与氢发生加成反应,生成相应的饱和烃。如

$$H_2C=CH_2 \xrightarrow{H_2}{Ni} CH_3-CH_3$$

2. 加卤素

在室温下,不饱和烃与卤素(如氯、溴、碘)很容易发生加成反应。例如

$$H_2C=CH_2 \xrightarrow[CCl_4]{Br_2} \underset{Br}{CH_2}-\underset{Br}{CH_2}$$

$$HC\equiv CH \xrightarrow{Br_2} \underset{Br}{HC}=\underset{Br}{CH} \xrightarrow{Br_2} \underset{Br\;Br}{HC}-\underset{Br\;Br}{CH}$$

从上述反应可以看出,将不饱和烃通入溴水或溴的四氯化碳溶液中,溴水会立即褪色。此反应可用来检验不饱和烃。

3. 加水

不饱和烃与水在酸催化下可发生加成反应。例如

$$H_2C=CH_2 + H_2O \xrightarrow[\text{加热,加压}]{H_3PO_4} CH_3-CH_2-OH$$

对于不对称烯烃如丙烯($CH_3-CH=CH_2$),与水加成时,遵循马尔科夫尼科夫规则(马氏规则):不对称烯烃与水等不对称试剂加成时,水分子中的氢原子(带正电荷部分)主要加在 C=C 双键含氢较多的碳原子上,羟基(带负电荷部分)则加在含氢较少的碳原子上。如

$$CH_3-CH=CH_2 + H_2O \xrightarrow[\text{加热,加压}]{H_3PO_4} CH_3-\underset{OH}{CH}-CH_3$$
2-丙醇

一般情况,分子中含有碳碳不饱和键的化合物均可发生以上加成反应。如含有不饱和脂肪酸的油脂,其分子中的碳碳双键可以与氢、卤素等发生加成反应。

$$\begin{array}{c} CH_2-O-\overset{O}{\overset{\|}{C}}-C_{17}H_{33} \\ CH-O-\overset{O}{\overset{\|}{C}}-C_{17}H_{33} \\ CH_2-O-\overset{O}{\overset{\|}{C}}-C_{17}H_{33} \end{array} +3H_2 \xrightarrow{Ni}{250℃} \begin{array}{c} CH_2-O-\overset{O}{\overset{\|}{C}}-C_{17}H_{35} \\ CH-O-\overset{O}{\overset{\|}{C}}-C_{17}H_{35} \\ CH_2-O-\overset{O}{\overset{\|}{C}}-C_{17}H_{35} \end{array}$$
三油酸甘油酯　　　　　　　三硬脂酸甘油酯

油脂与氢的加成称为油脂的氢化。油脂加氢后,由液态的油转化为固态或半固态的脂,故油脂的氢化又称为油脂的硬化。硬化后的油脂熔点增大,稳定性增强,不易被空气氧化变质,有利于贮存和运输。油脂也可以与碘发生加成反应。工业上,100g 油脂与碘加成时所需碘的克数,称为碘值。碘值越大,表示油脂的不饱和程度越高。长期食用低碘值的食物可致动脉血管硬化,故老年人应多食用高碘值的豆类、花生油等。

必须注意的是,苯环中的碳碳双键与一般的双键不同,常温下不能发生加成反应。

(二) 醛酮的加成

1. 加氢还原

醛、酮在催化剂 Ni、Pt、Pd 等作用下，可与氢加成生成醇。

$$R-\overset{O}{\underset{\|}{C}}-H \xrightarrow{H_2/Ni} R-\overset{OH}{\underset{|}{C}}H-H$$

$$R_1-\overset{O}{\underset{\|}{C}}-R_2 \xrightarrow{H_2/Ni} R_1-\overset{OH}{\underset{|}{C}}H-R_2$$

2. 与亚硫酸氢钠反应

醛和脂肪族甲基酮能与饱和 $NaHSO_3$ 溶液作用，产物 α-羟基磺酸钠能溶于水，但不溶于饱和 $NaHSO_3$ 溶液中，而以无色晶体析出。该晶体遇稀酸或稀碱又重新分解为原来的醛、酮。利用这一反应可以分离和提纯醛和甲基酮。

$$R-\overset{H(CH_3)}{\underset{\|}{C}}=O \xrightarrow{饱和 NaHSO_3} R-\overset{H(CH_3)}{\underset{|}{\underset{SO_3Na}{C}}}-OH\downarrow$$

α-羟基磺酸钠

3. 与醇的加成

在无水氯化氢的催化下，醛与醇加成生成半缩醛，半缩醛分子中的羟基称为半缩醛羟基，它不同于普通的羟基，在同样条件下可与反应体系中的醇继续作用，脱去一分子水生成稳定的缩醛。缩醛对碱、氧化剂很稳定，但在稀酸中能水解生成原来的醛。

$$\overset{R}{\underset{H}{>}}C=O + HO-R' \underset{无水 HCl}{\rightleftharpoons} \overset{R}{\underset{H}{>}}C\overset{OH}{\underset{OR'}{<}} \underset{无水 HCl}{\overset{HO-R'}{\rightleftharpoons}} \overset{R}{\underset{H}{>}}C\overset{OR'}{\underset{OR'}{<}} + H_2O$$

半缩醛　　　　　缩醛

相同条件下，酮与醇的加成较难发生。在既含有羰基又含有羟基的分子中，可发生分子内的加成反应，生成稳定的环状半缩醛（酮）。比如，葡萄糖在水溶液中可由链状结构转变为环状结构。

葡萄糖（链状结构）　　葡萄糖（环状结构）

必须注意的是，羧酸及其衍生物分子中虽然含有羰基但受其他基团的影响，不能发生以上加成反应。

三、氧化还原和生物氧化

氧化还原是一类广泛存在的重要反应。它不仅存在于无机反应中，也存在于有机反应中，生物体内的许多反应也都属于氧化还原反应，如新陈代谢、神经传导、呼吸过程等。

在有机化合物中的氧化反应一般是指在分子中加入氧或脱去氢的反应，还原反应是指在分子中加入氢或脱去氧的反应。

（一）氧化反应

多数有机物可在空气中完全燃烧，生成二氧化碳和水。此外某些有机物还可被某些氧化剂所氧化。

1. 不饱和烃的氧化

烯烃和炔烃分子中含不饱和的双键或三键,很容易被酸性高锰酸钾溶液氧化。反应中,高锰酸钾溶液的紫色褪去,因此,利用这一反应也可用来检验碳碳不饱和键的存在。

$$CH_3-CH=C(CH_3)-CH_3 \xrightarrow{KMnO_4/H^+} CH_3-COOH + CH_3-\underset{O}{\overset{\|}{C}}-CH_3$$
乙酸　　丙酮

必须注意,苯环中的双键不同于一般的双键,常温下不能被酸性高锰酸钾溶液氧化。

2. 醇的氧化

含有 α-H 的醇具有一定的还原性,可被高锰酸钾或重铬酸钾等氧化剂氧化,生成不同的氧化产物。

伯醇易氧化生成相应的醛,醛继续氧化生成羧酸;而仲醇氧化生成相应的酮;叔醇因分子中不含 α-H,在相同条件下不能被氧化。故可利用此性质,将叔醇与伯醇、仲醇区分开来。

$$R-CH_2-OH \xrightarrow{K_2Cr_2O_7/H^+} R-\underset{O}{\overset{\|}{C}}-H \longrightarrow R-\underset{O}{\overset{\|}{C}}-OH$$
伯醇　　　　　　　醛　　　　羧酸

$$R'-\underset{OH}{\underset{|}{C}H}-R'' \xrightarrow{K_2Cr_2O_7/H^+} R'-\underset{O}{\overset{\|}{C}}-R''$$
仲醇　　　　　　　酮

3. 酚的氧化

酚很容易被氧化,其氧化过程非常复杂。无色的苯酚露置于空气中会被氧化成粉红色,进而变成红色或深褐色。水果、蔬菜去皮放置后发生褐变,就是水果、蔬菜中的酚类化合物被氧化的结果。

4. 醛酮的氧化

醛遇到弱氧化剂可以被氧化为相应的羧酸,而相同条件下酮却不能被氧化,因此,可用这一性质来鉴别醛和酮。常用的弱氧化剂有托伦试剂、斐林试剂和班氏试剂。

(1) 与托伦试剂的反应　托伦试剂即硝酸银的氨溶液,当它与醛共热后,其中的一价银被还原为金属银附着在器壁上形成银镜,故又称为银镜反应。

$$R-CHO + 2Ag(NH_3)_2OH \xrightarrow{\triangle} RCOONH_4 + 2Ag\downarrow + 3NH_3\uparrow + H_2O$$

(2) 与斐林试剂反应　斐林试剂分为 A、B 两部分,斐林试剂 A 为硫酸铜溶液,斐林试剂 B 为氢氧化钠的酒石酸钾钠溶液。使用时将 A、B 两部分等体积混合即得斐林试剂。反应时试剂中的二价铜被还原成砖红色的氧化亚铜沉淀。

$$R-CHO + 2Cu(OH)_2 + NaOH \xrightarrow{\triangle} R-COONa + Cu_2O\downarrow + 3H_2O$$

必须注意,斐林试剂的氧化能力较托伦试剂稍弱,它只能氧化脂肪醛,而不能氧化芳香醛。因此,可用来鉴别脂肪醛与芳香醛。

(3) 班氏试剂　班氏试剂是硫酸铜、碳酸钠和柠檬酸钠的混合液。其与醛作用的反应现象、原理均与斐林试剂相同。但班氏试剂更稳定,临床上常用来检验尿糖和血糖。

一般说来,分子中含有 C=C、 C≡C 或—CHO 的化合物均可相应的发生上述氧化反应。如甲酸及其酯类以及分子中含有—CHO 的某些糖类均可被以上三种弱氧化剂氧化。

此外,还有很多有机物也具有一定还原性。比如乙二酸分子中因两个羧基直接相连,可被酸性高锰酸钾溶液氧化为二氧化碳和水。分析化学中常用草酸钠来标定高锰酸钾溶液的浓度。

$$5HOOC-COOH + 2KMnO_4 + 3H_2SO_4 \longrightarrow K_2SO_4 + 2MnSO_4 + 10CO_2\uparrow + 8H_2O$$

（二）还原反应

不饱和键和氢的加成反应都属于还原反应。如前面讲的不饱和烃及醛酮的催化加氢也都属于还原反应。

生物体中的醇酸和酮酸，在酶的作用下可相互转化。如醇酸可脱氢氧化为酮酸，酮酸又可加氢还原为醇酸，这也是生物体内普遍存在的氧化还原反应。

$$CH_3-\underset{\underset{OH}{|}}{CH}-COOH \underset{+2H}{\overset{-2H}{\rightleftharpoons}} CH_3-\underset{\underset{O}{\|}}{C}-COOH$$

乳酸(α-羟基丙酸)　　　　丙酮酸

$$CH_3-\underset{\underset{O}{\|}}{C}-CH_2-COOH \underset{-2H}{\overset{+2H}{\rightleftharpoons}} CH_3-\underset{\underset{OH}{|}}{CH}-CH_2-COOH$$

乙酰乙酸　　　　　　　　苹果酸

（三）生物氧化

动物在生长、发育、繁殖等一切生命活动中都需要消耗能量，这些能量由摄入体内的营养物质来提供。糖、脂肪和蛋白质等营养物质在体内彻底氧化放能的过程称为生物氧化，生物氧化过程中有氧的消耗和二氧化碳的产生，因此生物氧化又称为组织呼吸或细胞呼吸。

生物氧化与体外有机物的氧化或燃烧有许多共同点，二者反应的本质是相同的，都属于氧化还原反应。但生物氧化与体外有机物的氧化又有许多不同，其特点如下。

① 生物氧化是在一系列酶的催化下进行，反应条件温和。体外有机物的氧化反应条件不温和，一般需在高温、强酸或强碱中进行。

② 在生物氧化中，反应速率比较缓慢，底物分阶段逐步进行氧化，能量也是逐步释放的。体外有机物的氧化往往速率快，且能量骤然释放。

③ 生物氧化中所释放的能量一部分以热的形式散失，另一部分贮存在 ATP 中。体外有机物氧化中能量主要以光和热的形式散失。

④ 生物氧化过程中必须有水参加，水不仅为反应提供环境，并且有时可直接参与反应。

⑤ 在真核生物中，生物氧化主要在线粒体中进行；在原核生物中，生物氧化主要在细胞膜上进行。

⑥ 在线粒体生物氧化过程中，CO_2 来自有机酸的脱羧反应，而非碳与氧的结合。

生物体内的物质氧化方式，与一般化学反应中物质氧化方式相同，即加氧、脱氢和脱电子等，一般以脱氢氧化的方式为主，底物分子脱氢的同时常伴有电子的转移。

四、脱羧反应　生物氧化中二氧化碳的生成

（一）脱羧反应

一定条件下，羧酸分子中脱去羧基放出二氧化碳的反应，称为脱羧反应。例如，乙二酸受热可脱羧生成甲酸。例如

$$\boxed{HOOC}-COOH \overset{\triangle}{\longrightarrow} HCOOH + CO_2\uparrow$$

（二）生物氧化中二氧化碳的生成

生物氧化中产生的二氧化碳来自于有机酸的脱羧反应。根据脱去二氧化碳的羧基在有机酸分子中的位置，通常分为α-脱羧和β-脱羧，其中伴随氧化过程的称为氧化脱羧，不伴随

氧化过程的称为单纯脱羧。有机羧酸的脱羧方式有四种。

1. α-单纯脱羧

$$\underset{\underset{\text{α-氨基酸}}{}}{R-\overset{\overset{NH_2}{|}}{\underset{\underset{COOH}{|}}{CH}}} \longrightarrow \underset{\text{胺}}{R-CH_2-NH_2} + CO_2$$

2. α-氧化脱羧

$$\underset{\text{丙酮酸}}{CH_3-\overset{O}{\overset{\|}{C}}-COOH} + HSCoA \xrightarrow[NAD^+ \quad NADH+H^+]{\text{丙酮酸脱氢酶系}} \underset{\text{乙酰CoA}}{CH_3-\overset{O}{\overset{\|}{C}}-SCoA} + CO_2$$

3. β-单纯脱羧

$$\underset{\text{草酰乙酸}}{HOOC-CH_2-\overset{O}{\overset{\|}{C}}-COOH} \xrightarrow{\text{草酰乙酸脱羧酶}} \underset{\text{丙酮酸}}{CH_3-\overset{O}{\overset{\|}{C}}-COOH} + CO_2$$

4. β-氧化脱羧

$$\underset{\text{苹果酸}}{HOOC-CH_2-\underset{\underset{OH}{|}}{CH}-COOH} \xrightarrow[NAD^+ \quad NADH+H^+]{\text{苹果酸酶}} \underset{\text{丙酮酸}}{CH_3-\overset{O}{\overset{\|}{C}}-COOH} + CO_2$$

五、分子内脱水（消除反应）

在适当的条件下，有机物分子内脱去一个小分子（如 H_2O、HX、NH_3 等）而生成不饱和化合物的反应，称为消除反应。醇的分子内脱水反应就是一种消除反应。如乙醇在浓硫酸作用下共热到170℃，分子内脱去一分子水生成乙烯。

$$\underset{\underset{H \quad OH}{|\quad\;\;|}}{CH_2-CH_2} \xrightarrow[170℃]{\text{浓}H_2SO_4} H_2C=CH_2\uparrow + H_2O$$

对于结构不对称的仲醇或叔醇脱水生成烯烃时，遵守扎依采夫规则，即氢原子主要从含氢较少的β-碳原子上脱去，得到双键碳上含较多烃基的烯烃。例如

$$\underset{\underset{OH}{|}}{CH_3CH_2CHCH_3} \xrightarrow[\triangle]{\text{浓}H_2SO_4} CH_3CH=CHCH_3$$

六、分子间脱水缩合

（一）醇分子间脱水

醇类在浓硫酸等作用下共热，不仅可发生分子内脱水，还可发生分子间脱水。一般在较高温度下，发生分子内脱水生成烯烃；在较低温度下，发生分子间脱水生成醚。如

$$\begin{array}{c} CH_3CH_2-OH \\ CH_3CH_2-OH \end{array} \xrightarrow[140℃]{\text{浓}H_2SO_4} CH_3CH_2-O-CH_2CH_3 + H_2O$$

（二）酯化反应

醇和酸作用脱水生成酯的反应，叫做酯化反应。酯化反应是可逆反应。醇与有机酸（酰氯或酸酐）脱水生成有机酸酯。例如

$$CH_3-\overset{O}{\overset{\|}{C}}-OH + H-O-CH_2CH_3 \underset{\triangle}{\overset{\text{浓}H_2SO_4}{\rightleftharpoons}} CH_3-\overset{O}{\overset{\|}{C}}-O-CH_2CH_3 + H_2O$$

醇与无机含氧酸（硫酸、硝酸和磷酸）脱水生成无机酸酯。例如

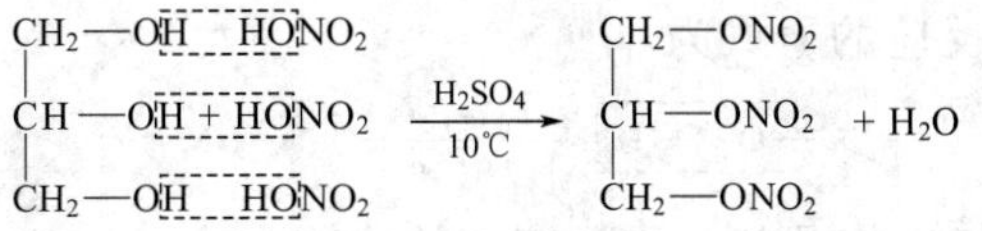

$$\begin{matrix}CH_2-OH & HO|NO_2 \\ CH-OH & +\ HO|NO_2 \\ CH_2-OH & HO|NO_2\end{matrix} \xrightarrow[10℃]{H_2SO_4} \begin{matrix}CH_2-ONO_2 \\ CH-ONO_2 \\ CH_2-ONO_2\end{matrix} + H_2O$$

三硝酸甘油酯(硝化甘油)

硝化甘油是较常用的有机炸药，也是心血管扩张药，可扩张冠状动脉，增加心脏自身供血量，缓解心绞痛，是治疗心脏病的一种常用药物。

葡萄糖分子中的羟基也可与酸作用生成酯。如

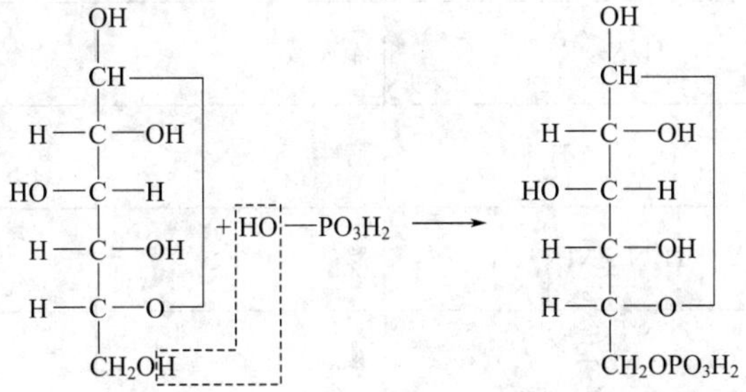

葡萄糖 + HO—PO₃H₂ → 6-磷酸葡萄糖

（三）糖的成苷反应

环状结构葡萄糖分子中的半缩醛羟基（苷羟基）在干燥氯化氢作用下，可与一分子的醇反应，脱去一分子的水，生成稳定的缩醛（糖苷），这类反应又称为糖的成苷反应。如

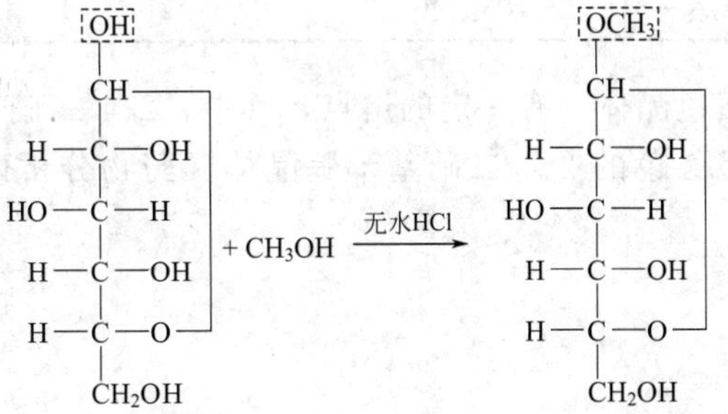

葡萄糖 + CH₃OH →(无水HCl) 葡萄糖甲苷

糖苷分子中，糖的部分叫糖基，非糖部分叫苷元或配基，糖基与配基的连接键称为糖苷键。

此外，单糖分子中的半缩醛羟基还可与另一单糖分子的羟基脱水形成苷，多糖就是由成千上万个单糖分子相互间脱水缩合连接而成的高分子化合物。

（四）氨基酸的成肽反应

α-氨基酸的α-氨基与α-羧基分子间脱水，生成以酰胺键（—CO—NH—）相连接的缩合产物称为肽，肽分子中的酰胺键也称肽键。由两个氨基酸缩合而成的肽称为二肽；由三个氨基酸缩合而成的肽称为三肽，依此类推，由多个氨基酸缩合而成的肽称为多肽。

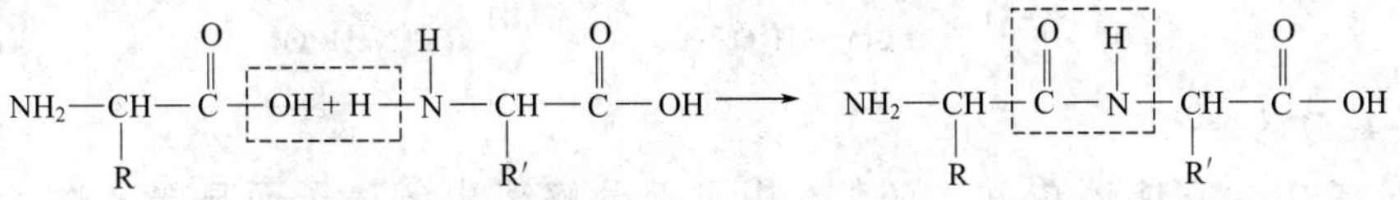

$$NH_2-CH(R)-C(=O)-\boxed{OH+H}-N(H)-CH(R')-C(=O)-OH \longrightarrow NH_2-CH(R)-\boxed{C(=O)-N(H)}-CH(R')-C(=O)-OH$$

在多肽链中，氨基酸已经不完整，称为氨基酸残基。蛋白质就是由几十个到几百个甚至几千个氨基酸借肽键相互连接的多肽链。

（五）醛酮与氨的衍生物缩合

醛酮可和伯胺、羟胺、肼、氨基脲等氨的衍生物作用，脱去一分子水，分别生成希夫

碱、肟、腙、缩氨脲等。反应的通式为

$$\text{>C=O} + H_2N-Y \underset{H^+}{\overset{H_2O}{\rightleftharpoons}} \text{>C=N-Y}$$

表 8-1 中列出了氨的衍生物及其与醛酮缩合的产物。

表 8-1　氨的衍生物及其与醛酮缩合的产物

氨的衍生物		与醛酮缩合的产物	
名称	结构	名称	结构
伯胺	H_2N-R	希夫碱	>C=N-R (H)
羟胺	H_2N-OH	肟	>C=N-OH
肼	H_2N-NH_2	腙	>C=N-NH_2
苯肼	$H_2N-NH-C_6H_5$	苯腙	>C=N-NH-C_6H_5
2,4-二硝基苯肼	$H_2N-NH-C_6H_3(NO_2)_2$	2,4-二硝基苯腙	$\text{>C=N-NH-C_6H_3(NO_2)_2}$
氨基脲	$H_2N-NH-CO-NH_2$	缩氨脲	>C=N-NH-CO-NH_2

产物一般为白色或黄色晶体，有一定的熔点，其中，2,4-二硝基苯肼几乎能与所有醛酮迅速反应生成橙黄色或橙红色的 2,4-二硝基苯腙晶体。药物分析中常利用该反应来鉴定具有羰基结构的药物试剂。

七、酸碱性

（一）醇和酚的酸性

醇和酚的官能团羟基均有一定的弱酸性，且由于芳环的影响，醇羟基的酸性较酚羟基弱。例如，乙醇能与活泼金属（如 Na、K 等）反应生成相应的金属醇化物，并放出氢气。该反应比水与钠的反应要缓和得多，说明醇的酸性较水弱。

$$2CH_3CH_2OH + 2Na \longrightarrow 2\underset{\text{乙醇钠}}{CH_3CH_2ONa} + H_2\uparrow$$

苯酚与氢氧化钠等强碱作用生成可溶于水的酚盐；向酚盐水溶液中再加入稀盐酸或通入二氧化碳，酚即能重新游离出来，说明酚的酸性比碳酸弱。

$$C_6H_5OH + NaOH \longrightarrow C_6H_5ONa + H_2O$$

$$C_6H_5ONa + CO_2 + H_2O \longrightarrow C_6H_5OH\downarrow + NaHCO_3$$

（二）羧酸的酸性

羧酸分子中含官能团羧基，它在水中可部分解离出氢离子而显弱酸性，其酸性较 H_2CO_3 和苯酚强，具有酸的通性，能使石蕊试液变红，能与强碱及某些盐类作用生成羧酸盐和水。例如

$$CH_3COOH + NaOH \longrightarrow CH_3COONa + H_2O$$

$$2CH_3COOH + MgO \longrightarrow (CH_3COO)_2Mg + H_2O$$

$$CH_3COOH + NaHCO_3 \longrightarrow CH_3COONa + H_2O + CO_2\uparrow$$

（三）胺的碱性

胺和氨相似，溶液显碱性。胺在水溶液中存在如下平衡。

$$RNH_2 + H_2O \rightleftharpoons RNH_3^+ + OH^-$$

胺是弱碱性物质，其碱性较无机氨稍强，能与酸作用生成盐，后者易溶于水和乙醇，遇强碱又释放出游离的胺。如

$$C_6H_5NH_2 + HCl \longrightarrow C_6H_5NH_3^+Cl^-$$

$$C_6H_5NH_3^+Cl^- + NaOH \longrightarrow C_6H_5NH_2 + NaCl + H_2O$$

此性质可用于胺的鉴别、分离和提纯。在制药过程中，常把难溶于水的胺类药物变成可溶于水的盐，以供药用。如局部麻醉药盐酸普鲁卡因就是经酸化后的普鲁卡因。

（四）氨基酸的两性和等电点

氨基酸是两性电解质，既含有碱性的氨基，也含有酸性的羧基，因此具有两性解离的特性。在水溶液中存在如下平衡。

$$\underset{\text{阴离子}}{\underset{NH_2}{R-CH-COO^-}} \underset{OH^-}{\overset{H^+}{\rightleftharpoons}} \underset{\text{兼性离子}}{\underset{NH_3^+}{R-CH-COO^-}} \underset{OH^-}{\overset{H^+}{\rightleftharpoons}} \underset{\text{阳离子}}{\underset{NH_3^+}{R-CH-COOH}}$$

可以看出，氨基酸水溶液所带电荷状态与溶液的 pH 有关。调节溶液的 pH 为一定数值时，氨基酸以兼性离子形式存在，其所带正、负电荷数量相等，在电场中不向正、负极移动，此时溶液的 pH 称为该氨基酸的等电点，以 pI 表示。

八、水解反应

酯和酰胺在酸或碱的催化下均可发生水解反应生成相应的羧酸。其中，酯在酸催化下的水解是酯化反应的逆反应，水解不完全；在碱作用下反应较完全，生成羧酸盐和相应的醇。

$$R-\overset{O}{\underset{\|}{C}}-OR' + H_2O \underset{H^+}{\overset{OH^-}{\rightleftharpoons}} R-\overset{O}{\underset{\|}{C}}-OH + R'OH$$

$$R-\overset{O}{\underset{\|}{C}}-NH_2 + H_2O \underset{H^+}{\overset{OH^-}{\rightleftharpoons}} R-\overset{O}{\underset{\|}{C}}-OH + NH_3$$

油脂因其分子中含有酯键，在酸、碱或酶的作用下，也可发生水解反应生成甘油和高级脂肪酸。碱性氢氧化钠作用下生成甘油和高级脂肪酸钠，高级脂肪酸钠是肥皂的主要成分，故常把酯在碱性条件下的水解反应称为皂化反应。

$$\begin{matrix} CH_2-O-\overset{O}{\underset{\|}{C}}-R \\ CH-O-\overset{O}{\underset{\|}{C}}-R' \\ CH_2-O-\overset{O}{\underset{\|}{C}}-R'' \end{matrix} + 3NaOH \xrightarrow{\Delta} \begin{matrix} CH_2-OH \\ CH-OH \\ CH_2-OH \end{matrix} + \begin{matrix} RCOONa \\ R'COONa \\ R''COONa \end{matrix}$$

　　　油脂　　　　　　　　　　　甘油　　脂肪酸钠

通常，使 1g 油脂完全皂化所需氢氧化钾的毫克数称为油脂的皂化值。油脂的皂化值反

映油脂的平均相对分子质量的大小，皂化值越大，油脂的平均相对分子质量越小。

此外，动物体内的蛋白质在酶的作用下最终可水解成为氨基酸。糖原可水解成葡萄糖。某些药物结构中含有酯键或酰胺键易水解，故应注意防潮。如

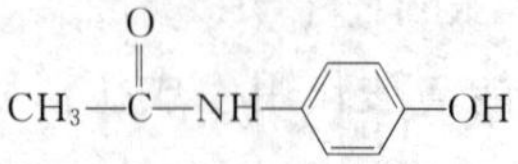

扑热息痛（对乙酰氨基酚） 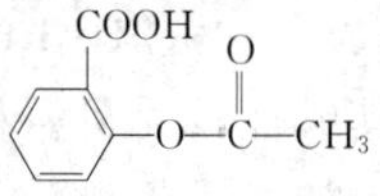　　　阿司匹林（乙酰水杨酸）

九、重氮化反应

芳香族伯胺与亚硝酸在低温（0～5℃）下反应，生成重氮盐，该反应称重氮化反应。产物重氮盐在低温下稳定，加热至室温即放出氮气。

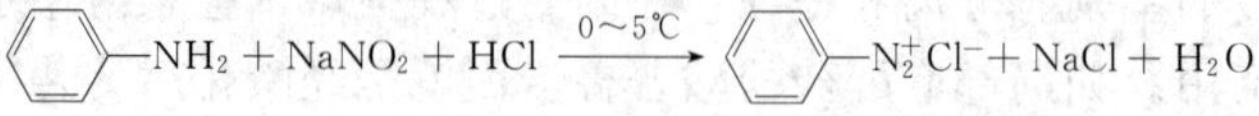

$$\text{C}_6\text{H}_5\text{—NH}_2 + \text{NaNO}_2 + \text{HCl} \xrightarrow{0\sim5℃} \text{C}_6\text{H}_5\text{—N}_2^+\text{Cl}^- + \text{NaCl} + \text{H}_2\text{O}$$

氯化重氮苯

十、显色反应

（一）酚与氯化铁的显色

多数酚能与氯化铁溶液发生显色反应。例如，苯酚与 $FeCl_3$ 溶液作用显紫色；邻甲苯酚与氯化铁溶液作用呈蓝色等。这一反应常用于酚类的鉴别。

（二）醛与希夫试剂的显色

希夫试剂即品红亚硫酸试剂，与醛作用立即由无色变成紫红色，这一反应非常灵敏，常用来鉴别醛的存在，酮无此反应。

（三）氨基酸与水合茚三酮的显色

α-氨基酸与水合茚三酮溶液一起加热，生成蓝紫色物质。此反应非常灵敏，可定量和定性测定氨基酸。

第二节　重要的有机化合物

一、重要的烃

（一）液体石蜡

液体石蜡的主要成分是 $C_{18}\sim C_{24}$ 的烷烃混合物，为无色透明液体，不溶于水。它在动物体内不被吸收，可促进排便反射，常用作泻药。医药上用作配制软膏、滴鼻剂或喷雾剂。

（二）凡士林

凡士林是从石油中得到的由多种烃组成的半固态混合物，白色或棕黄色。其化学性质稳定，不易与药物起反应，与皮肤接触有滑腻感，医药上常用作软膏的基质。

二、重要的醇、酚、醚

（一）甲醇

甲醇俗称木醇或木精，无色、易燃、有挥发性的液体，沸点65℃。甲醇有毒，服入或吸入其蒸气或经皮肤吸收，均可引起中毒，误饮能使眼睛失明，甚至导致死亡。工业酒精中含有少量甲醇，因此不能饮用。甲醇能与水或大多数有机溶剂混溶，是重要的化工原料和溶剂。

（二）乙醇

乙醇俗称酒精，为无色、易挥发、有特殊香味的透明液体，沸点78.5℃。乙醇能与水

以任意比例混溶，毒性小，能使细菌的蛋白质变性。

乙醇用途很广。临床上常用体积分数75%的乙醇溶液作外用消毒剂。利用乙醇挥发时能吸收热量，临床上用30%～50%酒精溶液给高热患者擦浴以降低体温。它是重要的有机溶剂和化工原料，常用于制取兽药中草药流浸膏或提取其中的有效成分等。

（三）丙三醇

丙三醇俗称甘油，是一种无色黏稠带有甜味的液体，沸点290℃，具有很强的吸湿性，可与水混溶。甘油有润肤作用，使用时需加适量水稀释。临床上甘油或甘油溶液药品为"开塞露"，用以灌肠，治疗便秘。

丙三醇除具有醇的通性外，还能与新制的氢氧化铜反应，生成深蓝色的甘油酮。利用此反应可检验具有邻二醇结构的化合物。

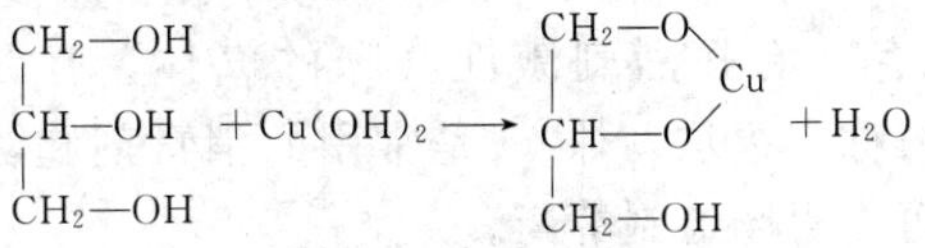

$$\begin{array}{c}CH_2-OH\\|\\CH-OH\\|\\CH_2-OH\end{array}+Cu(OH)_2\longrightarrow \begin{array}{c}CH_2-O\\ \quad\quad\quad\;\;\diagdown\\CH-O\;\;\;\;Cu\\ \quad\quad\quad\;\;\diagup\\CH_2-OH\end{array}+H_2O$$

甘油酮（深蓝色）

（四）苯酚

苯酚简称酚，俗称石炭酸，是一种具有特殊气味的无色针状晶体，熔点43℃，微溶于冷水，易溶于65℃以上热水，常温易溶于乙醇、甘油、氯仿、乙醚等有机溶剂。

苯酚具有较强的腐蚀性和毒性，接触后会使局部蛋白质变性，可加搽乙醇或甘油得以缓解。医药上，3%～5%的苯酚水溶液可用于消毒外科器械，1%的苯酚水溶液可外用于皮肤止痒。

（五）甲酚

甲酚俗称煤酚，是邻、间、对三种异构体的混合物。煤酚难溶于水，易溶于肥皂液中，是良好的消毒防腐药。医药上常用的消毒药水"来苏儿"就是含煤酚47%～53%的肥皂水溶液，一般家庭消毒、畜舍消毒时，可稀释至3%～5%使用。

（六）维生素E

维生素E又名生育酚，与动物的生殖功能有关，缺乏维生素E可造成动物的不育症。由于维生素E中含酚羟基，具有抗氧化、抗衰老作用。

天然维生素E广泛存在于植物中，有多种异构体，其中α-生育酚活性最高，其结构为

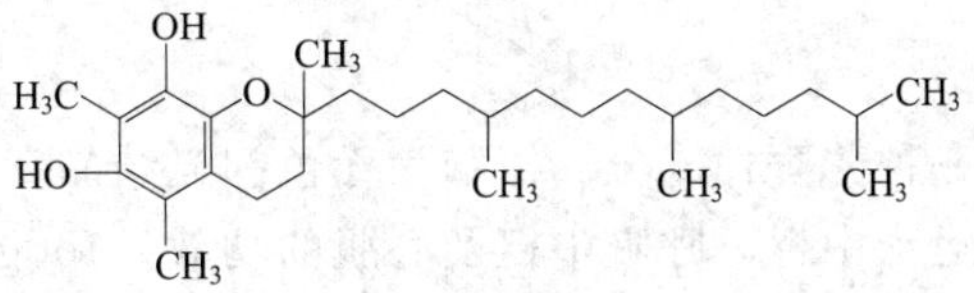

α-生育酚

（七）邻苯二酚

邻苯二酚又名儿茶酚，熔点105℃，有毒，对中枢神经、呼吸系统有一定刺激作用。它的衍生物主要有肾上腺素和去甲肾上腺素。其结构式如下。

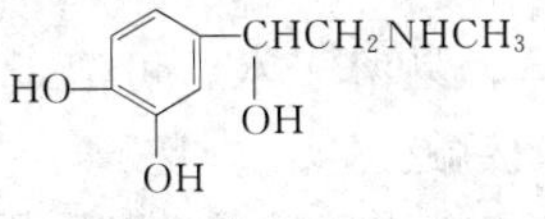

肾上腺素 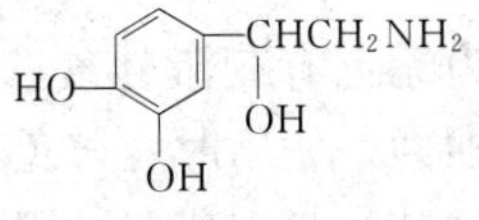　　　　　去甲肾上腺素

肾上腺素的主要作用是加强心肌收缩，增加心输出量，收缩血管，升高血压，加强代谢

等,是临床上常用的升压药物。去甲肾上腺素用于神经源性休克和中毒性休克等的早期治疗,也可用于治疗胃出血。

（八）乙醚

乙醚是最常见的醚。室温下为无色液体,沸点 34.5℃,极易挥发,遇火会引起猛烈的爆炸,故使用时要特别小心,远离明火。

乙醚能溶于乙醇、氯仿等有机溶剂中,微溶于水。乙醚的化学性质稳定,又能溶解许多有机物,因而是常用的溶剂和萃取剂。乙醚有麻醉作用,曾在外科手术中用作吸入性全身麻醉剂。

三、重要的醛、酮

（一）甲醛

甲醛又名蚁醛,是无色、有强烈刺激性气味的气体,有致癌作用。甲醛易溶于水,37%～40%的甲醛水溶液俗称"福尔马林",是常用的消毒剂和防腐剂。常用于标本、尸体防腐,畜舍熏蒸消毒,亦可作胃肠道制酵药。

长期放置的福尔马林会产生浑浊或白色沉淀,这是由于甲醛发生聚合生成了多聚甲醛,使用时需加热使其解聚。

（二）乙醛

乙醛是无色、有强烈刺激性气味的液体,能与水、乙醇、氯仿等溶剂混溶。乙醛易挥发,乙醛蒸气对眼和皮肤有刺激作用。乙醛分子中三个 α-H 被氢取代得三氯乙醛,再与水加成得水合氯醛。水合氯醛是临床上常用的麻醉药,具有催眠、镇静等作用。其 10% 的水溶液在临床上常用作全身麻醉。

（三）丙酮

丙酮是无色、易挥发的液体,能与水、甲醇、乙醚、氯仿等溶剂混溶,并能溶解许多有机物,是常用的有机溶剂。

正常情况下,动物体内血液中丙酮的浓度很低。糖尿病患者由于体内代谢紊乱,常有过量的丙酮产生,随尿排出或随呼吸呼出。临床上检查丙酮含量,可用亚硝酰铁氰化钠的碱性溶液,如有丙酮存在,尿液呈红色。此外,也可用碘仿反应来检验丙酮。

（四）樟脑

樟脑是一种脂环酮。其结构式为

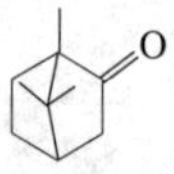

它是存在于樟树中的一种芳香性成分。樟脑为无色闪光结晶,易升华,有香味。樟脑在医药上用途很广,有兴奋运动中枢、呼吸中枢及心肌的功效。$100g \cdot L^{-1}$ 的樟脑酒精溶液称樟脑酊,有良好的止咳功效。成药清凉油、十滴水、风油精和消炎镇痛膏等均含有樟脑。生活中樟脑作为驱虫防蛀剂而广泛使用。

四、重要的有机酸及其衍生物

（一）甲酸

甲酸俗名蚁酸,为无色有刺激性气味的液体,易溶于水,可溶于乙醇、乙醚等有机溶剂。甲酸有很强的腐蚀性,使用时应避免与皮肤接触。

甲酸分子中既有羧基,又有醛基,因此,除具有羧酸的通性外,甲酸还具有较强的还原性,可被弱氧化剂氧化。医药上,常作消毒剂和防腐剂。

（二）乙酸

乙酸俗称醋酸，是食用醋的主要成分。乙酸是具有刺激性气味的无色液体，能与水、乙醇、乙醚等混溶。纯乙酸在温度稍低于 16.6℃ 时便凝结为冰状固体，故又称冰醋酸。

医药上常用 0.5%～2% 的醋酸溶液作为消毒防腐药，应用"食醋消毒法"可有效地预防流感。

（三）苯甲酸

苯甲酸俗称安息香酸，为白色针状或鳞片状晶体，熔点 122℃，易升华，其蒸气有强烈的刺激性，难溶于冷水，易溶于热水、乙醇和乙醚中。苯甲酸及其钠盐常用作食品和某些药物制剂的防腐剂。

（四）乳酸

乳酸主要存在于青贮饲料、酸乳和泡菜中，也存在于动物的肌肉中，因最初从酸牛奶中得到而得名。人在剧烈运动时，通过糖分解成乳酸，导致肌肉中乳酸堆积，感觉酸胀。乳酸为淡黄色黏稠状液体，熔点 18℃，有很强的吸湿性，可溶于水、乙醇和乙醚中。

乳酸的用途很广，医药上用作消毒防腐剂，内服制酵，可用于马属动物急性胃扩张和牛、羊前胃弛缓。乳酸钙是补充体内钙质的药物，乳酸钠临床上用于纠正酸中毒。

（五）酒石酸

酒石酸及其盐广泛存在于自然界中，以葡萄中含量最多。酒石酸为无色透明晶体，熔点 170℃，易溶于水。酒石酸钾钠用于配制斐林试剂，酒石酸锑钾又称吐酒石，可用作催吐剂和治疗血吸虫病。

（六）柠檬酸

柠檬酸又叫枸橼酸，广泛存在于柑橘、葡萄等果实中，尤以柠檬中含量最多，因而得名。柠檬酸为无色透明晶体，有强烈酸味，易溶于水、乙醇和乙醚。

柠檬酸是动物体内糖、脂肪和蛋白质代谢的中间产物，其用途广泛。在食品工业中用作糖果和清凉饮料的调味剂。临床上，柠檬酸铁铵用作补血剂；柠檬酸钠有利尿作用和防止血液凝固的作用。

（七）水杨酸

水杨酸是无色针状结晶，熔点 159℃，微溶于冷水，易溶于乙醇、乙醚和沸水中。水杨酸具有解热镇痛作用，但因其对肠胃有刺激作用，不宜内服，临床上常用的是水杨酸的衍生物乙酰水杨酸（阿司匹林）。水杨酸也有杀菌作用，其酒精溶液可用于治疗因霉菌感染引起的皮肤病。此外水杨酸甲酯，又叫冬青油，可作扭伤的外用药。

（八）维生素 C

维生素 C 又名抗坏血酸，为六碳的不饱和多羟基内酯化合物。广泛存在于新鲜水果、蔬菜中，具有较强的还原性和酸性。维生素 C 的基本结构如下。

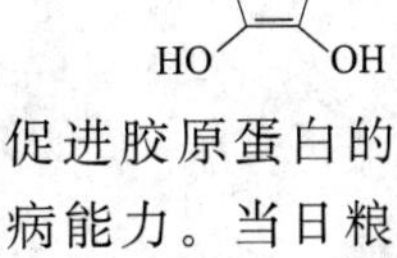

$$HO-CH(CH_2OH)-\underset{HOOH}{\underset{||}{C}}=\underset{}{C}-C(=O)-O$$

维生素 C 参与体内的羟化反应，促进胶原蛋白的形成及胆固醇的转化；参与体内物质的氧化还原反应，增强机体解毒及抗病能力。当日粮营养成分不平衡时，可导致维生素 C 缺乏，引起"坏血病"。

五、重要的胺及其衍生物

(一) 苯胺

苯胺是最简单的芳香胺。无色油状液体，沸点184℃，具特殊气味，微溶于水，易溶于有机溶剂中。长期露置于空气中会被空气中的氧氧化成黄、红、棕甚至黑色。苯胺有毒，能透过皮肤或吸入蒸气而使人中毒。苯胺是重要的有机合成原料，广泛用于制药和染料工业。

(二) 新洁尔灭

$$[C_6H_5-CH_2-N^+(CH_3)_2-C_{12}H_{25}]\ Br^-$$

学名叫溴化二甲基十二烷基苄铵，又称为苯扎溴铵，属于季铵盐类物质。它是一种重要的阳离子表面活性剂，穿透细胞能力强，且毒性低，临床上常用于皮肤、黏膜、创面、手术器械和术前的消毒。

(三) 胆碱和乙酰胆碱

胆碱是一种季铵碱，由于最初是从胆汁中发现的，故名胆碱。其学名为氢氧化三甲基-2-羟基乙铵。胆碱及乙酰胆碱结构式如下。

$$[(CH_3)_3N^+-CH_2CH_2OH]\ OH^- \qquad [(CH_3)_3N^+-CH_2CH_2O-\overset{O}{\underset{\|}{C}}-CH_3]\ OH^-$$

胆碱   乙酰胆碱

胆碱是卵磷脂的组成部分，在脑组织及蛋黄中含量较高。它在体内与脂肪代谢有密切关系，能促进油脂转化成磷脂，防止脂肪在肝内沉积。胆碱与乙酸作用后形成乙酰胆碱，它存在于相邻的神经细胞之间，是通过神经结传导神经刺激的一种重要物质。

(四) 尿素

脲也叫尿素，是哺乳动物体内蛋白质代谢的最终产物。尿素是白色结晶，熔点132℃，易溶于水和乙醇。除用作肥料外，还可用于合成药物、农药、塑料等。

尿素显微弱的碱性，可与硝酸或草酸作用生成不溶性的盐，利用此性质，可从尿液中分离尿素。

$$H_2N-\overset{O}{\underset{\|}{C}}-NH_2 + HNO_3 \longrightarrow H_2N-\overset{O}{\underset{\|}{C}}-NH_2 \cdot HNO_3 \downarrow$$

在酸、碱或脲酶的作用下，尿素可水解生成氨和二氧化碳。尿素与亚硝酸作用可定量放出氮气，根据氮气的体积可计算尿素的含量。

$$H_2N-\overset{O}{\underset{\|}{C}}-NH_2 + 2HNO_2 \longrightarrow CO_2\uparrow + 2N_2\uparrow + 3H_2O$$

将尿素缓慢加热至熔点以上，会发生缩合反应生成二缩脲。产物中含两个肽键，在碱性条件下与硫酸铜稀溶液作用显紫红色。

$$H_2N-\overset{O}{\underset{\|}{C}}-NH_2 + H_2N-\overset{O}{\underset{\|}{C}}-NH_2 \xrightarrow{150\sim160℃} H_2N-\overset{O}{\underset{\|}{C}}-NH-\overset{O}{\underset{\|}{C}}-NH_2 + NH_3\uparrow$$

二缩脲

六、重要的杂环化合物

(一) 呋喃及其衍生物

呋喃存在于松木焦油中，为无色液体，有醚类香味，沸点32℃。呋喃遇盐酸浸湿过的松木片显绿色。

α-呋喃甲醛是呋喃的重要衍生物，俗名糠醛。纯糠醛是无色液体，易被空气氧化而带有黄色或棕色。糠醛遇苯胺醋酸盐溶液呈深红色，此反应可用于糠醛的定性鉴别。

糠醛是重要的化工原料，可用于制造酚醛树脂、农药、医药（如呋喃妥因、呋喃唑酮）等。

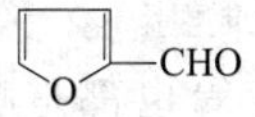

α-呋喃甲醛 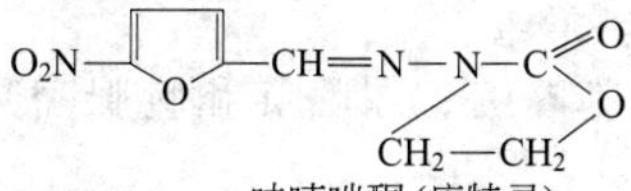　　　　呋喃唑酮(痢特灵)

（二）吡啶及其衍生物

吡啶存在于骨焦油和煤焦油的轻油馏分中，沸点 115℃，具有特殊的气味，可与水、乙醇、乙醚等混溶，是一些有机反应的介质和分析化学的试剂。吡啶的衍生物主要有维生素 PP、维生素 B_6 等。

维生素 PP 包括烟酸和烟酰胺两种，二者的生理作用相同，在肝、花生、米糠和酵母中含量较高。维生素 PP 参与机体的氧化还原过程，促进组织新陈代谢，降低血中胆固醇。当体内缺乏维生素 PP 时，会引发糙皮病。

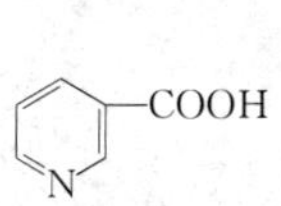

尼克酸（烟酸） 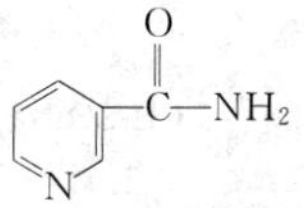　　　　尼克酰胺（烟酰胺）

维生素 B_6 在自然界中分布很广。维生素 B_6 包括吡哆醇、吡哆醛、吡哆胺三种，其活性形式是磷酸吡哆醛和磷酸吡哆胺。维生素 B_6 是维持蛋白质正常代谢必需的维生素。缺乏维生素 B_6 时，幼小动物生长缓慢或停止；妨碍血红素的合成，导致贫血。并伴有血浆铁浓度增加以及肝脏、脾脏、骨髓的血铁黄素沉积。

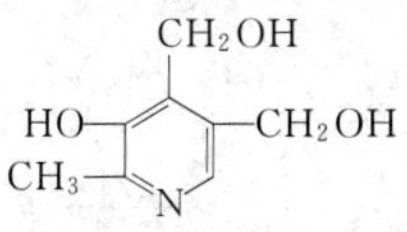

吡哆醇 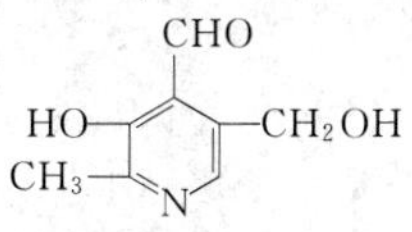　　　　吡哆醛 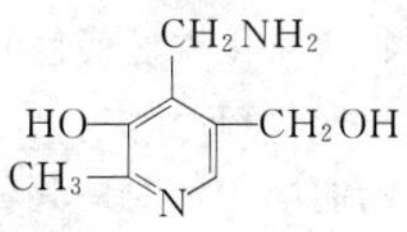　　　　吡哆胺

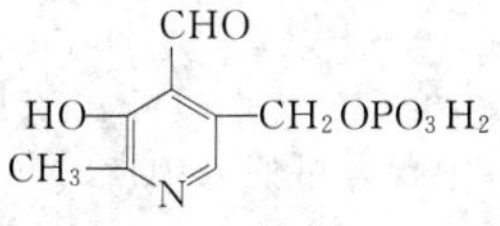

磷酸吡哆醛 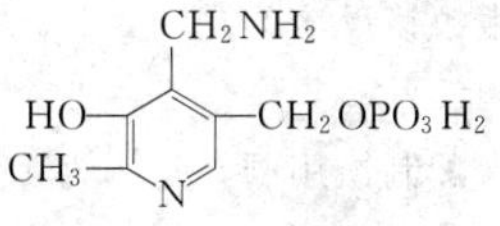　　　　磷酸吡哆胺

（三）吡咯及其衍生物

吡咯存在于煤焦油和骨焦油中，为无色液体，氯仿气味，沸点 130～131℃。吡咯易被空气氧化变黑，少量吡咯蒸气遇盐酸浸过的松木片显红色。

吡咯的衍生物广泛分布于自然界中，它们都含有卟吩环。如

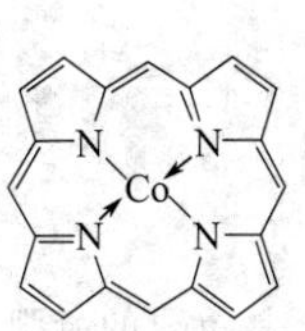

维生素B_{12} 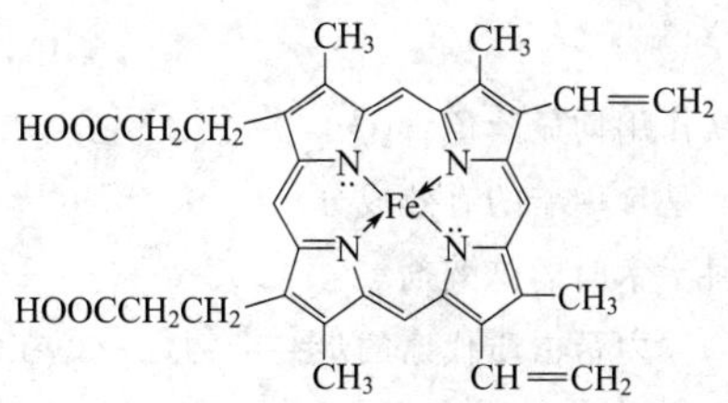　　　　血红素

（四）嘧啶及其衍生物

嘧啶是含两个氮原子的六元杂环，维生素 B_1、磺胺嘧啶中都含有嘧啶环。

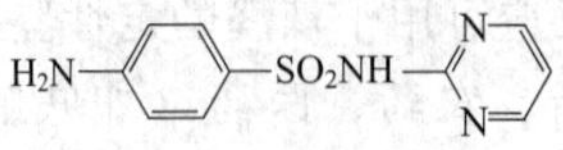

磺胺嘧啶(SD) 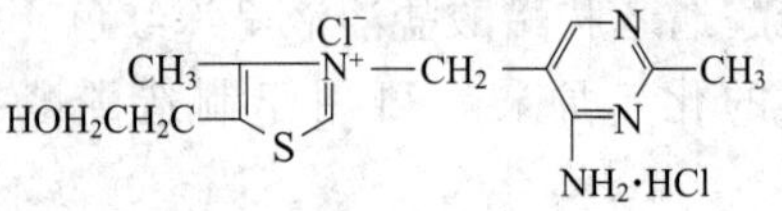　　　　　　　维生素 B_1

此外，核酸的组成成分胞嘧啶、尿嘧啶和胸腺嘧啶等也都是嘧啶的衍生物。

（五）嘌呤衍生物

嘌呤由一个嘧啶环和一个咪唑环稠合而成。其结构式为

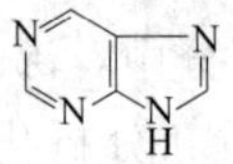

嘌呤本身并不存在于自然界，但其羟基和氨基衍生物却普遍存在于动物体内，并参与生命活动过程。例如核酸的组成成分腺嘌呤和鸟嘌呤等。

此外，有很多药物也都是杂环化合物的衍生物。如，常用的解热镇痛药安乃近是吡唑的衍生物；重要的抗菌消炎药磺胺噻唑和青霉素是噻唑衍生物。此外，磺胺类药物及某些镇静、抗癌药物都含有嘧啶环。

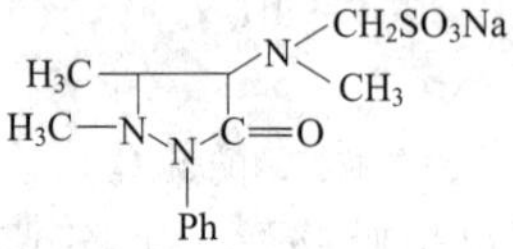

安乃近 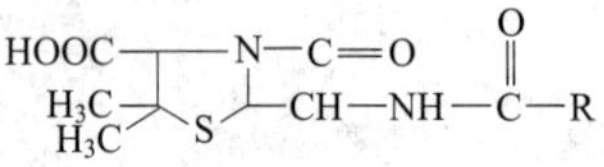　　　　　　　青霉素

习题

1. 选择题

(1) 下列化合物遇氯化铁显紫色的是（　　）。
　A. 苯酚　　　　　B. 苯　　　　　C. 甲苯　　　　　D. 苯甲醇

(2) 下列化合物能溶于水的是（　　）。
　A. 乙醇　　　　　B. 氯仿　　　　C. 苯　　　　　　D. 戊烷

(3) 下列物质不能发生银镜反应的是（　　）。
　A. 甲酸　　　　　B. 乙醛　　　　C. 乙醇　　　　　D. 苯甲醛

(4) 禁止用工业酒精来配制饮用酒，是因为工业酒精中含有可使人中毒的（　　）。
　A. 乙酸　　　　　B. 甲醇　　　　C. 乙醇　　　　　D. 重金属离子

(5) 乙醇与浓硫酸共热到170℃时的产物是（　　）。
　A. 乙烷　　　　　B. 乙烯　　　　C. 乙炔　　　　　D. 乙醚

(6) 分子式为 $C_4H_8O_2$ 的酯经水解后得醇 A 和羧酸 B，A 经充分氧化后可生成 B，则原来的酯是（　　）。
　A. $CH_3CH_2COOCH_3$　　B. $HCOOCH_2CH_2CH_3$　　C. $CH_3CH_2CH_2COOH$　　D. $CH_3COOCH_2CH_3$

2. 是非题

(1) 所有酚与氯化铁作用均显紫色。（　　）

(2) 乙酸俗称醋酸，是食用醋的有效成分。（　　）

(3) 乙醚可用做外科手术时的麻醉剂。（　　）

(4) 尿素是人和动物体内蛋白质代谢的最终产物之一，在农业上是重要的氮肥。（　　）

(5) 醛基既具有氧化性，又具有还原性。（　　）

3. 填空题

(1) 醇与酸作用生成酯的反应叫_____反应，酯在碱性条件下的水解反应又称为_____。乙酸和乙醇发生酯化反应生成的酯为_____。该酯在碱性氢氧化钠条件下水解的产物为_____和_____。

(2) 消毒酒精的乙醇含量为_____，用来给高热病人擦浴以降低体温的酒精溶液的乙醇含量为_____。

(3) 苯酚具有弱酸性，又称为_____，其酸性较碳酸_____。

(4) 煤皂酚溶液是含有_____的肥皂水溶液，俗称_____，医药上用作_____。

(5) 丙三醇俗称_____，它能和_____作用生成_____的甘油酮，此反应可用作鉴别。

(6) 质量分数为 0.4 的甲醛水溶液称为_____，能使蛋白质凝固，常用作_____剂和_____剂。

4. 指出下列反应发生的部位，并说明其属于何种反应类型。

(1) 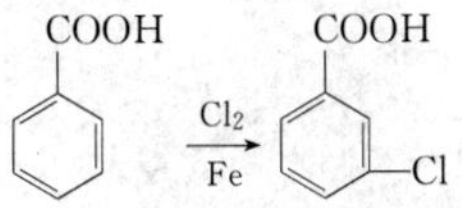 C₆H₅COOH $\xrightarrow[Fe]{Cl_2}$ Cl-C₆H₄-COOH

(2) HOOC—CH₂—C(=O)—COOH $\xrightarrow{酶}$ CH₃—C(=O)—COOH + CO₂

(3) HCOOH + CH₃CH₂OH $\xrightarrow{H_2SO_4}$ HCOOCH₂CH₃

(4) HOOC—CH(OH)—CH₂—COOH $\xrightarrow{酶}$ HOOC—CH=CH—COOH (反式)

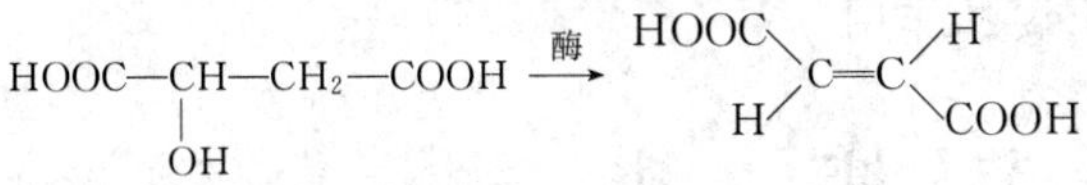

(5) HOOC—CH(OH)—CH₂—COOH $\xrightarrow{酶}$ HOOC—C(=O)—CH₂—COOH

5. 用化学方法区分下列各组化合物

(1) 甲醇和乙醇

(2) 甲酸和乙酸

(3) 乙醇、乙醛和乙酸

(4) 乙醛、丙酮和苯甲醛

6. 官能团是有机物分子中最活泼的部位，含相同官能团的化合物具有相类似的化学性质。试根据你所学过的知识总结一下醇羟基、酚羟基、醛基、酮基、羧基、氨基等官能团的重要性质。

第九章　三大营养物质

本章学习目标

★ 熟悉糖类、脂类、蛋白质的主要生理功能。
★ 了解糖类、脂类、蛋白质的组成、分类和结构。
★ 理解蛋白质的结构和功能的关系。
★ 掌握糖类和蛋白质的重要性质。

糖类、蛋白质和脂类统称动物体内的三大营养物质。它们在动物体内是可以相互转变的，在动物体的新陈代谢中具有十分重要的作用。

第一节　糖　类

糖类是自然界存在最丰富的一类有机化合物，也是人和动物生命活动所必需的物质之一。糖类由碳、氢、氧三种元素组成，由于分子中氢、氧原子的比例一般为 2∶1，故糖类又称为碳水化合物。从分子结构上看，糖类是多羟基醛或多羟基酮及其脱水缩合产物。通常根据其能否水解及水解后的产物，将糖类分为单糖、寡糖（低聚糖）和多糖；按是否具有还原性可将糖类分为还原糖和非还原糖。

一、单糖

单糖是不能水解的多羟基醛或多羟基酮。通常将多羟基醛称为醛糖，多羟基酮称为酮糖。此外，还可根据其中所含碳原子数将单糖分为丙糖、丁糖、戊糖、己糖等。在单糖中与生命活动关系最为密切的是葡萄糖、果糖、核糖和脱氧核糖等。

（一）单糖的分子结构

单糖的分子结构有链状和环状两种，生物体内主要以环状结构存在。单糖的环状结构有 α 型和 β 型两种，一般用透视式表示。在透视式中，环架碳原子按顺时针方向排列，氧原子在六元环的上角，末位羟甲基和链状结构中左侧的羟基写在环的上方，右侧的羟基写在环的下方，半缩醛羟基写在环的下方者为 α 型，在环的上方者为 β 型。几种重要单糖的环状透视式如下。

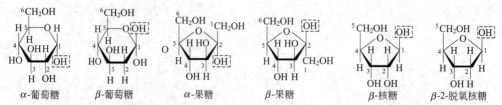

α-葡萄糖　　β-葡萄糖　　α-果糖　　β-果糖　　β-核糖　　β-2-脱氧核糖

水溶液中，单糖的 α 型和 β 型环状结构之间可通过链状结构相互转化达平衡，由于 α 型和 β 型结构的比旋光度不同，故新配制的单糖水溶液的旋光度会不断改变最后达到恒定值，这种现象称为变旋现象。如，新配制的葡萄糖溶液比旋光度不断增加或减少，最终恒定在+52.7°。

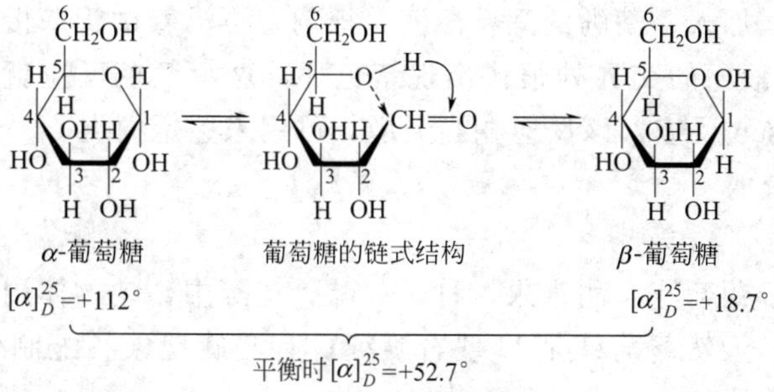

α-葡萄糖   葡萄糖的链式结构 β-葡萄糖
$[\alpha]_D^{25}=+112°$ $[\alpha]_D^{25}=+18.7°$

平衡时 $[\alpha]_D^{25}=+52.7°$

互为同分异构体的单糖在一定条件下可相互转化。如葡萄糖和果糖在稀碱溶液中可发生互变异构。

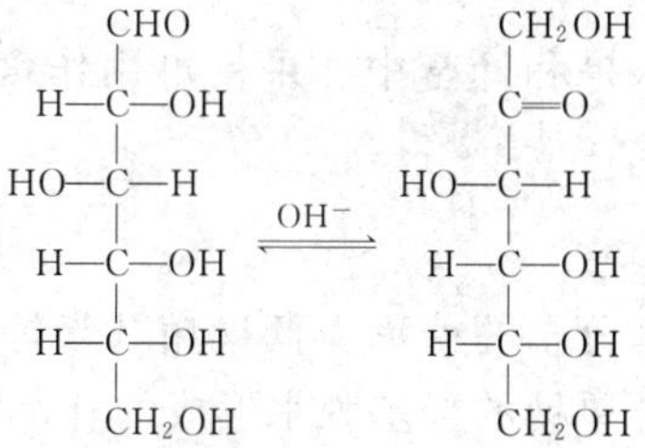

葡萄糖   果糖

（二）单糖的性质

单糖都是无色晶体，易溶于水，难溶于乙醚、丙酮等有机溶剂。单糖具有吸湿性，都有甜味。除丙酮糖外，所有的单糖都具有旋光性。单糖的主要化学性质如下。

1. 氧化反应

能被三种弱氧化剂氧化的糖称为还原糖，反之称为非还原糖。所有单糖（酮糖在碱性条件下可转变为醛糖）以及某些低聚糖都是还原糖。此类反应常用作血液和尿中葡萄糖含量的测定。

此外，葡萄糖在生物体内酶的作用下可被氧化为葡萄糖醛酸，葡萄糖醛酸能与一些有毒物质如醇、酚等结合变成无毒物质排出体外，故有保肝和解毒的作用。临床上治疗肝炎和肝硬化等服用的"肝太乐"就是一种葡萄糖醛酸物质。

2. 成酯反应

单糖分子中的羟基，包括半缩醛羟基都能与酸发生酯化反应生成酯。葡萄糖与果糖在体内代谢过程中生成的酯主要有：1-磷酸葡萄糖，6-磷酸葡萄糖，6-磷酸果糖，1,6-二磷酸果糖等。

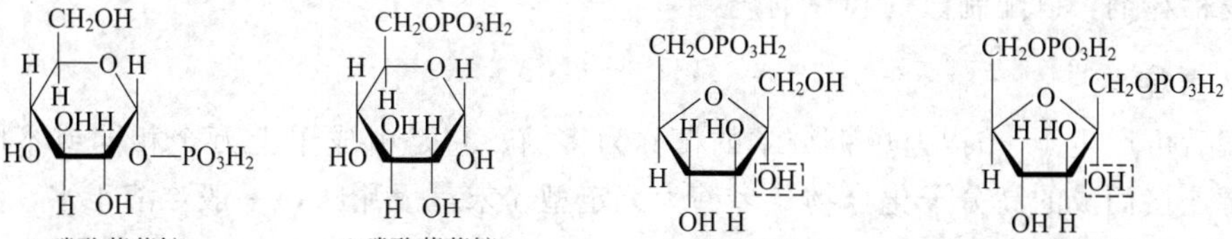

1-磷酸葡萄糖   6-磷酸葡萄糖   6-磷酸果糖   1,6-二磷酸果糖

3. 成苷反应

单糖或低聚糖分子的半缩醛（酮）羟基可与另一含羟基、氨基等带有活泼氢的烃基的化合物脱去一分子的水形成苷。单糖的成苷反应是形成二糖、多糖的基础。

糖苷又称配糖物，曾经称为甙，广泛存在于自然界中，是中草药的重要成分之一。糖苷无还原性，也无变旋现象，在稀酸或酶的作用下易水解为相应的糖和配糖。

4. 莫立许（Molisch）反应

在糖的水溶液中，加入 α-萘酚的酒精溶液，摇匀，再沿着试管壁慢慢地加入浓硫酸（不要振摇试管）。在两层液面的交界处很快出现紫色环，这个颜色反应就叫 Molisch 反应。所有的糖都能发生 Molisch 反应，该反应相当灵敏，可用来鉴定糖类。

（三）重要的单糖

1. 葡萄糖

葡萄糖广泛存在于葡萄汁、甜水果、种子、叶、花等中，动物体内也含有葡萄糖，血液中的葡萄糖称为血糖。天然葡萄糖是 D 型右旋糖，有变旋现象。配制葡萄糖溶液时，常加入氨试液，以促进变旋平衡。

葡萄糖是一种重要的营养物质，医药上用作营养剂，兼有强心、利尿、解毒等作用。

2. 果糖

果糖是最甜的糖，存在于水果和蜂蜜中。果糖可用作食物和营养剂。天然果糖是 D 型左旋糖，有变旋现象。

二、二糖

水解后能产生 2~10 个单糖分子的糖称为低聚糖（寡糖）。其中重要的是二糖，二糖是一分子单糖的苷羟基与另一分子单糖的羟基脱水形成的苷，它们在酸或酶的作用下水解后得相应的单糖。重要的二糖有蔗糖、麦芽糖和乳糖，它们的结构式如下。

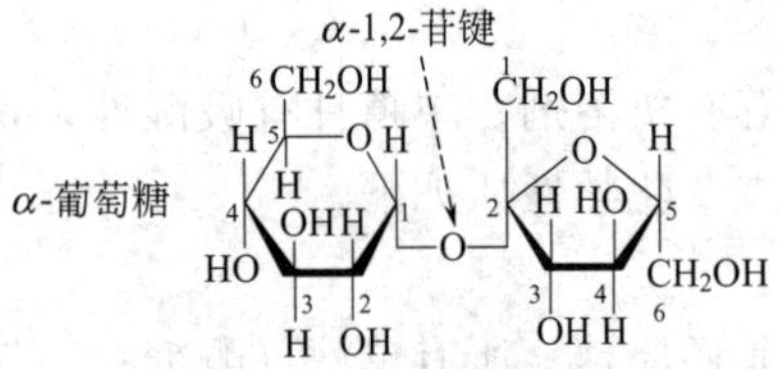

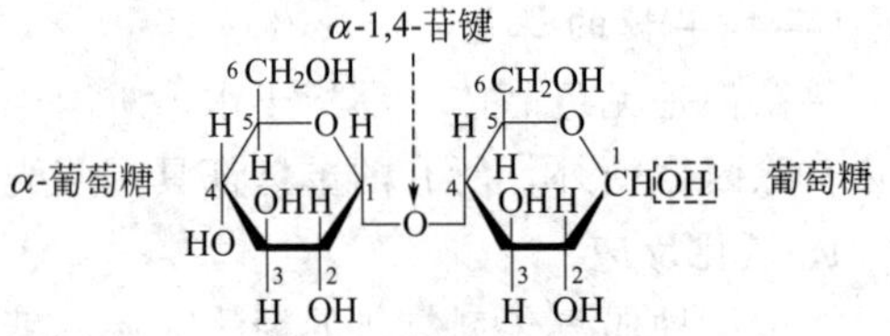

其中，蔗糖是非还原糖，无变旋现象，麦芽糖和乳糖是还原糖，有变旋现象。乳糖存在于人和哺乳动物的乳汁中，它是婴儿发育必需的营养物质。医药上利用其吸湿性小的性质，用作药物稀释剂，以配制散剂和片剂。

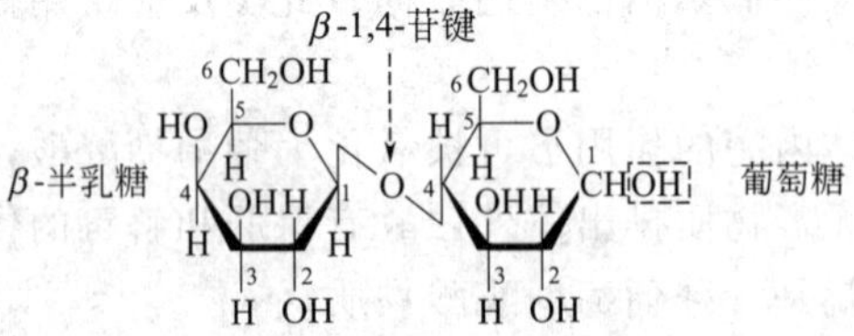

三、多糖

水解后可产生 10 个以上单糖分子的糖称为多糖。它是由成千上万个相同或不同的单糖通过苷键连接而成的高分子化合物。多糖为无定型粉末，无甜味，一般难溶于水，无变旋现象，是非还原糖。在酸或酶的作用下，最终可水解为葡萄糖。

多糖在自然界中分布很广，是生物体的重要组成部分，其中最重要的多糖是淀粉、糖原、纤维素等。

（一）淀粉

淀粉广泛存在于植物中，是植物体中贮藏的养分，也是人体内葡萄糖的主要来源。淀粉是无色无臭的白色粉末，有吸湿性。淀粉遇碘单质立即呈蓝色。该反应非常灵敏，是鉴别淀粉或碘单质存在的最重要的化学方法。淀粉在酸或酶的作用下水解成糊精、麦芽糖，最终产物是葡萄糖。我们吃馒头或米饭时，细细咀嚼会感觉到甜味，就是食物中的淀粉在唾液中的淀粉酶的作用下水解生成麦芽糖的缘故。

从结构上看，淀粉是由两种不同结构类型分子所组成的混合物，一种是直链淀粉，约占20%，一种是支链淀粉，约占80%。

直链淀粉不溶于冷水，溶于热水中且不成糊状。直链淀粉是 1000～4000 个 α-葡萄糖以 α-1,4 苷键结合而成的大分子。由于直链淀粉分子内的羟基之间可形成氢键，这样使分子成有规则的螺旋状，每一圈螺旋有六个葡萄糖结构的单位。如图 9-1 所示。

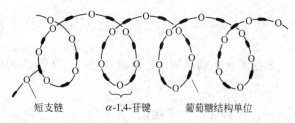

图 9-1 直链淀粉的形状示意图

支链淀粉一般存在于淀粉的外层，纯的支链淀粉易溶于冷水，在热水中膨胀成糊状。支链淀粉比直链淀粉的分子量大，组成支链淀粉的葡萄糖单位有几万个。支链淀粉分子是一个高度分支化的结构，是由几百条短链组成的如图 9-2 所示。短链是由 α-1,4 苷键连结而成，短链和短链之间以 α-1,6 苷键结合起来。

（二）糖原

糖原是动物体内贮藏性多糖，又叫动物淀粉，主要存在于肝脏和肌肉组织中。糖原为白色粉末，无臭，与碘作用呈棕红色。

糖原的合成与分解对维持血糖浓度的稳定起着重要作用。当血糖浓度升高时，多余的葡萄糖就转化成糖原贮存于肝中；而当血糖浓度降低时，糖原就分解为葡萄糖进入血液。

糖原的结构单位是 α-葡萄糖，与支链淀粉结构相似，也是以 α-1,4 苷键成链，以 α-1,6 苷键成支链，不过支链更多、更短。如图 9-3 所示。

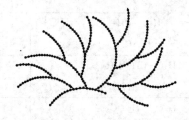

图 9-2 支链淀粉的结构形状示意图

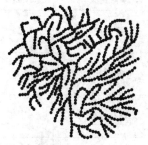

图 9-3 糖原的结构形状示意图

（三）纤维素

纤维素是自然界分布最广、含量最为丰富的有机化合物，是植物细胞壁的主要成分。纤维素是白色固体，不溶于水、乙醇、乙醚等溶剂。纤维素比较难水解，在高温高压和无机酸共热下，可水解生成葡萄糖。食草动物的消化道中含有能水解纤维素的酶，故可以以草为食物。而人和食肉动物没有这种酶，不能消化纤维素，但纤维素却是体内不可或缺的，因为它具有促进肠道蠕动和降低胆固醇的作用。

四、糖类的生理功能

（一）构成组织细胞的基本成分

糖普遍存在于动物各组织中，是构成细胞的成分。例如，核糖和脱氧核糖是核酸的组成成分；蛋白多糖和糖蛋白参与构成结缔组织、骨和软骨的基质；而糖与脂类形成的糖脂是生物膜与神经组织的成分等。

(二) 糖是动物体内主要的能源和碳源

在正常情况下，糖是动物体主要的供能物质，体内能量的 70% 来自糖的分解。糖在分解过程中形成的中间产物又可以提供合成脂类和蛋白质等物质所需的碳骨架。

第二节 蛋 白 质

蛋白质是生物体的重要组成部分，是生命的物质基础，各种生命现象都离不开蛋白质。

一、蛋白质的分子组成

(一) 蛋白质的元素组成

构成蛋白质的基本元素有碳、氢、氧、氮，有些蛋白质还含有少量的磷、硫、铁、铜、锌、锰、钼、钴、碘等元素。各种蛋白质分子中含氮量相对恒定，平均为 16%。故可用定氮法测定样品中蛋白质的含量。

$$样品中蛋白质含量 = 每克样品中的含氮量 \times 6.25$$

(二) 蛋白质的基本结构单位——氨基酸

蛋白质可以在酸、碱或酶的作用下水解成为其基本结构单位——氨基酸。自然界中的氨基酸有 300 余种，而参与机体蛋白质组成的仅有 20 种。这 20 种基本氨基酸，除脯氨酸外，都是 α-氨基酸，且均为 L 型（除甘氨酸外）。组成蛋白质的 20 种基本氨基酸及其等电点见表 9-1。

表 9-1 组成蛋白质的 20 种基本氨基酸及其等电点

分类	氨基酸名称	英文缩写	中文简称	R 基化学结构	等电点
非极性氨基酸	丙氨酸	Ala	丙	H_3C-	6.02
	缬氨酸*	Val	缬	H_3C-CH- $\quad\quad\quad CH_3$	5.97
	亮氨酸*	Leu	亮	$H_3C-CH-CH_2-$ $\quad\quad\quad CH_3$	5.98
	异亮氨酸*	Ile	异亮	H_3C-CH_2-CH- $\quad\quad\quad\quad\quad CH_3$	6.02
	苯丙氨酸*	Phe	苯丙	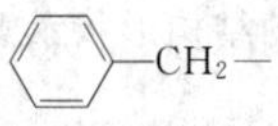 $C_6H_5-CH_2-$	5.48
	色氨酸*	Trp	色	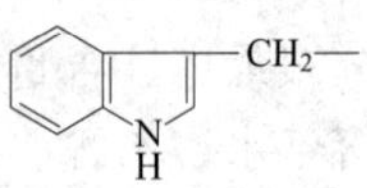 (吲哚)-CH_2-	5.89
	甲硫氨酸(蛋氨酸)*	Met	蛋(甲硫)	$H_3C-S-CH_2-CH_2-$	5.75
	脯氨酸	Pro	脯	$\begin{array}{c} H_2C-CH_2 \\ | \quad\quad | \\ H_2C \quad CH-COOH \\ \backslash N / \\ H \end{array}$	6.30

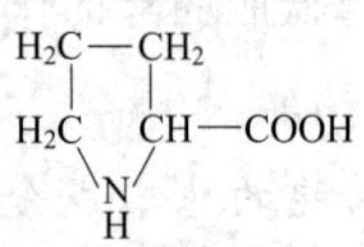

续表

分类	氨基酸名称	英文缩写	中文简称	R基化学结构	等电点
不带电荷极性氨基酸	甘氨酸	Gly	甘	H—	5.97
	丝氨酸	Ser	丝	HO—CH$_2$—	5.68
	苏氨酸*	Thr	苏	H$_3$C—CH—OH	6.53
	半胱氨酸	Cys	半胱	HS—CH$_2$—	5.02
	酪氨酸	Tyr	酪	HO—〈 〉—CH$_2$—	5.66
	天冬酰胺	Asn	天冬酰	H$_2$N—C(=O)—CH$_2$—	5.41
	谷氨酰胺	Gln	谷氨酰	H$_2$N—C(=O)—CH$_2$CH$_2$—	5.65
带正电荷极性氨基酸	组氨酸	His	组	(咪唑环)—CH$_2$—	7.59
	赖氨酸*	Lys	赖	H$_3$$\overset{+}{N}$—CH$_2$—CH$_2$—CH$_2$—CH$_2$—	9.74
	精氨酸	Arg	精	H$_2$N—C(—NH—CH$_2$—CH$_2$—CH$_2$—)=$\overset{+}{N}$H$_2$	10.76
带负电荷极性氨基酸	天冬氨酸	Asp	天冬	$^-$OOC—CH$_2$—	2.97
	谷氨酸	Glu	谷	$^-$OOC—CH$_2$—CH$_2$—	3.22

氨基酸的分类方法较多。根据氨基酸R基团性质，可将20种氨基酸分为带负电荷极性氨基酸、带正电荷极性氨基酸、不带电荷极性氨基酸和非极性氨基酸；根据能否由人和哺乳动物自身合成，分为必需氨基酸和非必需氨基酸。所谓必需氨基酸是指机体所需，但自身不能合成，必须从食物中摄取的氨基酸。20种基本氨基酸分类情况及其等电点参见表9-1，其中加"*"的为必需氨基酸。

二、蛋白质的分子结构

（一）蛋白质的一级结构

蛋白质的一级结构是指蛋白质多肽链中各种氨基酸的排列顺序。肽键是其主要化学键，有的还含有二硫键。图9-4为蛋白质中多肽链一个片段的结构通式。

$$H_2N-\underset{\underset{N}{|}}{\overset{\overset{R^1}{|}}{CH}}-\overset{O}{\overset{\|}{C}}-\underset{\underset{H}{|}}{N}-\underset{\underset{H}{|}}{\overset{\overset{R^2}{|}}{CH}}-\overset{O}{\overset{\|}{C}}-\underset{\underset{H}{|}}{N}-\underset{\underset{H}{|}}{\overset{\overset{R^3}{|}}{CH}}-\overset{O}{\overset{\|}{C}}-N-\overset{R^{n-1}}{\underset{|}{CH}}-\overset{O}{\overset{\|}{C}}-N-\overset{R^n}{\underset{|}{CH}}-COOH$$

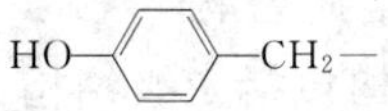

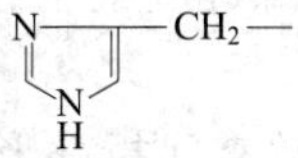

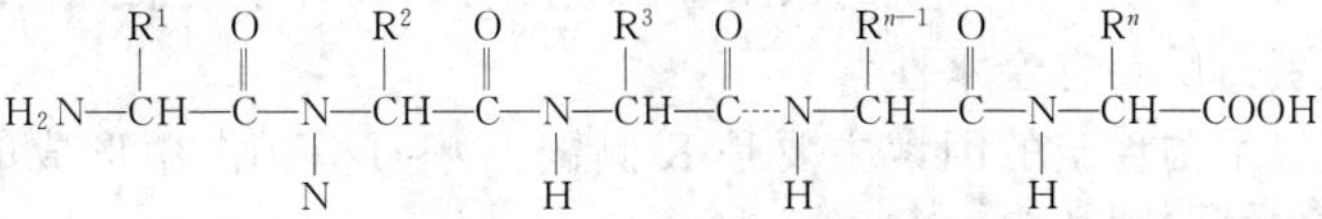

图9-4 多肽链的结构通式

世界上首先被明确一级结构的蛋白质是胰岛素。胰岛素是由一条A链（21肽）和一条B链（30肽）组成，分子中有3个二硫键，其中2个存在于A链和B链之间，如图9-5所示。

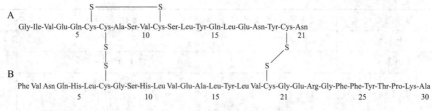

图 9-5 牛胰岛素的化学结构

(二) 蛋白质的空间结构

蛋白质的空间结构包括二级结构、三级结构和四级结构。

1. 蛋白质的二级结构

蛋白质二级结构是指多肽链主链原子的局部空间排列,不涉及各个氨基酸残基侧链的构象。其形式主要有 α-螺旋、β-折叠,此外还有 β-转角和无规卷曲等。

(1) α-螺旋 多肽链主链呈有规律的螺旋式盘曲,是最常见的一种二级结构。每 3.6 个氨基酸残基盘曲一圈,螺旋圈上下相连的原子可形成氢键以维持螺旋结构的稳定性。参见图 9-6。

(2) β-折叠 多肽链来回折叠形成较为伸展的锯齿状结构,两段以上的 β-折叠结构可平行排列,并通过两链间的氢键以维持其稳定。参见图 9-7。

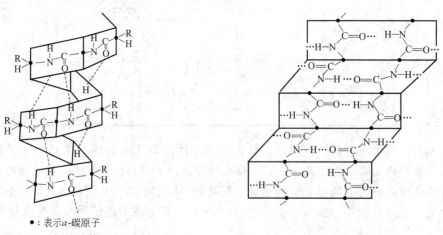

●:表示 α-碳原子

图 9-6 α-螺旋结构示意图   图 9-7 β-折叠示意图

2. 蛋白质的三级结构

在二级结构的基础上进一步盘曲、折叠,形成具有一定空间构象的结构,称为蛋白质的三级结构,如图 9-8 所示。

形成三级结构时,蛋白质分子中的亲水基团大多分布在分子表面,而疏水基团则包埋在分子内部,从而使蛋白质具有亲水性。

维持蛋白质三级结构稳定的因素主要是 R 侧链上基团相互作用形成的各种次级键,如疏水键、离子键、氢键、范德华力等。

3. 蛋白质的四级结构

由多条多肽链构成的蛋白质分子中,每条具有独立三级结构的多肽链称为一个亚基。蛋白质分子中各亚基之间通过非共价键(氢键和离子键)缔合而成的更复杂、更高级的空间构象称为蛋白质的四级结构,如图 9-9 所示。在四级结构中,各亚基可以是相同的,也可以是不同的,如血红蛋白就是由两个 α-亚基与两个 β-亚基构成的四聚体。

图 9-8 蛋白质三级结构示意图

图 9-9 蛋白质四级结构示意图

(三)蛋白质的结构与功能的关系

蛋白质的一级结构与其功能密切相关。一级结构相似的多肽或蛋白质,其功能也相似。例如,催产素和加压素都是九肽(图9-10)。一级结构上的差异决定了两者功能不同,催产素收缩子宫平滑肌,具有催产功能;加压素主要收缩血管平滑肌,具有升压和抗利尿作用。但是,因为两者氨基酸组成又有很多相似之处,所以有部分相同或类似的功能。例如,加压素也具有一定收缩子宫平滑肌的功能,尽管这种作用很弱。

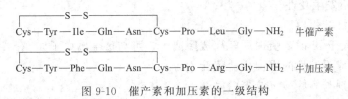

图 9-10 催产素和加压素的一级结构

蛋白质的空间结构决定蛋白质的功能,空间结构发生变化,其功能也随之改变,蛋白质的结构与功能是高度统一的。例如疯牛病是由于正常朊病毒蛋白的空间构象由 α-螺旋变成 β-折叠结构所致(图9-11)。

正常朊病毒蛋白(显示α螺旋)

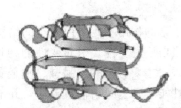

朊病毒(显示β折叠结构)

图 9-11 正常朊病毒蛋白和朊病毒空间结构的差异

三、蛋白质的重要性质

(一)蛋白质的两性解离和等电点

蛋白质分子既含有氨基等碱性基团,又含有羧基等酸性基团,所以蛋白质是两性电解质。蛋白质以兼性离子状态存在时溶液的 pH 称为该蛋白质的等电点 pI。利用蛋白质等电点不同这一特性,可通过电泳技术分离纯化蛋白质。

$$Pr\begin{matrix}NH_3^+\\COOH\end{matrix} \underset{H^+}{\overset{OH^-}{\rightleftharpoons}} Pr\begin{matrix}NH_3^+\\COO^-\end{matrix} \underset{H^+}{\overset{OH^-}{\rightleftharpoons}} Pr\begin{matrix}NH_2\\COO^-\end{matrix}$$

pH<pI   pH=pI   pH>pI

(二) 蛋白质的胶体性质

蛋白质溶液是高分子溶液，具有溶胶的基本性质和高分子溶液的特性。如蛋白质溶液具有丁达尔现象和电泳现象等，同时蛋白质溶液又较普通胶体溶液更稳定。

蛋白质分子颗粒很大，不能透过半透膜，因此可用不同孔径的半透膜来分离蛋白质，将蛋白质和其他小分子化合物分开，这种方法称为透析。动物体内的细胞膜、毛细血管壁、肾小球基膜等都属于半透膜。这有助于体内的各种蛋白质依其功能的不同而有规律地分布在血管内外及细胞内外。如肾小球基膜可阻止血液中大分子蛋白质的滤过，因而蛋白质不会随尿排出，患肾炎时，由于基膜受损，尿中可出现大量蛋白质。

维持蛋白质溶液稳定的主要因素是外周电荷和水化膜。如消除这两个因素，即破坏颗粒表面的水化膜、中和颗粒表面的电荷，就能使蛋白质从溶液中沉淀析出。

(三) 蛋白质的沉淀

使蛋白质自溶液中沉淀析出的现象，称为蛋白质的沉淀。蛋白质沉淀的方法常有以下几种。

1. 盐析

即向蛋白质溶液中加入大量中性盐如硫酸铵、硫酸钠、氯化钠等，可使蛋白质沉淀。盐析沉淀的蛋白质不发生变性。

2. 重金属盐沉淀蛋白质

当溶液 pH 大于 pI 时，蛋白质解离成阴离子，可与重金属离子如 Ag^+、Hg^{2+}、Cu^{2+}、Pb^{2+} 等结合，形成不溶性的蛋白质盐沉淀。

3. 生物碱试剂与某些酸沉淀蛋白质

当溶液 pH 小于 pI 时，蛋白质解离成阳离子，可与生物碱试剂如苦味酸、鞣酸、钨酸等以及某些酸，如三氯醋酸、磺酸水杨酸、硝酸等结合，形成不溶性的蛋白质盐沉淀。

4. 有机溶剂沉淀蛋白质

可与水混溶的有机溶剂如乙醇、甲醇、丙酮等，向蛋白质溶液中加入足量溶剂时可使蛋白质沉淀析出。常温下，有机溶剂沉淀蛋白质往往会引起变性。

(四) 蛋白质的变性

在某些理化因素的作用下，蛋白质空间结构被破坏，导致理化性质发生改变，生物活性丧失的现象称为蛋白质的变性。引起变性的物理因素主要有高温、高压、超声波、紫外线、X 射线等，化学因素主要有强酸、强碱、重金属离子、有机溶剂等。

蛋白质的变性实质是空间结构被破坏，并不涉及一级结构的改变。蛋白质变性后表现为溶解度降低、易被蛋白酶水解及生物活性丧失。

若蛋白质变性程度较轻，去除影响蛋白质变性的理化因素后，有些蛋白质仍可恢复其原有的空间结构和生物学活性，这称为复性；若完全变性，一般就不可逆转。

蛋白质的变性在临床上及日常生活中应用非常广泛。如应用乙醇、高温高压、紫外线照射等消毒灭菌；误服重金属盐醋酸铅、氯化汞等中毒者，可口服牛奶或生蛋清；在低温下制备或保存一些蛋白质生物制剂如酶、激素、疫苗等，是为了防止蛋白质变性从而有效保持其活性；蛋白质变性后易被蛋白酶水解，故煮熟的蛋白质容易被吸收。

(五) 蛋白质的颜色反应

1. 茚三酮反应

蛋白质分子与水合茚三酮发生反应，生成蓝紫色化合物。实践中常利用这一反应来检查蛋白质是否存在。

2. 双缩脲反应

蛋白质分子中的肽键（含两个以上肽键）在稀碱溶液中与硫酸铜共热，生成紫色或红色化合物。双缩脲反应是蛋白质肽键特有的反应，可用于蛋白质含量测定。

3. 福林-酚试剂反应

碱性条件下，蛋白质分子与酚试剂作用，生成蓝色化合物。可用于蛋白质定量测定。

四、蛋白质的生理功能

（一）维持组织细胞的生长、更新和修复

蛋白质是组织细胞的主要成分，机体生长发育及组织的更新必需合成大量的组织蛋白质，这是蛋白质最重要的生理功能，不能由糖和脂肪代替。

（二）参与多种重要的生理活动

酶、肽类激素、神经递质、抗体等生物活性物质都是蛋白质，它们参与体内多种重要的生理活动。此外，肌肉的收缩、血液的凝固、物质的运输、遗传、细胞信息的传递等都需蛋白质的参与。

（三）氧化供能

每克蛋白质在体内氧化分解可产生 17kJ 的能量，可见蛋白质也是体内的能源之一。但此功能可由糖和脂肪代替。

第三节 脂 类

脂类是油脂和类脂的总称，广泛存在于生物体内，是生物体的重要组成部分。这类化合物都不溶于水，易溶于有机溶剂。脂类是动物体内不可缺乏的物质，其最重要的生理功能是贮存能量和氧化供能，脂肪组织还有保护内脏器官，保持体温的作用。此外，类脂是生物膜的主要组成成分，胆固醇还是合成脂肪酸盐、维生素 D_3 及类固醇激素等的原料。

一、油脂

油脂是油和脂的总称。习惯上把常温下呈液态的称为油，呈固态或半固态的称为脂肪。油脂是由 1 分子甘油和 3 分子脂肪酸缩合而成的酯，医学上称为三酰甘油或甘油三酯（TG）。其通式为

$$\begin{array}{c} \qquad\qquad\qquad O \\ \qquad\qquad\qquad \| \\ \quad O\quad CH_2-O-C-R' \\ \| \qquad | \\ R''-C-O-CH\quad O \\ \qquad | \quad \| \\ \quad CH_2-O-C-R''' \end{array}$$

三酰甘油（甘油三酯）

式中，R'、R''、R''' 代表高级脂肪烃基，据三个烃基是否相同，可将油脂分为单甘油酯和混甘油酯。天然油脂大多为各种脂肪酸形成的混甘油酯的混合物。

组成油脂的高级脂肪酸种类很多，一般用俗名。组成油脂的常见脂肪酸参见表 9-2。其中饱和酸和油酸人体可以合成，而亚油酸、亚麻酸、花生四烯酸等不能由人和哺乳动物自身合成，必须从饮食中摄取，这类脂肪酸称为必需脂肪酸。必需脂肪酸不仅是构成磷脂、胆固醇酯和血浆脂蛋白的重要成分，还可以衍生成前列腺素、血栓素和白三烯等生物活性物质而参与细胞的代谢调节，并与炎症、过敏反应、免疫心血管疾病等病理过程有关。反刍动物瘤胃中的微生物能合成必需脂肪酸，不必由饲料专门供给。

表9-2　组成油脂的常见脂肪酸

名　　称	结构简式
月桂酸(十二酸)	$CH_3(CH_2)_{10}COOH$
软脂酸(十六酸)	$CH_3(CH_2)_{14}COOH$
硬脂酸(十八酸)	$CH_3(CH_2)_{16}COOH$
油酸(9-十八碳烯酸)	$CH_3(CH_2)_7CH=CH(CH_2)_7COOH$
亚油酸(9,12-十八碳二烯酸)	$CH_3(CH_2)_4CH=CHCH_2CH=CH(CH_2)_7COOH$
亚麻酸(9,12,15-十八碳三烯酸)	$CH_3(CH_2CH=CH)_3(CH_2)_7COOH$
花生四烯酸(5,8,11,14-二十碳四烯酸)	$CH_3(CH_2)_4(CH=CHCH_2)_4(CH_2)_2COOH$

二、类脂

类脂是指存在于生物体内，性质上类似油脂的一类化合物，包括磷脂、糖脂、蜡和甾体化合物等。这里主要介绍磷脂和甾体化合物。

（一）磷脂

磷脂是分子中含有磷酸酯类结构的脂类物质，广泛存在于动物的心、脑、肾、肝中。常见的有卵磷脂和脑磷脂两种。其结构如下：

$$\begin{array}{l} CH_2-O-\overset{O}{\overset{\|}{C}}-R' \\ CH-O-\overset{O}{\overset{\|}{C}}-R'' \\ CH_2-O-\overset{}{\underset{OH}{P}}-O-CH_2CH_2-N^+(CH_3)_3OH^- \end{array} \qquad \begin{array}{l} CH_2-O-\overset{O}{\overset{\|}{C}}-R' \\ CH-O-\overset{O}{\overset{\|}{C}}-R'' \\ CH_2-O-\overset{}{\underset{OH}{P}}-O-CH_2CH_2NH_2 \end{array}$$

　　　卵磷脂（磷脂酰胆碱）　　　　　　　　　脑磷脂（磷脂酰乙醇胺）

从结构式可以看出，卵磷脂和脑磷脂的分子中既含有亲水基团也含有疏水基团，因此它们是良好的乳化剂，在生物体内能使油脂乳化，从而有助于油脂的输送、消化和吸收。卵磷脂常用作抗脂肪肝的药物；脑磷脂与血液的凝固有关。

（二）甾体化合物

甾体化合物广泛存在于动植物体内，其独特的生物学性质对机体的生理作用有重要的意义。甾体化合物分子中含有一个叫甾环的四环碳骨架，环上一般带三个侧链，其通式为

以下介绍三种重要的甾体化合物。

1. 胆固醇（胆甾醇）

胆固醇最初从胆结石中得到，大多以脂肪酸酯的形式存在于动物的血液、脊髓、脑和神经组织中，鸡蛋的蛋黄中含量较高。胆固醇是生物膜的重要组成成分，在体内能转变为胆汁酸、维生素 D_3、类固醇激素等重要物质。

2. 胆汁酸

胆汁酸存在于动物的胆汁中，以胆汁酸的钠盐或钾盐形成存在，称为胆汁酸盐。胆汁酸具有乳化作用，能促进肠道中脂类的消化吸收。

3. 类固醇（甾类）激素

激素是一类能调节组织细胞代谢活动的生物活性物质，按其性质可分为含氮类激素和类

固醇激素。类固醇激素是指分子中含有甾体化合物母核结构的一类激素，能调节细胞代谢活动的生物活性物质。性激素和肾上腺皮质激素都属于类固醇激素。

习题

1. 选择题

(1) 下列化合物中既能水解又具有还原性的是（　　）。
A. 淀粉　　　B. 蔗糖　　　C. 麦芽糖　　　D. 果糖　　　E. 葡萄糖

(2) 动物体血液中的糖主要是（　　）。
A. 果糖　　　B. 核糖　　　C. 葡萄糖　　　D. 脱氧核糖

(3) 蛋白质的变性作用是由于（　　）。
A. 一级结构受到破坏　　　B. 溶液的 pH＝pI
C. 表面水化膜被破坏　　　D. 空间结构受到破坏

(4) 下列有关单糖的说法正确的是（　　）。
A. 具有甜味的有机物　　　B. 分子结构较简单的糖
C. 最简式为 $C_n(H_2O)_n$ 的有机物　　　D. 不能再水解为更简单的糖

(5) 油脂实质上属于（　　）。
A. 酯类　　　B. 羧酸类　　　C. 醇类　　　D. 酚类

(6) 油脂的结构通式中，R_1，R_2，R_3 不能代表（　　）。
A. —$C_{17}H_{35}$　　　B. —C_3H_7　　　C. —$C_{17}H_{33}$　　　D. —$C_{15}H_{31}$

(7) 农业上常用福尔马林浸制标本，其原理是使蛋白质（　　）。
A. 盐析　　　B. 沉淀　　　C. 变性　　　D. 水解

(8) 下列氨基酸中不是必需氨基酸的是（　　）。
A. 苯丙氨酸　　　B. 苏氨酸　　　C. 丙氨酸　　　D. 蛋氨酸

(9) 蛋白质沉淀后不能使其变性的是（　　）。
A. 盐析法　　　B. 有机溶剂法　　　C. 重金属盐法　　　D. 加热煮沸法

(10) 蛋白质所含元素与糖、脂肪不同的元素是（　　）。
A. C　　　B. H　　　C. O　　　D. N

(11) 组成蛋白质的氨基酸常见的有（　　）。
A. 30 种　　　B. 20 种　　　C. 鸟氨酸　　　D. 磷酸

(12) 某蛋白质在 pH＝8 的溶液中带负电荷，则该蛋白质的等电点 pI 为（　　）。
A. 大于 8　　　B. 小于 8　　　C. 等于 8　　　D. 等于 7

2. 是非题

(1) 单糖中，醛糖有醛基，有还原性；酮糖无醛基，无还原性。（　　）
(2) α-葡萄糖是构成淀粉、纤维素的基本单元。（　　）
(3) 所有单糖均能与斐林试剂发生反应。（　　）
(4) 蔗糖是葡萄糖和果糖脱水而形成的二糖，因此蔗糖也能与斐林试剂发生反应。（　　）
(5) 蛋白质盐析，因其空间结构未被破坏，所以不影响其生物活性。（　　）
(6) 牛奶可解除或能缓解重金属盐中毒。（　　）

3. 填空题

(1) 蛋白质完全水解的终产物是_____。
(2) 使蛋白质亲水胶体溶液稳定存在的两大因素是_____和_____。
(3) 油脂是_____和_____的总称，常将常温下呈液态的称为_____，呈固态的称为_____。它们在结构上可看作由_____和_____作用所生成的酯。
(4) 误服重金属盐醋酸铅、氯化汞等中毒者，可口服_____。
(5) 根据水解情况，可将糖类分为_____、_____和_____；按是否具有还原性，可将糖类分为_____和_____。血液中的葡萄糖称为_____。

4. 名词解释

单糖；寡糖；多糖；等电点；蛋白质的一级结构；蛋白质的变性。

5. 问答题

（1）糖类的生理功能有哪些？

（2）蛋白质的主要功能有哪些？举例说明蛋白质的结构与功能的关系。

（3）什么叫蛋白质的变性？变性的因素有哪些？

（4）脂类的生理功能有哪些？

第十章 酶与辅酶

本章学习目标

★ 了解酶的分类和命名，熟悉维生素的主要生理功能及缺乏症。
★ 熟悉酶的分子组成与催化特点。
★ 认识底物浓度、酶浓度、温度、pH、激活剂和抑制剂对酶促反应速率的影响。
★ 理解酶的结构特点和催化机制。

生命活动由一系列生物化学反应组成。没有酶，生物化学反应就不能发生，生命就无法维持。因此有人说，"没有酶，生命是无法想象的"。辅酶是酶分子的重要组成部分，没有辅酶，酶分子的结构就不完整，酶的功能就不能体现。

第一节 酶

一、概述

酶是由生物活细胞产生的，在体内、体外都具有催化活性的生物大分子。酶所催化的反应称为酶促反应，在酶促反应中被酶催化的物质称为底物，生成的物质称为产物。

（一）酶的特点

酶是生物催化剂，具有一般催化剂的共性，同时又具有生物催化剂的特点：①酶具有高度的催化效率；②高度的特异性；③反应条件温和；④酶易失活；⑤体内酶活性受调控。

（二）酶的分子组成

酶和其他蛋白质一样，根据其化学组成分为单纯酶和结合酶两类。

1. 单纯酶

分子中只含有氨基酸残基，不含非蛋白质成分。如脲酶、淀粉酶、核糖核酸酶等水解酶类。

2. 结合酶

由蛋白质部分和非蛋白质部分结合而成。如细胞色素氧化酶、乳酸脱氢酶等氧化还原酶类。

在结合酶分子中，蛋白质部分称为酶蛋白，非蛋白质部分称为辅助因子。

$$全酶 = 酶蛋白 + 辅助因子$$

结合酶的催化活性依赖于全酶的完整性。在酶促反应中，酶蛋白决定酶促反应的特异性，而辅助因子主要起传递氢、电子或某些化学基团的作用。

根据辅助因子与酶蛋白结合的牢固程度不同，可将辅助因子分为辅基和辅酶两类。辅基和辅酶二者并无严格界限。辅助因子一般为金属离子或小分子有机化合物。常见的金属离子如 K^+、Na^+、Mg^{2+}、Fe^{2+}、Fe^{3+} 等；小分子有机化合物如 NAD^+、FAD、FMN、铁卟啉等。

在大多数情况下，一种酶蛋白只能与一种辅助因子结合，组成全酶，而一种辅助因子却可以与多种酶蛋白结合,组成若干种全酶。因此,结合酶特异性由酶蛋白部分决定。

（三）酶的分类

国际酶学委员会 1961 年将所有酶按其催化反应的类型分为六大类。

1. 氧化还原酶类

催化底物进行氧化还原反应的酶类。如脱氢酶、氧化酶等。

2. 转移酶类

催化底物分子间功能基团转移的酶类。如谷丙转氨酶、甲基转移酶等。

3. 水解酶类

催化底物进行水解反应的酶类。如淀粉酶、蛋白酶、脂肪酶等。

4. 裂合酶类

催化从底物上移去一个基团而形成双键的反应或其逆反应的酶类。如醛缩酶、脱羧酶等。

5. 异构酶类

催化同分异构体之间相互转化的酶类。如异构酶、变位酶等。

6. 合成酶类

催化 2 分子的底物合成为 1 分子化合物,同时偶联有 ATP 的磷酸键断裂并释放能量的酶类。如 DNA 聚合酶、谷胱甘肽合成酶等。

（四）酶的命名

酶的命名有习惯命名法和系统命名法两种。

1. 习惯命名法

① 根据酶作用的底物命名,如淀粉酶、蛋白酶、脂肪酶等。

② 根据酶催化反应的性质命名,如水解酶、脱氢酶、转移酶等。

③ 综合底物、催化反应的性质和酶的来源命名,如乳酸脱氢酶、胃蛋白酶、唾液淀粉酶等。

2. 系统命名法

系统命名的组成是：底物名称（两种底物之间用冒号隔开）、反应性质和一个酶字。例如 "L-丙氨酸：α-酮戊二酸转氨酶"。

二、酶的结构特点和催化机制

（一）酶的结构特点

1. 酶的活性中心

酶是大分子化合物,具有特有的空间结构。酶催化化学反应时,并非整个酶分子与底物结合,仅在局部的小区域与底物作用。与酶活性密切相关的基团称为酶的必需基团（活性基团）。酶分子上必需基团相对集中并构成一定的空间构象区域,称为酶的活性中心,该区域与酶的活性直接相关。

酶的活性中心中与底物相结合的必需基团称为结合基团；促使底物发生化学变化的基团称为催化基团；在

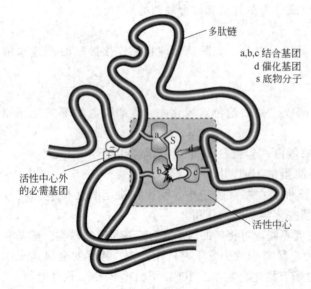

图 10-1 酶的活性中心示意图

酶的活性中心外也有些必需基团，是维持酶空间构象必需的称为酶活性中心外的必需基团，如图10-1所示。

2. 酶原与酶原激活

动物体内有些酶在细胞内合成或初分泌时，是一种没有催化活性的蛋白质，即酶的前体，称为酶原。在一定的条件下将酶原转变成有活性的酶的过程称为酶原激活。

酶原激活的实质是酶的活性中心形成或暴露的过程。例如胰蛋白酶原的激活。胰蛋白酶原到达小肠后，在Ca^{2+}存在下，受肠激酶的激活，脱去一个六肽（缬-天-天-天-天-赖）片段，使丝-组-甘-异亮-缬等氨基酸残基盘曲，酶分子构象发生改变，形成酶的活性中心，从而转变成有活性的胰蛋白酶。如图10-2所示。

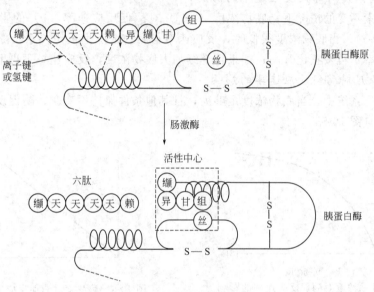

图10-2 胰蛋白酶激活示意图

酶原存在的生理意义就是保护自身组织和细胞不因酶的作用而被破坏，保证酶在特定的部位与环境发挥催化作用。

3. 变构酶

某些酶的分子表面除活性中心外，尚有调节部位，调节物结合到此部位时，引起酶分子构象发生改变，从而提高或降低酶的活性，这种效应称为变构效应。具有变构效应的酶称变构酶。能使酶产生变构效应的物质称为效应物，效应物一般是小分子有机化合物，有的是底物，有的不是底物。

（二）酶的催化机制

酶究竟以何种方式发挥作用，迄今尚未完全阐明，这里介绍一种诱导契合学说。

酶在催化某一化学反应时，酶先与底物结合，形成一些中间产物（ES，酶-底物复合物），中间产物不稳定，很快会分解成产物和原来的酶。

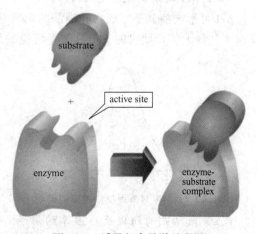

图10-3 诱导契合学说示意图

酶分子的活性中心结构原来并不与底物分子的结构吻合，但酶分子的活性中心有一定的柔性，当酶分子与底物分子接近时，酶蛋白受到底物的诱导，其构象发生有利于底物结合的变化，酶与底物互补契合，形成酶-底物复合物（中间产物），并使底物发生化学变化，这样就把原来能阈极高的一步反应（S→P），变成能阈极低的两步反应（S+E→ES和ES→E+P），反应的总结果是相同的。见图10-3。

三、影响酶促反应速率的因素

酶促反应很复杂，其速率受底物浓度、酶浓度、温度、pH、激活剂、抑制剂等因素的影响。酶促反应速率可用单位时间内底物的消耗量或产物的生成量来表示。

（一）底物浓度对酶促反应速率的影响

在其他因素不变的情况下，底物浓度（[S]）对酶促反应速率（v）的影响作用呈矩形双曲线（图10-4）。当底物浓度很低时，反应速率与底物浓度呈正比关系；随着底物浓度的增加，反应速率不再按正比升高；如果再继续加大底物浓度，反应速率不再上升。

（二）酶浓度对酶促反应速率的影响

在酶促反应系统中，当底物浓度足够大，且其他条件保持不变时，酶促反应速率与酶浓度成正比关系（图10-5）。

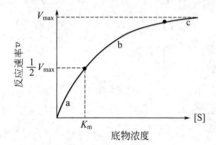

图10-4　底物浓度对酶促反应速率的影响

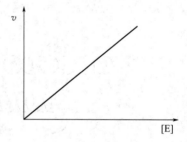

图10-5　酶浓度对酶促反应速率的影响

（三）温度对酶促反应速率的影响

温度对酶促反应速率的影响具有双重性。一方面，酶促反应速率随温度升高而加快；另一方面，因酶是蛋白质，温度过高，蛋白质变性速率加快，酶促反应速率降低。通常把酶促反应速率最大时的温度，称为酶作用的最适温度（图10-6）。

（四）pH对酶促反应速率的影响

pH可影响酶分子、底物和辅酶的解离状态，从而影响酶活性。在某一pH时，酶促反应速率达最大值，此时的pH称酶促反应的最适pH（图10-7）。

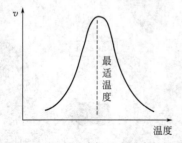

图10-6　温度对酶促反应速率的影响

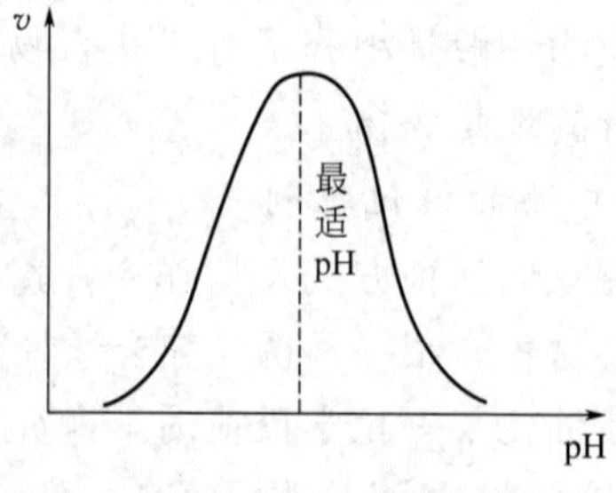

图10-7　pH对酶促反应速率的影响

（五）激活剂对酶促反应速率的影响

凡能提高酶活性的物质，均称为酶的激活剂。激活剂大多数为无机离子如K^+、Na^+、

Mg^{2+}、Zn^{2+}、Fe^{2+}、Cl^-等；少数为小分子有机化合物如半胱氨酸、还原型谷胱甘肽、维生素C等，以及一些大分子物质，如蛋白质等。

（六）抑制剂对酶促反应速率的影响

凡能改变酶分子中必需基团的化学性质，从而降低酶活性甚至使酶活性完全丧失的物质，叫做抑制剂（I），其作用称为抑制作用。

酶的抑制作用在医学上具有十分重要的意义。许多药物就是通过对体内某些酶的抑制来发挥治疗作用的。有些毒素中毒，实质上就是毒素对酶抑制的结果。抑制作用可分为不可逆性抑制与可逆性抑制两大类。

1. 不可逆性抑制作用

抑制剂与酶的某些必需基团以共价键结合，不能用透析、超滤等物理方法将其去除，这种抑制称为不可逆性抑制作用。

例如常见的有机磷杀虫剂（敌敌畏、敌百虫等）能特异地与胆碱酯酶活性中心丝氨酸残基上的羟基（—OH）结合，使酶失去活性，导致乙酰胆碱不能及时分解，积累过多引起胆碱能神经过度兴奋而中毒。

2. 可逆性抑制作用

抑制剂与酶分子的必需基团以非共价键结合，从而抑制酶活性。能用透析、超滤等物理方法将抑制剂去除，使酶活性得以恢复，这种抑制作用称为可逆性抑制作用。

可逆性抑制又分为竞争性抑制和非竞争性抑制。

（1）竞争性抑制 抑制剂（I）与底物（S）结构相似，与底物共同竞争同一酶的活性中心，使酶活性降低的抑制作用称为竞争性抑制。这种抑制作用的强弱取决于抑制剂与底物的相对浓度。当增加底物浓度时，可以减弱甚至解除这种抑制作用。例如磺胺类药物抑制细菌的生长繁殖。因为细菌不能利用环境中的叶酸，它体内的 FH_4 通过下列途径合成。

二氢蝶呤啶 + 对氨基苯甲酸(COOH-C6H4-NH2) + 谷氨酸 —二氢叶酸合成酶→ 二氢叶酸 → 四氢叶酸

↑抑制
磺胺类(H_2N-C6H4-SO_2NHR)

↑抑制
TMP

磺胺类药物与对氨基苯甲酸结构相似，抑制二氢叶酸合成酶活性，使细菌体内合成的 FH_4 减少，从而抑制了细菌的生长和繁殖。

（2）非竞争性抑制 抑制剂与酶活性中心外的必需基团结合，改变酶分子结构，从而影响酶与底物分子的结合，称为非竞争性抑制作用。抑制作用的强弱只取决于抑制剂的浓度。

图 10-8 为竞争性抑制与非竞争性抑制的示意图。

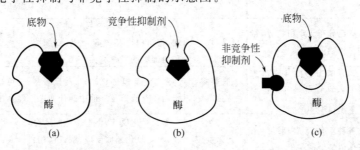

图 10-8 竞争性抑制与非竞争性抑制的作用机制

第二节 维生素与辅酶

维生素是高等动物维持正常生命活动所必需的一类小分子有机化合物。大多数维生素在体内不能合成或合成量极少，满足不了机体的需要，因此必须从外界环境中摄取。

维生素在体内不参与组织细胞结构的组成，也不是能源物质，不能氧化供能。它主要参与体内的物质代谢和能量代谢的调节过程，维持细胞正常生理功能。虽然机体每日对维生素的需要量极少，仅以毫克或微克计，但维生素一旦缺乏会引起机体代谢障碍，甚至引起维生素缺乏症。

维生素按其溶解性能不同，可分为水溶性维生素（包括 B 族维生素和维生素 C）和脂溶性维生素（包括维生素 A、维生素 D、维生素 E、维生素 K 等）两大类。

一、水溶性维生素

水溶性维生素易溶于水，易吸收，能随尿排出，一般不在体内积存，容易缺乏。B 族维生素的主要生理作用是构成辅助因子参与酶促反应而发挥对物质代谢的调节作用。维生素 C 为有机酸，容易氧化。表 10-1 归纳了主要水溶性维生素的来源、活性形式（构成的辅助因子）、主要生理功能及缺乏症等。

表 10-1 水溶性维生素的来源、活性形式、主要生理功能及缺乏症

名称	来源	辅基或辅酶	主要生理功能	缺乏症
维生素 B_1（硫胺素）	酵母、豆类、谷物外皮及胚芽、青绿饲料、干草	TPP^+	α-酮酸氧化脱羧酶的辅酶；抑制胆碱酯酶活性	神经系统代谢障碍，鸟类可出现多发性神经炎。胃肠道机能障碍
维生素 B_2（核黄素）	谷物外皮、油饼类、酵母、青贮饲料、青绿饲料、发酵饲料	FMN FAD	构成黄素酶的辅酶成分，参与生物氧化过程	幼畜生长停止、脱毛、出现神经症状等
维生素 B_3（泛酸）	麸皮、米糠、油饼类、胡萝卜、苜蓿	HSCoA	构成辅酶 A，参与体内酰基的转移反应	未发现缺乏症
维生素 B_5（V_{pp}）	谷物种皮、胚芽、花生饼、苜蓿，体内也能合成少量	NAD^+ $NADP^+$	构成脱氢酶的辅酶成分，参与生物氧化过程	癞皮病、角膜炎、神经和消化系统的障碍
维生素 B_6	谷物、豆类、酵母、种子外皮、禾本科植物	磷酸吡哆醛 磷酸吡哆胺	构成氨基酸脱羧酶和转氨酶的辅酶，参与氨基酸的分解代谢；构成 Ala 合酶的辅酶；参与血红素的合成	幼小动物生长缓慢或停止。血红蛋白过少性贫血，外周神经脱髓鞘、轴索变性
维生素 B_7（生物素）	广泛分布于动植物界	生物素	构成羧化酶的辅酶，参与体内 CO_2 的固定	一般不会出现缺乏症
维生素 B_{11}（叶酸）	广泛分布于动植物界，特别是植物的绿叶	FH_4	以 FH_4 的形式参与一碳单位代谢，与蛋白质和核酸合成、红细胞和白细胞的成熟有关	巨幼红细胞性贫血，白细胞减少，生长停止
维生素 B_{12}（氰钴素）	只有微生物能合成维生素 B_{12}；动物肝脏、肉、蛋白含量丰富的组织	5′-脱氧腺苷钴胺素	参加一碳基团代谢；参与核酸与蛋白质合成以及其他中间代谢	巨幼红细胞性贫血、神经系统损害
维生素 C（抗坏血酸）	各种新鲜蔬菜、水果、家畜体内能合成	抗坏血酸	参与羟化反应，促进细胞间质合成；参与氧化还原反应，解毒作用；促进小肠对铁的吸收	人、猴、豚鼠出现坏血症

二、脂溶性维生素

维生素 A、维生素 D、维生素 E、维生素 K 不溶于水而易溶于脂类溶剂，在食物中与脂类共存，并随脂类一起吸收。不易排泄，容易在体内积存（主要在肝脏和脂肪组织）引起中毒。脂类吸收不良者，脂溶性维生素的吸收也将受到影响，严重的可出现缺乏症。

脂溶性维生素参与一些生理活性分子的构成，表 10-2 归纳了 4 种脂溶性维生素的来源、活性形式、主要生理功能及缺乏症。

表 10-2 脂溶性维生素的来源、活性形式、主要生理功能及缺乏症

名称	来源	活性形式	主要生理功能	缺乏症
维生素 A	胡萝卜、甜菜、植物绿叶和青草、鱼肝油、蛋黄	11-顺视黄醛、视黄醇、视黄酸	参与视紫红质的合成；维持眼的暗视觉；保持上皮组织结构与功能健全；促进生长发育	夜盲症、干眼病、上皮组织角质化、牙齿发育不正常
维生素 D	家畜经日光照射在体内合成、鱼肝油、干草	钙化醇	促进钙磷吸收，调节钙磷代谢；促进骨盐代谢和骨的正常代谢	幼畜佝偻病，成畜软骨症
维生素 E	植物油、绿色植物、谷物种子	生育酚	抗氧化作用；维持生物膜结构与功能；维持生殖功能	不育症、肌肉萎缩、麻痹症、溶血性贫血
维生素 K	绿色植物、肠内细菌合成	2-甲基-1,4-萘醌	参与凝血因子 Ⅱ、Ⅶ、Ⅳ、Ⅹ 的合成	凝血时间延长，皮下、肌肉及胃肠道出血

习题

1. 填空题
(1) 结合酶由_____和_____两部分组成。
(2) 最适 pH 指_____。
(3) 酶的抑制作用主要有_____和_____两种类型。
(4) 维生素根据溶解性可分为_____和_____两大类。

2. 名词解释
酶；酶的活性中心；变构酶；竞争性抑制作用；维生素。

3. 简答题
(1) 酶促反应的特点是什么？
(2) 什么叫酶原，酶原激活的实质是什么？酶原存在的生理意义是什么？
(3) 怎样防止夜盲症、坏血病、脚气病、佝偻病？为什么？

第三部分 物质代谢

第十一章 糖代谢

本章学习目标

★ 掌握糖酵解，糖的有氧分解过程及其生理意义。
★ 熟悉糖原的分解和合成、血糖的来源和去路，掌握糖异生作用。
★ 了解磷酸戊糖途径，掌握磷酸戊糖途径的生理意义。

新陈代谢是生命活动的基本特征之一。动物的新陈代谢就是动物机体不断地和周围环境进行物质和能量交换，不断自我更新。新陈代谢的基本过程包括消化吸收、中间代谢和排泄三个阶段。本篇所讨论的代谢主要指的是中间代谢，包括合成代谢和分解代谢。

糖类是自然界分布最广的物质之一，糖类代谢为生物体提供了重要的能源和碳源。食物中的多糖消化后，主要以葡萄糖的形式被机体吸收，其他单糖如果糖、半乳糖、甘露糖等所占比例很小，且主要是通过葡萄糖途径代谢。因此，本章重点介绍葡萄糖在机体内的分解代谢和合成代谢。

第一节 糖的分解代谢

糖的分解代谢是生物体获得能量的主要方式。生物体中糖的分解代谢的途径有三条：无氧分解途径、有氧分解途径和磷酸戊糖途径。

一、糖的无氧分解

在动物细胞内，葡萄糖或糖原在无氧条件下分解为乳酸并释放能量的过程，称为无氧分解，也称糖酵解（EMP）途径。糖酵解在细胞液中进行。

（一）糖酵解的反应过程

糖酵解可分为2个阶段：葡萄糖分解成丙酮酸；丙酮酸还原生成乳酸。

1. 葡萄糖分解为2分子丙酮酸

（1）葡萄糖磷酸化成6-磷酸葡萄糖　葡萄糖由己糖激酶或葡萄糖激酶（肝）催化，生成6-磷酸葡萄糖，反应不可逆，消耗1分子ATP。

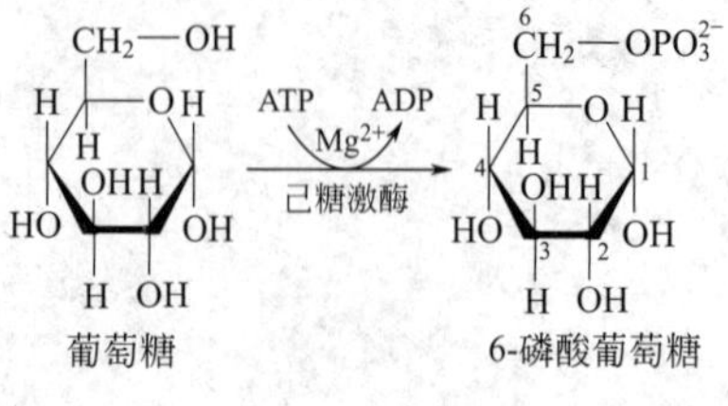

（2）6-磷酸果糖的生成　6-磷酸葡萄糖在磷酸己糖异构化酶催化下形成6-磷酸果糖，即醛糖转变为酮糖，需 Mg^{2+} 参与，反应可逆。

6-磷酸葡萄糖　　6-磷酸果糖

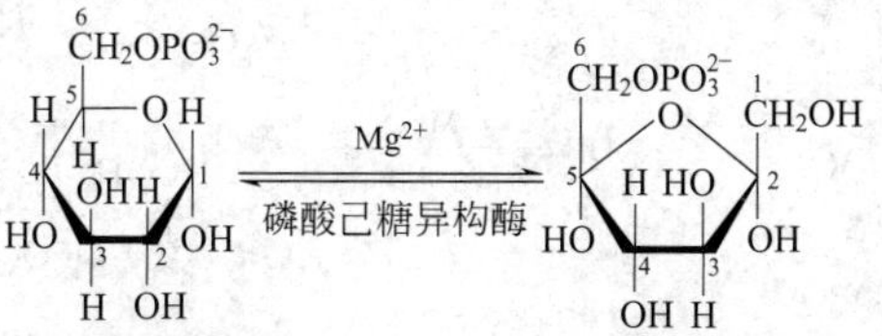

（3）1,6-二磷酸果糖的生成　6-磷酸果糖在磷酸果糖激酶催化下形成1,6-二磷酸果糖，反应不可逆，消耗1分子ATP。磷酸果糖激酶是糖酵解的关键酶，此酶的活力水平严格地控制着糖酵解的速率。

6-磷酸果糖　　1,6-二磷酸果糖

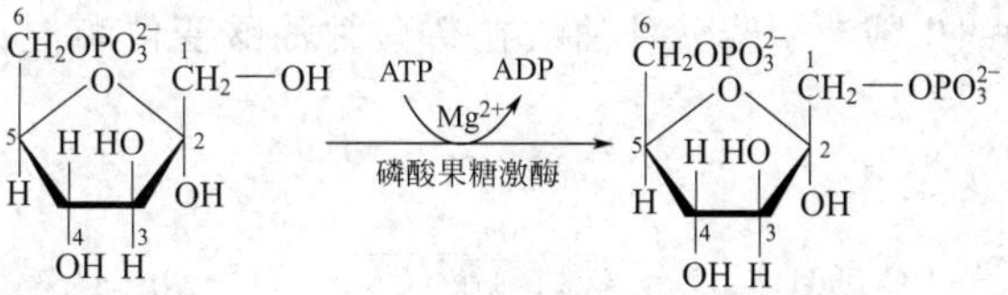

（4）1,6-二磷酸果糖的裂解　1,6-二磷酸果糖裂解为3-磷酸甘油醛和磷酸二羟丙酮，反应由醛缩酶催化。

1,6-二磷酸果糖　　3-磷酸甘油醛　磷酸二羟丙酮

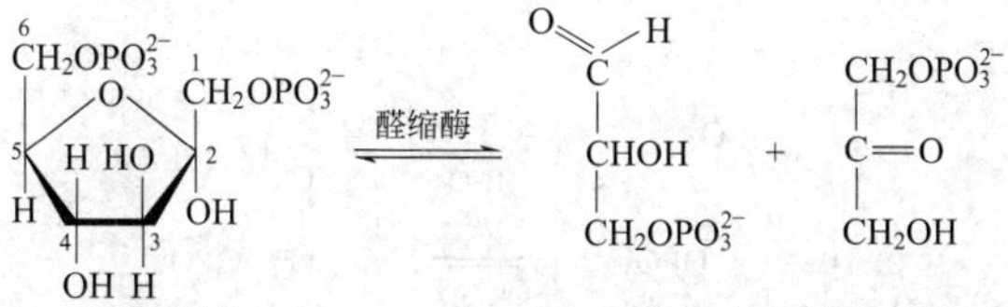

（5）三碳单位的同分异构化　磷酸二羟丙酮不能继续进入糖酵解途径，但它可以在磷酸丙糖异构酶的催化下迅速异构化为3-磷酸甘油醛，3-磷酸甘油醛可以直接进入糖酵解的后续反应。由于3-磷酸甘油醛有效地进入后续反应而不断被消耗利用，因此反应仍向右进行，所以1分子1,6-二磷酸果糖裂解后生成2分子3-磷酸甘油醛。

磷酸二羟丙酮　　3-磷酸甘油醛

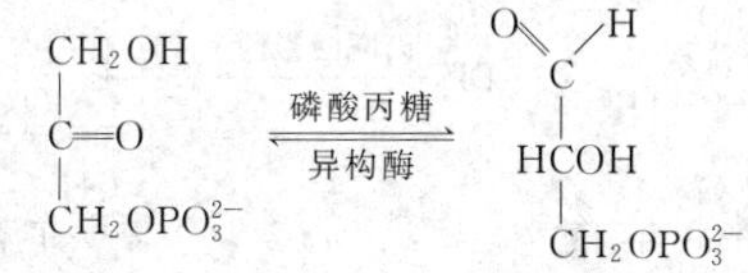

（6）1,3-二磷酸甘油酸的生成　3-磷酸甘油醛在3-磷酸甘油醛脱氢酶催化下，氧化脱氢，同时由无机磷酸提供磷酸基团进行磷酸化，生成1,3-二磷酸甘油酸。该反应是糖酵解中唯一的一次氧化还原反应。NADH＋H^+ 在无氧条件下，将用于丙酮酸的还原，在有氧条件下可进入呼吸链氧化。

3-磷酸甘油醛　　1,3-二磷酸甘油酸

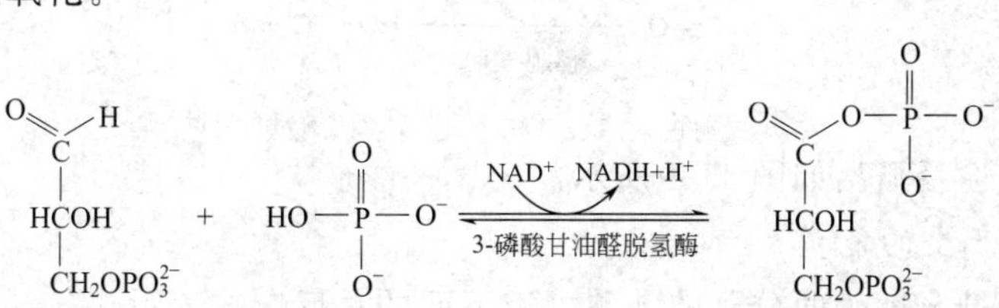

（7）3-磷酸甘油酸的生成　1,3-二磷酸甘油酸在磷酸甘油酸激酶催化下生成3-磷酸甘油酸和ATP。

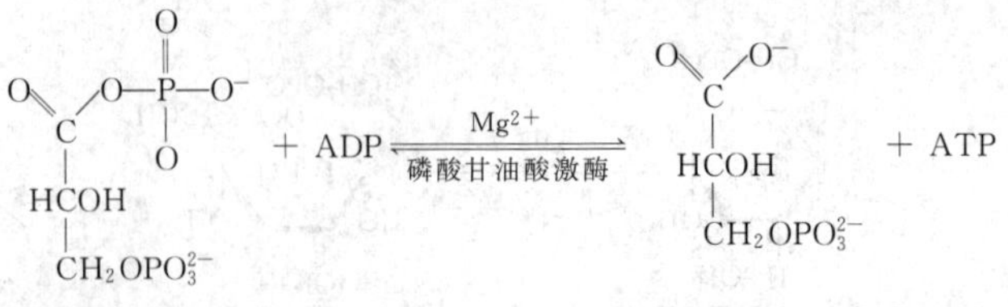

1,3-二磷酸甘油酸　　3-磷酸甘油酸

这是糖酵解中第一次产生ATP的反应，1,3-二磷酸甘油酸将其高能磷酸基团直接转移给ADP生成ATP。它是由高能化合物直接将高能键中贮存的能量传递给ADP，使ADP磷酸化生成ATP，称为底物水平磷酸化。

（8）2-磷酸甘油酸的生成　3-磷酸甘油酸在磷酸甘油酸变位酶催化下，磷酸基移位形成2-磷酸甘油酸。

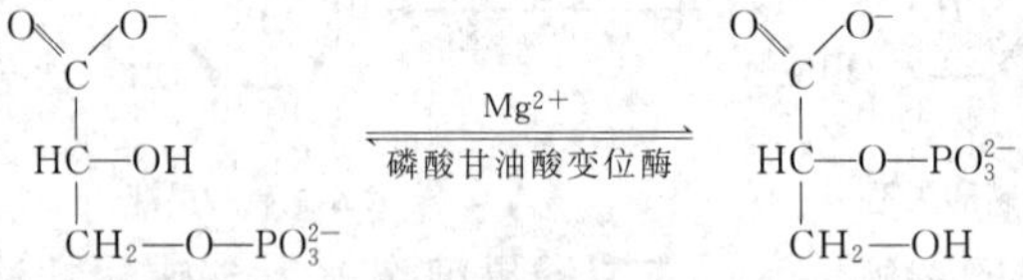

3-磷酸甘油酸　　2-磷酸甘油酸

（9）磷酸烯醇式丙酮酸的生成　2-磷酸甘油酸在烯醇化酶催化下，脱去1分子水，生成磷酸烯醇式丙酮酸（PEP）。

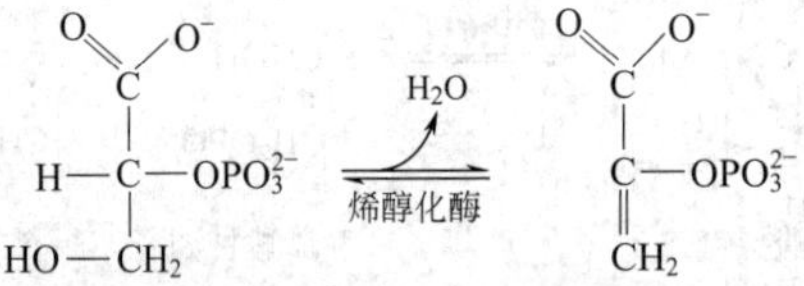

2-磷酸甘油酸　　磷酸烯醇式丙酮酸

（10）丙酮酸的生成　磷酸烯醇式丙酮酸在丙酮酸激酶催化下将磷酸基团转移到ADP上，生成烯醇式丙酮酸和ATP。烯醇式丙酮酸很不稳定，迅速重排形成丙酮酸，反应不可逆。这是糖酵解过程中第二次产生ATP的反应，ATP的生成方式也是底物水平磷酸化。

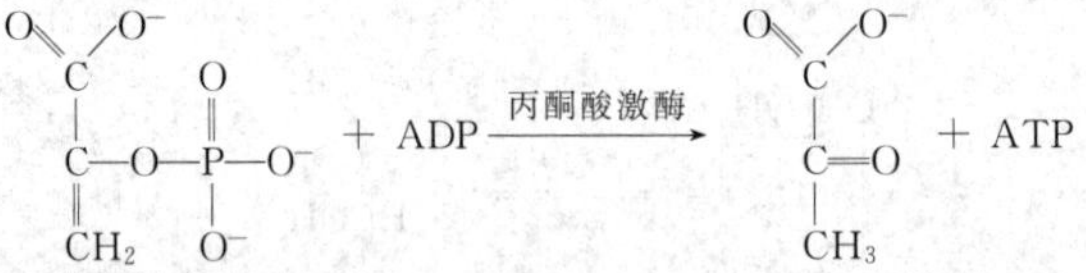

磷酸烯醇式丙酮酸　　丙酮酸

2. 丙酮酸还原生成乳酸

无氧条件下，丙酮酸在乳酸脱氢酶催化下，加氢还原为乳酸，所需的NADH＋H^+是3-磷酸甘油醛脱氢反应中产生的，反应可逆。

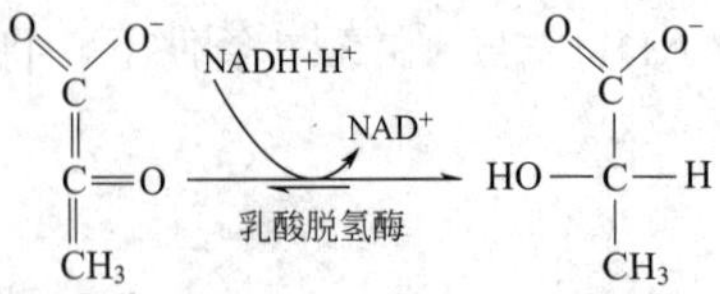

丙酮酸　　乳酸

糖酵解的反应途径概括如图11-1所示。

（二）糖酵解产生的能量

由1分子葡萄糖分解为两分子的乳酸可用下面的总反应式表示。

$$\text{葡萄糖}+2Pi+2ADP \longrightarrow 2\,\text{乳酸}+2ATP+2H_2O$$

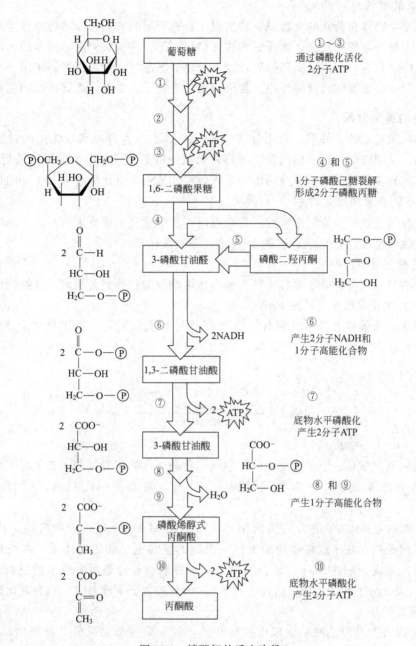

图 11-1 糖酵解的反应途径

从反应式中可知,从葡萄糖降解生成乳酸的过程,净产生 2 分子 ATP。在酵解过程中,ATP 的消耗和产生可用表 11-1 表示。

表 11-1 葡萄糖酵解中 ATP 的消耗和产生

反 应	每一分子葡萄糖 ATP 的变化
葡萄糖→6-磷酸葡萄糖	−1
6-磷酸果糖→1,6-二磷酸果糖	−1
2 分子 1,3-二磷酸甘油酸→2 分子 3-磷酸甘油酸	+2
2 分子磷酸烯醇式丙酮酸→2 分子丙酮酸	+2

(三) 糖酵解的生理意义

糖酵解是生物体在特殊的生理或病理情况下补充能量的方式。如动物剧烈运动，机体所需能量增多，糖分解速率加快，造成氧的相对供应不足，这时肌肉活动所需的一部分能量就由糖酵解供应。休克时，由于循环障碍造成组织供氧不足，也会加强酵解作用。某些组织即使在有氧情况下，也要进行酵解作用。如视网膜、肾髓质、睾丸、成熟的红细胞等组织。

二、糖的有氧分解

葡萄糖在氧充足的条件下，氧化分解生成 CO_2、H_2O 及释放大量能量的过程，称为糖的有氧分解，又叫有氧氧化。糖的有氧分解是无氧分解的继续，在生成丙酮酸后开始分歧。无氧时丙酮酸转变为乳酸，有氧时丙酮酸进入线粒体进一步氧化分解为 CO_2 和 H_2O。

(一) 有氧分解的反应过程

糖有氧分解大致可分为三个阶段：葡萄糖沿糖酵解途径分解成丙酮酸；丙酮酸进入线粒体内，氧化脱羧生成乙酰CoA；乙酰CoA进入三羧酸循环。

1. 葡萄糖分解成丙酮酸

这一阶段的反应与糖酵解途径中葡萄糖生成丙酮酸的过程完全相同，在细胞液中进行。

2. 丙酮酸氧化脱羧生成乙酰CoA

丙酮酸在有氧条件下进入线粒体，由丙酮酸脱氢酶系催化，氧化脱羧生成乙酰CoA。反应过程不可逆。

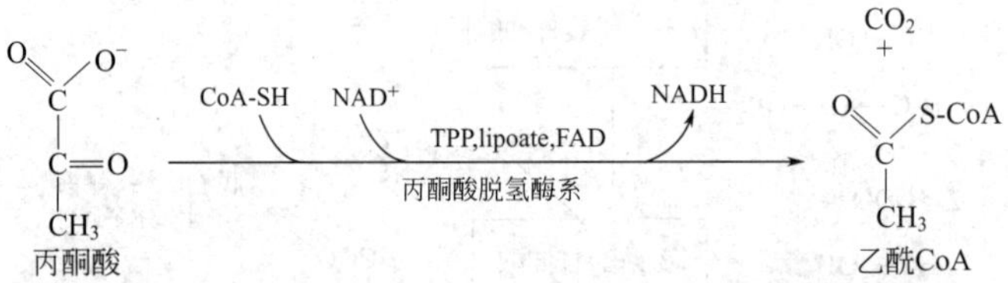

丙酮酸脱氢酶系是一个多酶复合体。包括三种酶（丙酮酸脱氢酶、二氢硫辛酸乙酰转移酶和二氢硫辛酸脱氢酶）和六种辅助因子（TPP、硫辛酸、HSCoA、FAD、NAD^+ 和 Mg^{2+}）。

反应生成的乙酰CoA进入三羧酸循环，而 $NADH+H^+$ 则进入呼吸链，产生3分子ATP。呼吸链是指存在于线粒体内膜上的一系列的氢和电子的传递体系。在线粒体中，代谢物脱氢后，生成 $NADH+H^+$（或 $FADH_2$），经呼吸链传递最后生成水的过程中伴随有3分子ATP（或2分子）的生成，这是生物体内ATP的主要生成方式，称为氧化磷酸化。

3. 三羧酸循环

由乙酰CoA与草酰乙酸缩合成柠檬酸开始，经一系列酶促反应又重新生成草酰乙酸，这个循环途径的第一个产物是柠檬酸，所以称为柠檬酸循环，又称为三羧酸循环，它是由雷布斯（Krebs）用实验证明的，因此也称Krebs循环。

(1) 三羧酸循环的反应过程

① 柠檬酸合成。它是循环的起始步骤，乙酰CoA与草酰乙酸在柠檬酸合成酶的催化下首先缩合为柠檬酸。

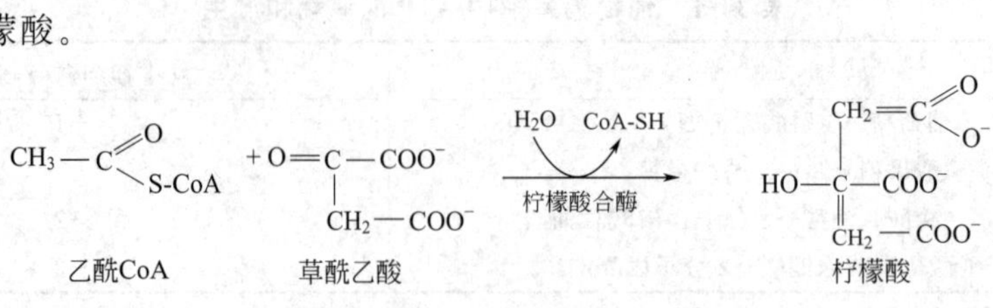

② 异柠檬酸生成。柠檬酸脱水生成顺乌头酸，再加水生成异柠檬酸。反应由顺乌头酸酶催化。

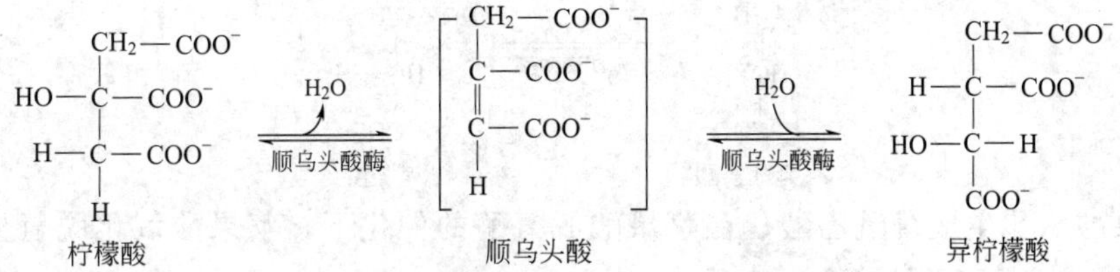

③ 异柠檬酸氧化脱羧生成 α-酮戊二酸。在异柠檬酸脱氢酶的催化下，异柠檬酸脱氢氧化为草酰琥珀酸，草酰琥珀酸是一个不稳定的 β-酮酸，迅速脱羧生成 α-酮戊二酸。产生 1 分子 NADH+H$^+$ 和 1 分子 CO_2。

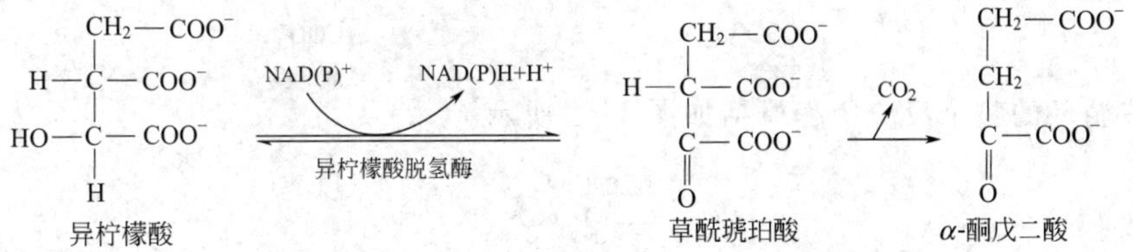

④ α-酮戊二酸氧化脱羧生成琥珀酰 CoA。在 α-酮戊二酸脱氢酶系催化下，α-酮戊二酸氧化脱羧生成琥珀酰 CoA。该步反应释放出大量能量，为不可逆反应，产生 1 分子 NADH+H$^+$ 和 1 分子 CO_2。

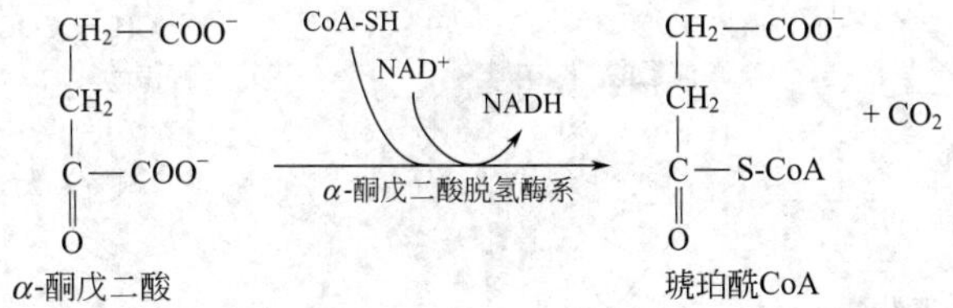

⑤ 琥珀酰 CoA 生成琥珀酸。琥珀酰 CoA 中含有一个高能硫酯键，是高能化合物，在琥珀酸硫激酶催化下，高能硫酯键水解释放的能量使 GDP 磷酸化生成 GTP，同时生成琥珀酸。

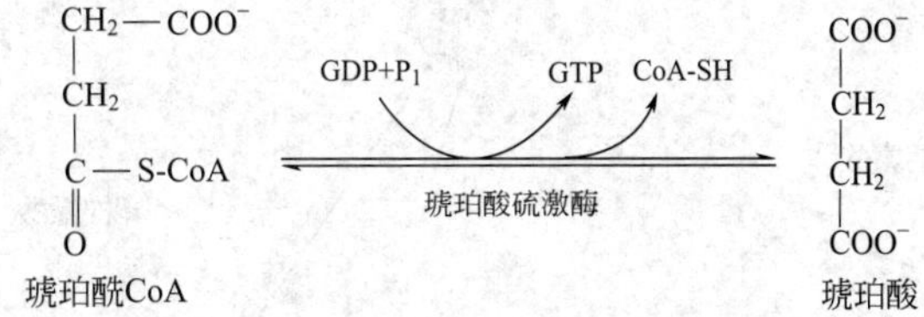

GTP 很容易将磷酸基团转移给 ADP 形成 ATP。这是三羧酸循环中唯一的底物水平磷酸化反应。

$$GTP+ADP \longrightarrow GDP+ATP$$

⑥ 琥珀酸氧化生成延胡索酸。在琥珀酸脱氢酶的催化下，琥珀酸氧化脱氢生成延胡索酸，并产生 1 分子 $FADH_2$。

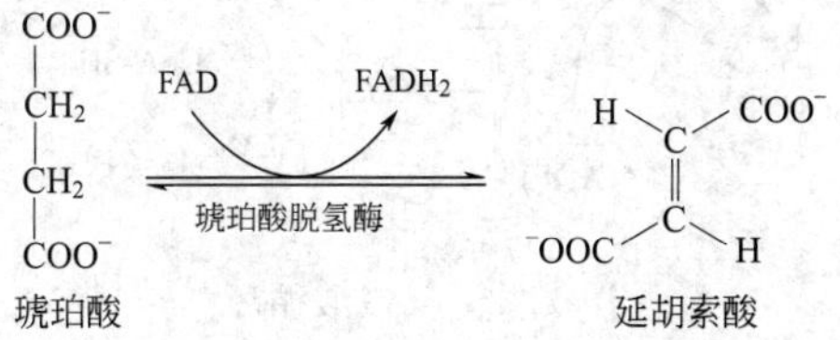

⑦ 延胡索酸加水生成苹果酸。在延胡索酸酶的催化下，延胡索酸加水生成苹果酸。

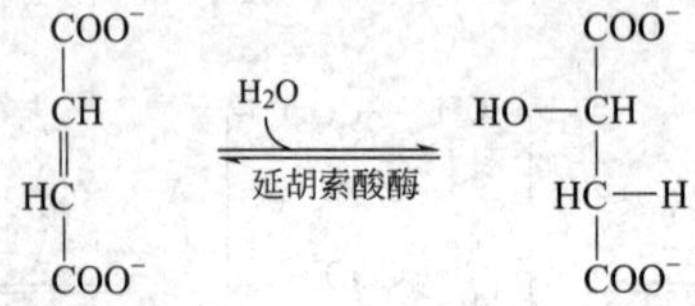

延胡索酸　　苹果酸

⑧ 苹果酸氧化生成草酰乙酸。在苹果酸脱氢酶的催化下，苹果酸氧化脱氢生成草酰乙酸，并产生 1 分子 $NADH+H^+$。

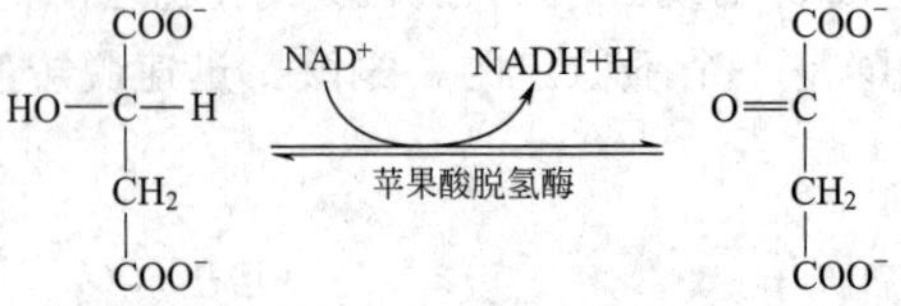

苹果酸　　草酰乙酸

三羧酸循环的整个反应历程概括如图 11-2 所示。

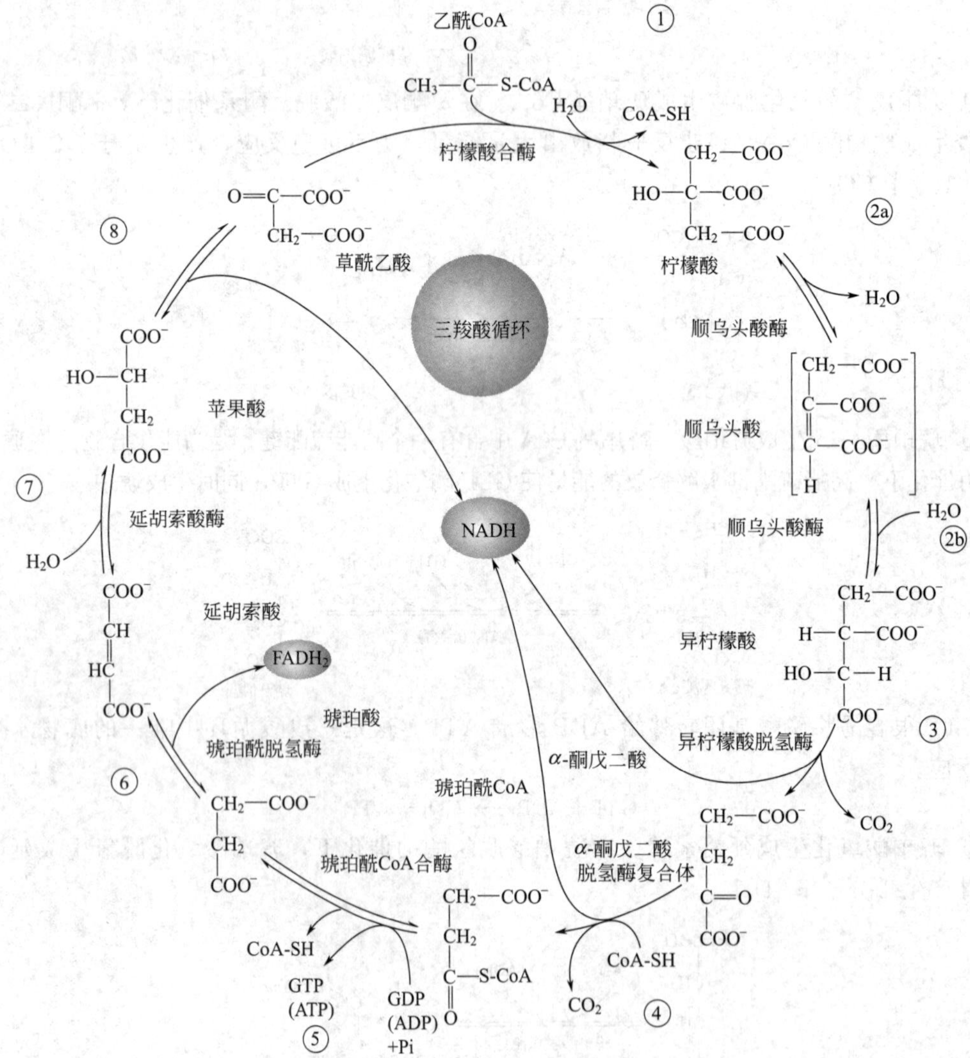

图 11-2　三羧酸循环

(2) 三羧酸循环的特点　三羧酸循环在线粒体中进行；循环中消耗了 2 分子 H_2O，1 分子用于生成柠檬酸，另 1 分子用于延胡索酸的水合作用；循环中共有 4 对 H 离开，其中 3 对 H 经 NADH 呼吸链传递，1 对 H 经 $FADH_2$ 呼吸链传递；整个循环共生成 12 分子 ATP。

三羧酸循环虽然许多反应是可逆的，少数反应不可逆，故三羧酸循环只能按单方向进行。

（二）有氧分解产生的能量

葡萄糖彻底氧化分解释放的能量如表 11-2 所示。

表 11-2　葡萄糖有氧分解产生的 ATP 数目

反应阶段	反　　应	消耗	ATP 的消耗与合成		净得
			合　　成		
			底物磷酸化	氧化磷酸化	
糖酵解	葡萄糖→6-磷酸葡萄糖	1			−1
	6-磷酸果糖→1,6-二磷酸果糖	1			−1
	3-磷酸甘油醛→1,3-二磷酸甘油酸			2×2*（2×3）	+4 或 +6
	1,3-二磷酸甘油酸→3-磷酸甘油酸		1×2		+2
	磷酸烯醇式丙酮酸→丙酮酸		1×2		+2
丙酮酸氧化脱羧	丙酮酸→乙酰 CoA			2×3	+6
三羧酸循环	异柠檬酸→α-戊酮二酸			2×3	+6
	α-戊酮二酸→琥珀酰 CoA			2×3	+6
	琥珀酰 CoA→琥珀酸		1×2		+2
	琥珀酸→延胡索酸			2×2	+4
	苹果酸→草酰乙酸			2×3	+6
总　　计					36* 或 38

* 神经、肌肉胞液中产生的 $NADH+H^+$ 经穿梭作用将氢交给 FAD 生成 $FADH_2$ 进入呼吸链，肝脏、心肌胞液中产生的 $NADH+H^+$ 经穿梭作用将氢交给 NAD^+ 生成 $NADH+H^+$ 进入呼吸链。

（三）有氧分解的生理意义

糖的有氧分解是生物体利用糖获取能量最有效的方式。

三羧酸循环是糖、脂肪和氨基酸在细胞内氧化供能的共同途径；为机体提供能量；是糖、脂肪和蛋白质三大物质相互转化的枢纽；在细胞生长发育期间，三羧酸循环可提供多种化合物如氨基酸、脂肪酸等合成时所需的碳骨架。

三、磷酸戊糖途径

糖酵解和有氧分解不是生物体内糖分解代谢的唯一途径，还存在其他途径，如磷酸戊糖途径就是另一个重要途径。磷酸戊糖途径是 6 个 C 的葡萄糖直接氧化为 5 个 C 的戊糖，并且释放出 1 分子 CO_2 的过程，也称磷酸戊糖支路或旁路。磷酸戊糖途径在细胞液中进行。

（一）磷酸戊糖途径的反应过程

反应从 6-磷酸葡萄糖开始，从图 11-3 中可以清楚看到其反应过程。

① 6-磷酸葡萄糖可被直接脱氢，并经过两步脱氢氧化分解为戊糖和 CO_2。

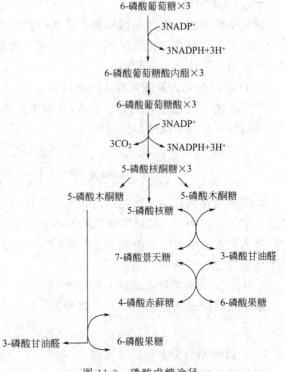

图 11-3　磷酸戊糖途径

② 反应分别由6-磷酸葡萄糖脱氢酶、内酯酶、6-磷酸葡萄糖酸脱氢酶催化。其中两个脱氢酶所需的辅助因子是 $NADP^+$，产生2分子 $NADPH+H^+$。

③ 自5-磷酸核酮糖开始，经过异构化、转酮反应和转醛反应，使糖分子重新组合，最终形成6-磷酸果糖、3-磷酸甘油醛等糖酵解的中间产物。

（二）磷酸戊糖途径的生理意义

1. 反应中生成5-磷酸核糖

5-磷酸核糖为核苷酸、核酸的合成提供原料。

2. 反应中产生 NADPH

作为供氢体，参与生物合成反应，如脂肪酸、类固醇等生物合成；参与体内羟化反应，如一些药物、毒物在肝脏中的生物转化作用等；是谷胱甘肽还原酶的辅酶，能使氧化型谷胱甘肽还原为还原型谷胱甘肽，后者对保护巯基酶的活性和维持细胞完整与稳定非常重要。

3. 三途径的交叉点是3-磷酸甘油醛

当糖分解代谢过程中任一途径受阻时均可进入另一途径继续进行分解代谢。

第二节　糖异生作用

由非糖物质生成葡萄糖的过程，称为糖异生作用。在生理情况下，肝脏是糖异生作用的主要场所，占90%，其次是肾脏，约占10%。在酸中毒和饥饿时，肾脏的糖异生作用加强。

生物体内发生糖异生作用的主要物质有乳酸、甘油、丙酸、生糖氨基酸和三羧酸循环的中间产物等，虽然它们异生成糖的途径有差异，但都是转变为糖代谢的某一中间产物，然后再转变成糖。下面以乳酸为例介绍糖异生作用。

一、糖异生作用的过程

糖异生作用绝大多数是糖酵解途径的逆转反应，但糖酵解过程中由己糖激酶、磷酸果糖激酶和丙酮酸激酶所催化的三步反应不可逆，因此在糖异生作用中需要通过其他的酶或另外的途径逾越这三步不可逆反应。

1. 丙酮酸转化为磷酸烯醇式丙酮酸

丙酮酸进入线粒体消耗1分子 ATP 被羧化为草酰乙酸，再由草酰乙酸消耗1分子 GTP 脱羧并磷酸化生成磷酸烯醇式丙酮酸。

$$丙酮酸+CO_2+ATP+H_2O \xrightarrow{丙酮酸羧化酶} 草酰乙酸+ADP+Pi+2H^+ （线粒体）$$

$$草酰乙酸+GTP \xrightarrow{磷酸烯醇式丙酮酸羧激酶} 磷酸烯醇式丙酮酸+GDP+CO_2 （细胞液）$$

丙酮酸羧化酶存在于线粒体内，糖异生作用的其他酶存在于胞液中。由于草酰乙酸不能穿过线粒体膜，因此生成的草酰乙酸被苹果酸脱氢酶还原为苹果酸，苹果酸被载体运过线粒体膜进入胞液。苹果酸在胞液中经苹果酸脱氢酶催化再生成草酰乙酸进行上述第二个反应。两步反应的总和可见图11-4。

2. 1,6-二磷酸果糖水解成6-磷酸果糖

催化此反应的酶是果糖-1,6-二磷酸酶。

$$1,6-二磷酸果糖+H_2O \xrightarrow{果糖-1,6-二磷酸酶} 6-磷酸果糖$$

3. 6-磷酸葡萄糖水解成葡萄糖

催化此反应的酶是葡萄糖-6-磷酸酶。

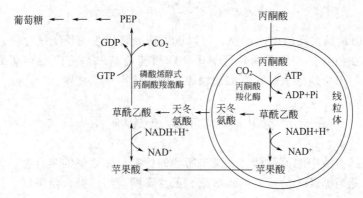

图 11-4 丙酮酸羧化过程

$$6\text{-磷酸葡萄糖} + H_2O \xrightarrow{\text{葡萄糖-6-磷酸酶}} \text{葡萄糖}$$

至此，可把糖酵解与糖异生作用的比较归纳为表 11-3。

表 11-3　糖酵解和糖异生反应中的酶的差异

糖 酵 解	糖异生作用
己糖激酶	葡萄糖-6-磷酸酶
磷酸果糖激酶	果糖-1,6-二磷酸酶
丙酮酸激酶	丙酮酸羧化酶、磷酸烯醇式丙酮酸羧激酶

二、糖异生作用的生理意义

1. 维持血糖恒定

动物在饥饿状态或糖摄入量不足时，依靠糖异生作用提供葡萄糖以维持血糖的正常浓度。而草食动物等体内的糖主要靠糖异生作用提供。

2. 清除产生的大量乳酸

动物机体通过糖酵解产生的乳酸经血液循环运至肝脏，通过糖异生作用转变为糖，从而避免因乳酸过多引起酸中毒。

第三节　糖原的合成与分解

一、糖原的合成

糖原（G_n）是许多葡萄糖分子彼此以糖苷键连接而成的具有分支的多糖。这里介绍糖原的合成是指在原有糖原上增加一个葡萄糖分子的过程，如图 11-5 所示，包括 5 步反应。

二、糖原的分解

糖原分解与糖原合成的途径不同。

糖原在磷酸化酶催化作用下产生 1-磷酸葡萄糖。此外，糖原分解产物还有少量游离葡萄糖。

$$\text{糖原}(G_n) \xrightarrow[\text{磷酸化酶}]{H_3PO_4} \text{糖原}(G_{n-1}) + \text{1-磷酸葡萄糖}$$

1-磷酸葡萄糖在磷酸葡萄糖变位酶作用下转变为 6-磷酸葡萄糖，反应可逆。

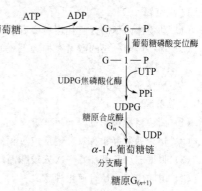

图 11-5　糖原的合成过程

$$1\text{-磷酸葡萄糖} \xrightleftharpoons[\text{变位酶}]{\text{磷酸葡萄糖}} 6\text{-磷酸葡萄糖}$$

6-磷酸葡萄糖是糖代谢的中间产物，可以进入糖分解代谢途径继续分解，为机体提供能量。在肝脏中存在葡萄糖-6-磷酸酶，可催化 6-磷酸葡萄糖水解为磷酸和葡萄糖，是血糖的来源之一。肌肉组织中缺乏该酶，所以肌糖原分解不能产生葡萄糖。

第四节　血糖及其调节

血糖主要是指血液中的葡萄糖。血液中所含的糖类，除微量的半乳糖、果糖及其磷酸酯外，几乎全部是葡萄糖及少量葡萄糖磷酸酯。虽然不同动物血糖含量不同，但对每一种动物来说，血糖浓度是恒定的。血糖浓度的恒定具有重要意义，比如人的脑组织几乎完全依靠葡萄糖供能进行神经活动，血糖供应不足会使神经功能受损。而血糖浓度的相对恒定，是通过神经、激素调节血糖的来源和去路而达到。

一、血糖的来源和去路

1. 血糖的来源

食物中的糖是血糖的主要来源；肝糖原分解是空腹时血糖的直接来源；非糖物质如甘油、乳酸及生糖氨基酸通过糖异生作用生成葡萄糖，是长期饥饿时血糖的来源。

2. 血糖的去路

在各组织中氧化分解提供能量，这是血糖的主要去路；在肝脏、肌肉等组织合成糖原；转变为其他糖及其衍生物，如核糖、氨基糖和糖醛酸等；转变为非糖物质，如脂肪、非必需氨基酸等；血糖浓度过高时，由尿液排出。血糖浓度大于 $8.88\sim9.99\text{mmol}\cdot\text{L}^{-1}$，超过肾小管重吸收能力，出现糖尿。糖尿在病理情况下出现，常见于糖尿病患者。

二、激素对血糖浓度的调节

激素对血糖的调节作用是在神经系统的控制下，通过调节糖代谢途径实现的。主要的激素有胰岛素、胰高血糖素、肾上腺素和肾上腺皮质激素。胰岛素的作用是促进糖原合成，抑制肝糖原的分解，同时使糖的分解和转化加强，是机体内降低血糖的激素。胰高血糖素、肾上腺素和肾上腺皮质激素都是升糖激素，有促进糖原分解，抑制糖原合成和促进糖异生作用。在它们的协调作用下，使不断变化的血糖浓度维持相对恒定。

习题

1. 填空题

(1) 动物体内糖的分解代谢主要有_____、_____和_____三种途径。

(2) 动物体内分泌的激素在神经系统的控制下，调节血糖浓度，其中_____可使血糖浓度降低。

2. 名词解释

三羧酸循环；糖异生作用。

3. 简答题

(1) 简述糖酵解的过程和生理意义。

(2) 比较糖酵解和有氧分解反应过程的异同。

(3) 根据三羧酸循环。一次三羧酸循环能产生多少 ATP？

(4) 磷酸戊糖途径有何生理意义？

第十二章 脂类代谢

本章学习目标

★ 熟悉脂肪贮存、动员和运输。
★ 熟悉脂肪的分解代谢和合成代谢的过程,了解胆固醇合成的基本过程。
★ 掌握脂肪酸 β-氧化过程、酮体的概念及其生理意义。

第一节 概　　述

一、脂肪贮存

动物体所有组织都能贮存脂肪,但主要贮存在脂肪组织中,因此脂肪组织被称为脂库。不同种类的动物,由于食物的来源、环境条件、生活习惯等不同,贮存脂肪的性质也不同。但是长期饲喂同样类型的食物时,也能改变贮脂的性质。

二、脂肪动员

脂肪从脂库中释放出来,即脂库中部分脂肪水解成甘油和游离的脂肪酸,释放入血液,被其他组织氧化利用,称为脂肪动员。动员强度可以按照机体的生理需要进行调整。例如,动物饱饲后,贮存脂肪有所增加;饥饿或患慢性消耗性疾病时脂肪动员加快。正常情况,机体在胰岛素和胰高血糖素作用下,脂肪的贮存和动员是动态平衡的,并处于不断的更新中。

三、脂类的运输

(一) 血脂和血浆脂蛋白

血浆中所含的脂类通称"血脂"。血脂包括脂肪、磷脂、胆固醇及其酯和游离脂肪酸。来源有内源性和外源性。血脂的种类和含量随动物品种、年龄、性别、饲养状况不同而变动范围较大。

(二) 血浆脂蛋白

脂类不溶于水,要与血浆中的蛋白质结合才能被运输。除游离脂肪酸与血浆清蛋白结合成复合物运输外,其他的脂类都以血浆脂蛋白的形式运输。血浆脂蛋白的结构如图 12-1 所示。

(三) 血浆脂蛋白的分类和主要生理功能

根据各类血浆脂蛋白中脂类和蛋白质所占比例不同,将血浆脂蛋白以其密度由小到大分为乳糜微粒(CM)、极低密度脂蛋白(VLDL)、低密度脂蛋白(LDL)和高密度脂蛋白(HDL)四类。

血浆脂蛋白是脂类的运输形式,由于各种血浆脂蛋白的组成不相同,它们的生理功能也各不相同,如表 12-1 所示。

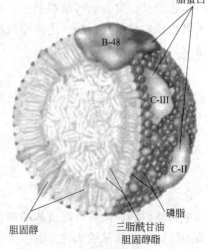

图 12-1　血浆脂蛋白的结构

表 12-1　血浆脂蛋白的分类、组成和主要功能

密度分类法	化学组成				合成部位	主要生理功能
	蛋白质	脂肪	胆固醇	磷脂		
乳糜微粒（CM）	0.5~2	80~95	1~4	5~7	小肠黏膜细胞	转运外源性脂肪至脂肪组织和肝脏
极低密度脂蛋白（VLDL）	5~10	50~70	10~15	10~15	肝细胞	转运内源性脂肪，从肝脏运到其他组织
低密度脂蛋白（LDL）	20~25	10	45~50	20	血浆	转运内源性胆固醇，从肝脏运到其他组织
高密度脂蛋白（HDL）	45~50	5	20	25	肝、肠、血浆	转运磷脂和胆固醇至肝脏

第二节　脂肪代谢

一、脂肪的分解代谢

（一）脂肪的水解

体内各组织细胞（成熟的红细胞除外）都能氧化分解脂肪，脂肪分解时先在脂肪酶的催化下水解成甘油和脂肪酸，如图 12-2 所示。

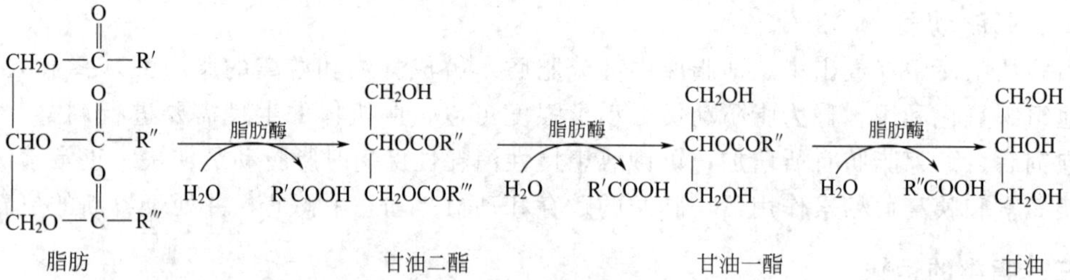

图 12-2　脂肪的水解

（二）甘油的代谢

由于脂肪细胞中甘油激酶活性很低，不能使甘油分解，因此溶于水的甘油只有通过血液循环运输至肝、肾、肠等组织利用。首先在甘油激酶催化下，消耗 ATP，生成 α-磷酸甘油，再脱氢生成磷酸二羟丙酮。进一步沿糖分解途径或糖异生途径代谢转变为 CO_2 和 H_2O 或葡萄糖（糖原），如图 12-3 所示。

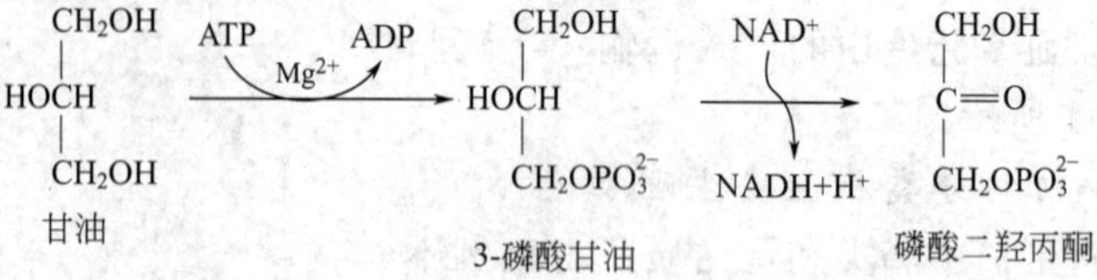

图 12-3　甘油的代谢途径

（三）脂肪酸的分解代谢

生物体内脂肪酸可以在机体的许多组织细胞内氧化分解，提供能量，但以肌肉组织和肝脏最为活跃。脂肪酸的氧化分解主要有三条途径：α-氧化、β-氧化和 ω-氧化。其中，β-氧化是动物体内最为普遍的氧化方式。

1. 脂肪酸 β-氧化的概念

脂肪酸的 β-氧化是指脂肪酸在酶的作用下,碳链上的 α-碳原子与 β-碳原子之间的键断裂,并使 β-碳原子氧化成羧基,生成乙酰 CoA 和比原来少 2 个碳原子的脂酰 CoA 的过程。

2. 脂肪酸 β-氧化的过程

(1) 脂肪酸的活化——脂酰 CoA 的生成　长链脂肪酸氧化前必须进行活化,活化在细胞液中进行。内质网和线粒体外膜上的脂酰 CoA 合成酶在 ATP、CoASH、Mg^{2+} 存在条件下,催化脂肪酸活化,生成脂酰 CoA。

活化 1 分子脂肪酸消耗 2 个高能键,相当于消耗 2 分子 ATP。生成的焦磷酸在焦磷酸酶作用下迅速生成水和无机磷酸,使反应不可逆地向右移动。

(2) 脂酰 CoA 进入线粒体　脂肪酸活化在细胞液中进行,而催化脂肪酸氧化的酶系是在线粒体基质内,因此活化的脂酰 CoA 必须进入线粒体内才能代谢。但长链脂酰 CoA 不能自由通过线粒体内膜,需要借助肉碱(L-3-羟基-4-三甲基铵丁酸)作为载体才能进入线粒体内。

(3) β-氧化　脂酰 CoA 在线粒体基质中进行 β-氧化要经过 4 步反应,即脱氢、加水、再脱氢和硫解,最终生成 1 分子乙酰 CoA 和少两个碳的脂酰 CoA。

新生成的脂酰 CoA 可再经过脱氢、加水、再脱氢和硫解反应,如此反复进行,对偶数碳的饱和脂肪酸来说,最终将全部分解为乙酰 CoA,其过程如图 12-4 所示。

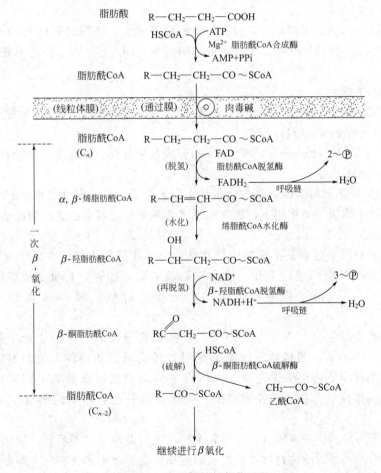

图 12-4　脂肪酸的 β-氧化过程

脂肪酸 β-氧化各步反应是可逆的，但是在生物体内都是向分解方向进行的，几乎都不向合成方向进行。所以脂肪酸的合成不是脂肪酸 β-氧化的逆过程。

3. 乙酰 CoA 的去路

① 脂酰 CoA 在 β-氧化过程中生成的乙酰 CoA 大部分进入三羧酸循环，彻底氧化分解生成 CO_2 和 H_2O，并释放能量。

② 乙酰 CoA 也能参与合成代谢，如生成酮体、脂肪酸、胆固醇和类固醇化合物等。

4. 脂肪酸 β-氧化的能量计算

脂肪酸 β-氧化是体内脂肪酸分解的主要途径，脂肪酸氧化可以供应机体所需要的大量能量。以十八碳的饱和脂肪酸硬脂酸为例，可做如下计算。

(1) 硬脂酸活化生成脂酰 CoA 消耗 2 个高能键（2ATP）。中、短链脂肪酸不需肉碱携带可直接进入线粒体，而长链脂酰 CoA 则需肉碱转运。

(2) 线粒体内 β-氧化反应过程 每经过一次 β-氧化有 1 分子（$FADH_2$ 和 $NADH+H^+$）生成，18 碳脂酰 CoA 需经 8 次 β-氧化，总共生成 8 分子（$FADH_2$ 和 $NADH+H^+$），这些氢要经呼吸链传递给氧生成水，释放 $8×(2+3)=40$ 分子 ATP。

(3) 乙酰 CoA 彻底氧化 18 碳脂酰 CoA 经 8 次 β-氧化后总共生成 9 分子乙酰 CoA，全部进入三羧循环，共生成 $9×12=108$ 分子 ATP。

(4) 总能量 1 分子硬脂酸彻底氧化后可净生成 $-2+40+108=146$ 分子 ATP。

5. 酮体的生成和利用

在正常情况下，脂肪酸在心肌、肾脏、骨骼肌等组织中能彻底氧化成 CO_2 和 H_2O。但在肝脏细胞中，经常生成一些不完全氧化的中间产物，即乙酰乙酸、β-羟丁酸和丙酮，三者统称为酮体。

(1) 酮体的生成

① 2 分子的乙酰 CoA 在肝脏线粒体乙酰乙酰 CoA 硫解酶的作用下，缩合成乙酰乙酰 CoA，并释放 1 分子的 CoASH。

② 乙酰乙酰 CoA 与另一分子乙酰 CoA 缩合成羟甲基戊二酸单酰 CoA(HMG CoA)，并释放 1 分子 CoASH。

③ HMG CoA 在 HMG CoA 裂解酶催化下裂解生成乙酰乙酸和乙酰 CoA。乙酰乙酸在线粒体内膜 β-羟丁酸脱氢酶作用下，加氢还原成 β-羟丁酸。部分乙酰乙酸自动脱羧而成为丙酮。合成过程见图 12-5。

(2) 酮体的利用 肝脏是生成酮体的器官，但不能使酮体进一步氧化分解，而是将酮体经血液运送到肝外组织进行氧化，作为它们的能源，如肾、心肌、脑等组织中均可以酮体为能量分子。在这些细胞中，酮体进一步分解成乙酰 CoA 参加三羧酸循环，见图 12-6。

(3) 酮体的生理意义 酮体是脂肪酸在肝脏氧化分解时产生的正常中间产物，是肝脏输出能源的一种形式。当机体缺少葡萄糖时，需动员脂肪供能。大脑不能利用脂肪酸但能利用少量酮体。肌肉组织优先利用酮体可节约葡萄糖以满足脑组织对糖的需要。与脂肪酸相比，酮体能更有效地代替葡萄糖。机体通过肝脏将脂肪酸转化成酮体供其他组织利用。

(4) 酮病 当长期饥饿或废食、高产乳牛初泌乳后及绵羊妊娠后期，酮体生成多于肝外组织对酮体的消耗，导致酮体在体内积聚引起酮病。血液中酮体升高称为酮血症。酮体随乳排出称酮乳症。酮体随尿排出称酮尿症。酮体过多还会引起代谢性酸中毒。

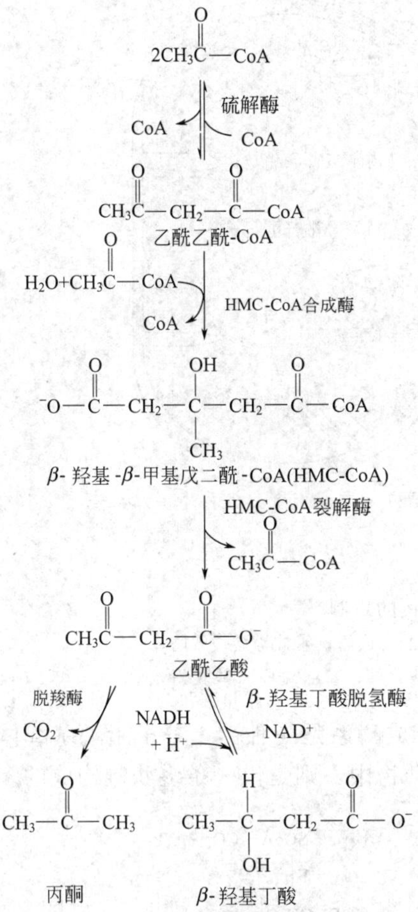

图 12-5 酮体生成过程

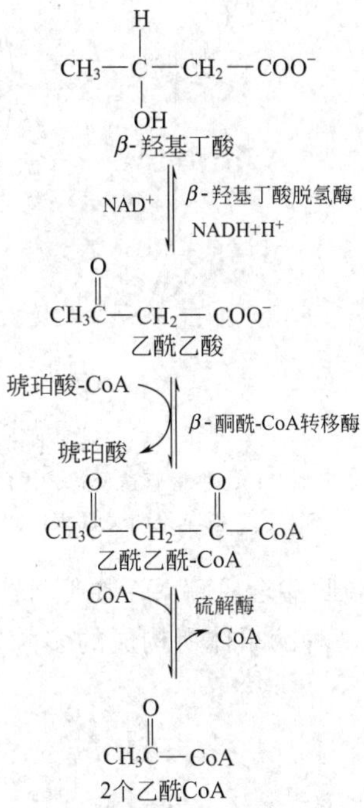

图 12-6 酮体利用过程

二、脂肪的合成代谢

生物体内的脂肪在不断进行分解放能的同时,也不断地进行合成,特别是家畜育肥阶段。脂肪合成的直接原料是 α-磷酸甘油和脂酰 CoA,它们由不同的途径合成。肝脏、小肠和脂肪组织是合成脂肪的主要组织器官,其合成的亚细胞部位主要是细胞液。

(一) 脂肪酸的合成

脂肪酸合成由脂肪酸合成酶系催化。脂肪酸合成的直接产物是软脂酸。

1. 合成部位

肝、肾、脑、肺、乳腺、脂肪等组织的胞液。

2. 合成原料

合成脂肪酸的原料是乙酰 CoA、ATP、NADPH、CO_2、Mn^{2+} 等。细胞内的乙酰 CoA 全部在线粒体内产生,而合成脂肪酸的酶系位于胞液,通过柠檬酸-丙酮酸循环将线粒体内的乙酰 CoA 运送进入胞液,见图 12-7。

3. 合成酶系及反应过程

(1) 丙二酸单酰 CoA 的合成　在乙酰 CoA 羧化酶的催化下,乙酰 CoA 羧化为丙二酸单酰 CoA。

$$ATP + HCO_3^- + 乙酰\ CoA \xrightarrow{乙酰\ CoA\ 羧化酶} 丙二酸单酰\ CoA + ADP + Pi$$

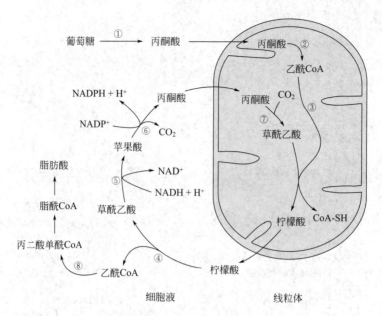

图 12-7 乙酰 CoA 转运的机制
①糖酵解途径;②丙酮酸脱氢系;③柠檬酸合成酶;④柠檬酸裂解酶;
⑤苹果酸脱氢酶;⑥苹果酸酶;⑦丙酮酸羧化酶;⑧乙酰 CoA 羧化酶

(2) 脂肪酸合成酶系　在低等生物中,脂肪酸合成酶系是一种由 1 分子脂酰基载体蛋白(ACP)和 7 种酶单体所构成的多酶复合体;在高等动物中,则是由一条多肽链构成的多功能

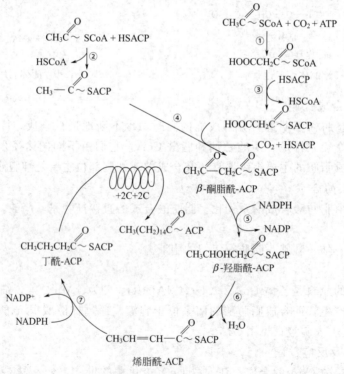

图 12-8 软脂酸合成过程
①乙酰 CoA 羧化酶;②乙酰 CoA-ACP 转酰酶;③丙二酸单酰 CoA-ACP 转酰酶;④β-酮脂酰 ACP
合成酶(缩合酶);⑤β-酮脂酰 ACP 还原酶;⑥β-羟脂酰 ACP 脱水酶;⑦烯脂酰 ACP 还原酶

酶，通常以二聚体形式存在，两个亚基相同，每个亚基都含有脂肪酸合成酶系的全部 7 个酶和 ACP。

(3) 软脂酸的合成过程　乙酰 CoA 与丙二酸单酰 CoA 合成长链脂肪酸，是一个碳链逐步延长的过程，每次通过缩合、还原、脱水和再还原的过程增加 2 个碳原子。16 碳软脂酸的生成，需经过连续 7 次重复反应，如图 12-8 所示。

最后生成的软脂酰-S-ACP 可以在硫酯酶作用下水解，释放出软脂酸。或者由硫解酶催化，把软脂酰基从 ACP 上转移到 CoA-SH 上。

软脂酸合成的总反应式为

$$CH_3COSCoA + 7HOOC-CH_2-COSCoA + 14NADPH + 14H^+ \longrightarrow$$

乙酰 CoA　　　丙二酸单酰 CoA

$$CH_3(CH_2)_{14}COOH + 7CO_2 + 8CoA-SH + 14NADP^+ + 6H_2O$$

软脂酸

4. 脂肪酸碳链的延长

在胞液中经软脂酸合成酶系催化的反应只能合成软脂酸，碳链的进一步延长和缩短在线粒体或内质网中进行。

在内质网中，碳链延长以丙二酸单酰 CoA 为碳源，与胞质中脂肪酸合成过程基本相同，但催化反应的酶系不同，且不需 ACP 为载体进行反应。

在线粒体，碳链延长的碳源是乙酰 CoA，与脂肪酸 β-氧化的逆反应相似，仅烯脂酰 CoA 还原酶的辅酶为 $NADPH+H^+$。

(二) 磷酸甘油的合成

合成脂肪所需的 α-磷酸甘油主要来自两个方面。

1. 糖酵解产生的磷酸二羟丙酮被还原

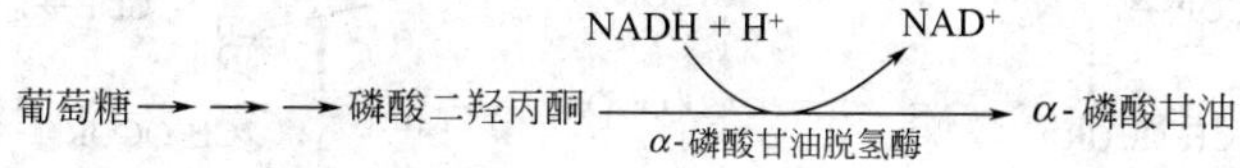

葡萄糖 → → 磷酸二羟丙酮 $\xrightarrow[\alpha\text{-磷酸甘油脱氢酶}]{NADH+H^+ \quad NAD^+}$ α-磷酸甘油

2. 脂肪水解产生的甘油经磷酸化生成。

(三) 甘油三酯的合成

1. 甘油二酯途径

肝细胞及脂肪细胞主要按此途径合成甘油三酯。在脂酰 CoA 转移酶的作用下，α-磷酸甘油与 2 分子脂酰 CoA 生成磷脂酸。后者经磷脂酸磷酸酶催化，水解脱去磷酸生成甘油二酯，然后在脂酰 CoA 转移酶的作用下，再加上 1 分子脂酰 CoA 即生成甘油三酯。

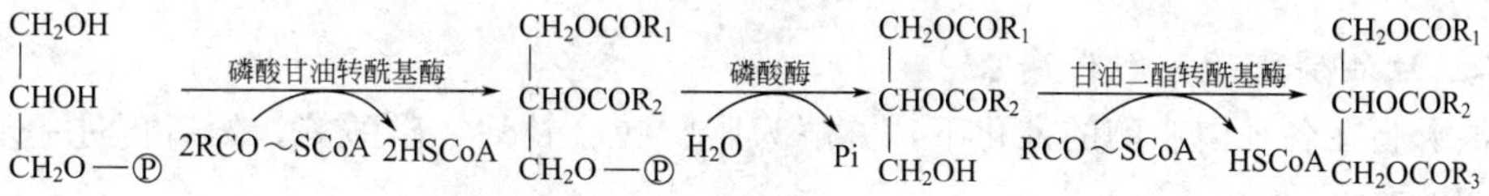

2. 甘油一酯途径

在小肠黏膜细胞内，消化吸收的一酰甘油与 2 分子脂酰 CoA 再合成甘油三酯。

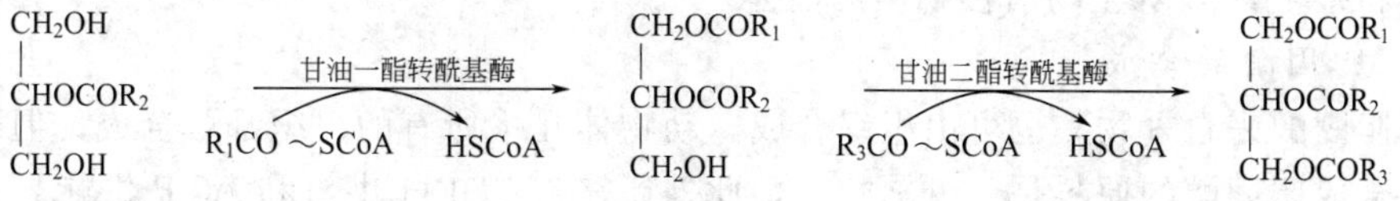

第三节 类脂代谢

类脂的种类较多，其代谢情况各不相同，这一节主要讨论有代表性的磷脂和胆固醇代谢。

一、磷脂代谢

含磷酸的脂类称磷脂，按其化学组成不同分为甘油磷脂和鞘磷脂。

（一）甘油磷脂的合成代谢

哺乳动物体内各组织都能合成磷脂，但在肝脏、小肠及肾合成磷脂最活跃。合成卵磷脂和脑磷脂的原料是甘油、脂肪酸、磷酸、胆碱或乙醇胺，还需 ATP 和 CTP。卵磷脂和脑磷脂的合成过程如图 12-9 所示。

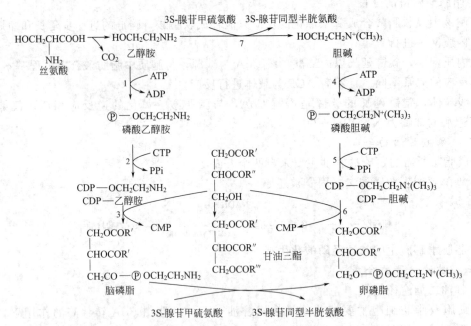

图 12-9 卵磷脂和脑磷脂的合成过程

1—乙醇胺激酶；2—磷酸乙醇胺胞苷酸转移酶；3—磷酸乙醇胺转移酶；4—胆碱激酶；
5—磷酸胆碱胞苷酸转移酶；6—磷酸胆碱转移酶；7—甲基转移酶

（二）甘油磷脂的分解代谢

甘油磷脂在各种磷脂酶的催化下，分解为脂肪酸、甘油、磷酸等，然后再进一步降解，如图 12-10 所示。

二、胆固醇代谢

胆固醇是动物体内重要的固醇类化合物，它是细胞膜的成分，又是动物合成胆汁酸、类固醇激素和维生素 D 等生物活性物质的前体。

（一）胆固醇的合成

体内胆固醇来自食物，也可由组织合成，动物体几乎所有的组织都可合成，但肝脏是主要场所。合成胆固醇的原料是乙酰辅酶 A，此外还需 NADPH 供氢和 ATP 供能。合成过程较复杂，分三阶段，第一阶段由乙酰辅酶 A 缩合成 β,δ-二羟-β-甲基戊酸；第二阶段生成鲨

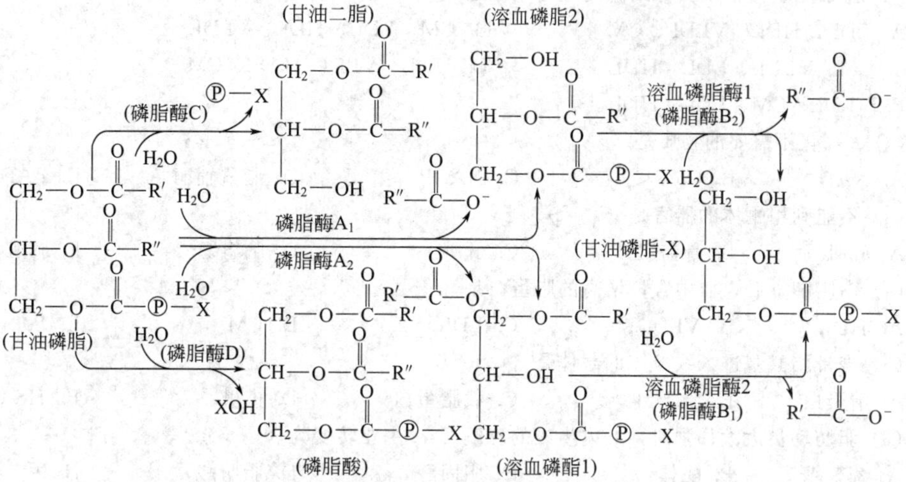

图 12-10 甘油磷脂基本结构及磷脂酶水解作用

磷脂酶 A_1：产物为脂肪酸和溶血磷脂 2。
磷脂酶 A_2：产物为溶血磷脂 1。
磷脂酶 C：特异水解第 3 位磷酸酯键，释放磷酸胆碱或磷酸乙醇胺。
磷脂酶 D：催化磷脂分子中磷酸与取代基团（如胆碱等）间的酯键，释放出取代基团。

烯；第三阶段生成胆固醇。如图 12-11 所示。

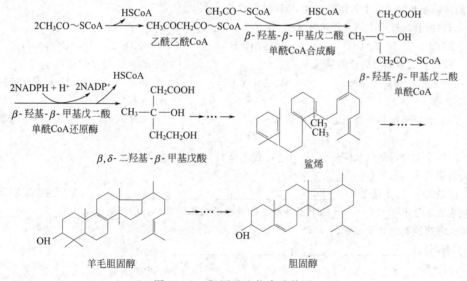

图 12-11 胆固醇生物合成简图

（二）胆固醇的转变与排泄

血浆中胆固醇大部分来自肝，少部分来自饲料。有两种存在形式，游离型和酯型，以酯型为主。主要代谢去路是转变成具有重要生理功能的类固醇物质。

体内大部分胆固醇在肝脏内转变成胆汁酸随胆汁排出，这是胆固醇排泄的主要途径。

习题

1. 选择题

(1) 血浆脂蛋白密度由低到高的正确顺序是（　　）。
A. LDL、HDL、VLDL、CM　　　　B. CM、LDL、HDL、VLDL
C. CM、VLDL、LDL、HDL　　　　D. HDL、VLDL、LDL、CM
E. VLDL、CM、LDL、HDL

(2) β-氧化不需要的物质是（　　）。
A. NAD^+　　B. CoA　　C. $NADP^+$　　D. 脂酰辅酶 A　　E. FAD

(3) 不能利用酮体的器官是（　　）。
A. 心肌　　B. 骨骼肌　　C. 肝脏　　D. 脑组织　　E. 肺脏

(4) 高脂膳食后，血中含量增高的脂蛋白是（　　）。
A. HDL　　B. VLDL　　C. LDL　　D. CM　　E. IDL

(5) 携带脂酰基进入线粒体的载体是（　　）。
A. 清蛋白　　B. 脂蛋白　　C. 载脂蛋白　　D. 肉碱　　E. HS-CoA

(6) 脂肪动员大大加强时，肝内生成的乙酰 CoA 主要转变为（　　）。
A. 葡萄糖　　B. 酮体　　C. 胆固醇　　D. 脂肪酸　　E. 丙二酰 CoA

(7) 关于脂肪酸 β-氧化的叙述正确的是（　　）。
A. 反应在胞液和线粒体中进行　　　　B. 反应在胞液中进行
C. 起始代谢物是脂酰 CoA　　　　　　D. 反应产物为 CO_2 和 H_2O
E. 反应消耗 ATP

(8) 下列关于酮体的叙述不正确的是（　　）。
A. 酮体包括乙酰乙酸、β-羟丁酸和丙酮　　B. 酮体可以从尿中排出
C. 糖尿病可引起血酮体升高　　　　　　　　D. 饥饿时酮体生成减少
E. 酮体是脂肪酸在肝中氧化的正常中间产物

(9) 脂肪酸合成过程中的供氢体是（　　）。
A. NADH　　B. $FADH_2$　　C. NADPH　　D. $FMNH_2$　　E. $CoQH_2$

(10) 体内合成胆固醇的碳源是（　　）。
A. 丙酮酸　　B. 苹果酸　　C. 乙酰 CoA　　D. 草酸　　E. α-酮戊二酸

2. 填空题

(1) 脂肪动员是将脂肪细胞的脂肪水解成_____和_____释放入血，运输到其他组织器官氧化利用。

(2) 脂肪生物合成的供氢体是_____，它来源于_____。

(3) 血脂的运输形式是_____。

(4) 脂酰 CoA 的 β-氧化经过_____、_____、_____和_____四个连续反应步骤，每次 β-氧化生成 1 分子_____和比原来少 2 个碳原子的脂酰 CoA，脱下的氢由_____和_____携带，进入呼吸链被氧化生成水。

(5) 酮体包括_____、_____、_____。

3. 名词解释

血浆脂蛋白；脂肪酸的 β-氧化；酮体。

4. 简答题

为什么吃糖多了人体会发胖（写出主要反应过程）？脂肪酸能转变成葡萄糖吗？为什么？

第十三章　蛋白质的酶促降解和氨基酸代谢

本章学习目标

★ 了解蛋白质的消化、吸收与腐败及氮平衡。
★ 掌握氨基酸的一般分解代谢、氨的代谢及一碳单位的概念。
★ 了解个别氨基酸的脱羧代谢，甲硫氨酸循环。
★ 认识糖、蛋白质、脂肪代谢之间的关系。

蛋白质是生命活动的基础物质，体内的大多数蛋白质均不断地进行分解与合成代谢。由于蛋白质在体内首先分解为氨基酸后才能进行进一步的代谢，因此氨基酸的代谢就成为蛋白质代谢的中心内容。

第一节　概　　述

一、蛋白质的消化、吸收与腐败

饲料蛋白质的消化与吸收是动物体内氨基酸的主要来源。未经消化的蛋白质一般不易吸收，少数抗原、毒素蛋白有时可通过黏膜细胞进入动物体内，产生过敏反应、毒性反应。通常，饲料蛋白质降解为氨基酸及小肽后才能被动物体吸收利用。蛋白质的消化是从胃开始的，但主要在小肠中进行。

（一）胃中的消化

胃蛋白酶水解食物蛋白质为多肽、寡肽及少量氨基酸。胃蛋白酶对乳中的酪蛋白有凝乳作用，这对婴儿较为重要，因为乳液凝成乳块后在胃中停留时间延长，有利于充分消化。

（二）肠中的消化

食物在胃中停留的时间较短，因此蛋白质在胃中消化很不完全。小肠中含有胰液及肠黏膜细胞分泌的多种蛋白酶及肽酶，使得蛋白质进一步完全水解成氨基酸。小肠分泌的酶主要有两类：肽链外切酶，如羧肽酶A、羧肽酶B、氨基肽酶、二肽酶等；肽链内切酶，如胰蛋白酶、糜蛋白酶、弹性蛋白酶等。

（三）氨基酸的吸收

在人和动物体内，氨基酸被小肠黏膜吸收后，再通过黏膜的微血管进入血液运送至肝脏及其他器官进行代谢，也有少量氨基酸由淋巴系统进入血液。

（四）肠中的腐败

在消化过程中，一部分未经消化的蛋白质和一部分消化产物均有可能不被吸收，由肠道细菌对它们进行分解，生成许多降解产物的过程，称为腐败作用。腐败作用主要在大肠中进行，产生有毒物质，如胺类（腐胺、尸胺）、酚类、吲哚类、氨及硫化氢等，这些有毒物质被吸收后，由肝脏进行解毒。但也产生少量可被机体利用的物质如脂肪酸及维生素等。

二、氮平衡

机体内蛋白质代谢的情况可用氮平衡实验来确定。蛋白质的含氮量平均约为 16%。食物中的含氮物质绝大部分是蛋白质。因此测定食物的含氮量可以估算出所含蛋白质的量。蛋白质在体内分解代谢所产生的含氮物质主要由尿、粪排出。测定尿、粪中的含氮量(排出氮)及摄入食物的含氮量(摄入氮)可以反映机体蛋白质的代谢概况。

体内蛋白质的合成与分解处于动态平衡中,故每日氮的摄入量与排出量也维持着动态平衡,这种动态平衡就称为氮平衡。

氮平衡有以下几种情况。

(1) 氮总平衡　每日摄入氮量与排出氮量大致相等,表明体内蛋白质的合成量与分解量大致相等,称为氮总平衡。正常成年畜禽(不包括孕畜)应处于这种状态。

(2) 氮正平衡　每日摄入氮量大于排出氮量,表明体内蛋白质的合成量大于分解量,称为氮正平衡。正在生长的幼畜和妊娠母畜应处于这种状态。此外,动物病后的康复或组织损伤后的修复也应如此。

(3) 氮负平衡　每日摄入氮量小于排出氮量,表明体内蛋白质的合成量小于分解量,称为氮负平衡。此种情况见于患消耗性疾病、饥饿或营养不良的动物,表明动物由饲料摄入蛋白质的量不足或代谢异常。

第二节　氨基酸的分解代谢

一、氨基酸代谢的概况

(一) 氨基酸的来源

体内氨基酸的来源有两条:①食物中的蛋白质在消化道中被蛋白酶水解后吸收的氨基酸,称外源氨基酸;②体蛋白被组织蛋白酶水解产生的和由其他物质合成的氨基酸,称内源氨基酸。两者共同组成了机体的氨基酸代谢库,随血液运送到全身各组织参与代谢活动。

(二) 氨基酸的去路

体内氨基酸的去路有四条:①用来合成蛋白质和肽类;②合成某些生理活性的含氮物质;③转变成糖或脂肪;④氧化分解提供能量。

氨基酸代谢概况见图 13-1。

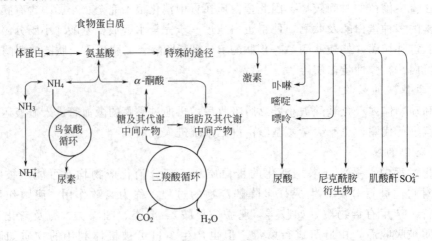

图 13-1　氨基酸代谢概况

二、氨基酸的一般分解代谢

组成蛋白质的氨基酸化学结构不同，其代谢途径也有所差异。但他们都含有 α-氨基和 α-羧基，因而具有共同的代谢途径。氨基酸的一般分解代谢，就是指这种共同性的分解代谢途径，即脱氨基作用和脱羧基作用。

（一）脱氨基作用

大多数氨基酸分解通过脱氨基作用。脱氨基作用的方式主要有氧化脱氨基作用、转氨基作用和联合脱氨基作用。

1. 氧化脱氨基作用

在酶的催化下，氨基酸先脱氢生成亚氨基酸，进而与水作用生成 α-酮酸和氨的过程。

$$\underset{\text{氨基酸}}{\overset{\text{COOH}}{\underset{\text{R}}{|}}\text{CHNH}_2} \xrightarrow{-2H} \underset{\text{亚氨基酸}}{\overset{\text{COOH}}{\underset{\text{R}}{|}}\text{C=NH}} \xrightarrow{H_2O} \underset{\text{α-酮酸}}{\overset{\text{COOH}}{\underset{\text{R}}{|}}\text{C=O}} + NH_3$$

体内氨基酸氧化酶有很多，其中以 L-谷氨酸脱氢酶的作用最重要。L-谷氨酸脱氢酶是以 NAD^+ 或 $NADP^+$ 为辅酶的不需氧脱氢酶，催化 L-谷氨酸脱氢生成 α-酮戊二酸和 NH_3。通过氨基化作用，α-酮戊二酸和氨也可合成 L-谷氨酸。因此，L-谷氨酸脱氢酶不仅在氨基酸的分解中起作用，而且在非必需氨基酸合成中也起着重要作用。

$$\underset{\text{L-谷氨酸}}{\text{L-谷氨酸}} \xrightleftharpoons[\text{L-谷氨酸脱氢酶}]{NAD^+ \quad NADH+H^+} \underset{\text{α-亚氨基戊二酸}}{\text{α-亚氨基戊二酸}} \xrightarrow{H_2O} \underset{\text{α-酮戊二酸}}{\text{α-酮戊二酸}} + NH_3$$

2. 转氨基作用

转氨基作用是指在转氨酶的催化下，一个氨基酸的 α-氨基转移到另一个 α-酮酸的酮基上，生成相应的氨基酸，原来的氨基酸则变成与其相应的 α-酮酸，这个过程称为转氨基作用。

$$\underset{\text{α-氨基酸}}{\text{α-氨基酸}} + \underset{\text{α-酮戊二酸}}{\text{α-酮戊二酸}} \xrightarrow{\text{转氨酶}} \underset{\text{α-酮酸}}{\text{α-酮酸}} + \underset{\text{谷氨酸}}{\text{谷氨酸}}$$

转氨基作用是可逆的，动物体内的大多数氨基酸都参与转氨基过程，并存在多种转氨酶，但辅酶只有一种，即磷酸吡哆醛。大多数转氨酶都以 α-酮戊二酸为特异的氨基受体，而对作为氨基供体的氨基酸要求并不严格。

$$\underset{\text{谷氨酸}}{\text{谷氨酸}} + \underset{\text{丙酮酸}}{\text{丙酮酸}} \xrightleftharpoons{\text{ALT}} \underset{\text{α-酮戊二酸}}{\text{α-酮戊二酸}} + \underset{\text{丙氨酸}}{\text{丙氨酸}}$$

$$\text{谷氨酸} \quad \text{草酰乙酸} \quad \overset{AST}{\rightleftharpoons} \quad \text{α-酮戊二酸} \quad \text{天冬氨酸}$$

体内以谷丙转氨酶（ALT）和谷草转氨酶（AST）最为重要，正常情况下，ALT 和 AST 主要存在于细胞中，以心肌、肝脏细胞中活性最高，在血清中的活性很低。当细胞损伤时，可有大量的转氨酶逸入血液，于是血清中的转氨酶活性升高。因此测定血液中转氨酶的活性可用于临床心肌梗塞、肝炎等疾病诊断。

3. 联合脱氨基作用

体内大多数氨基酸脱去氨基，是通过转氨基作用和氧化脱氨基作用两种方式联合作用实现的，称为联合脱氨基作用，是氨基酸脱氨基的主要方式，发生在肝、肾和脑组织中。

氨基酸首先与 α-酮戊二酸进行转氨基反应，生成相应的 α-酮酸和谷氨酸；谷氨酸在谷氨酸脱氢酶催化下脱去氨基，生成 α-酮戊二酸和氨，如图 13-2 所示。

心肌和骨骼肌中主要通过嘌呤核苷酸循环进行脱氨基作用，同样生成氨和 α-酮酸。

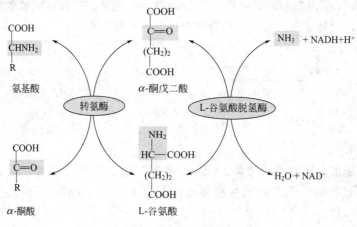

图 13-2　联合脱氨基作用

（二）脱羧基作用

氨基酸在脱羧酶的催化下，脱去羧基产生二氧化碳和相应的胺，这一过程称为氨基酸的脱羧基作用。磷酸吡哆醛是各种氨基酸脱羧酶的辅酶。氨基酸脱羧基作用的一般反应如下。

$$\underset{R}{\overset{COOH}{H-C-NH_2}} \xrightarrow[\text{磷酸吡哆醛}]{\text{脱羧酶}} RCH_2NH_2 + CO_2$$

氨基酸脱羧基后形成的胺对动物体具有特殊的生理作用。例如，组氨酸脱羧产生的组胺具有扩张血管、降低血压及刺激胃液分泌的作用；谷氨酸脱羧生成的 γ-氨基丁酸可抑制脑兴奋。但是，体内胺积蓄过多，会引起神经系统及心血管系统的功能紊乱。

三、氨基酸分解产物的代谢

氨基酸的分解产物主要是指脱氨基作用生成的 α-酮酸和氨。这些物质要经过进一步代谢转变成其他物质，有的被利用，有的被排出体外。

(一) 氨的代谢

氨是机体正常代谢的产物。机体各种来源的氨汇入血液形成血氨。氨是毒性物质，浓度过高会引起中毒。某些原因引起血氨浓度升高，可导致神经组织，特别是脑组织功能障碍，称为氨中毒。正常情况下细胞中游离氨浓度非常低，这是因为机体通过各种途径使血氨的来源与去路处于相对平衡。

1. 氨的来源

(1) 内源性氨　各器官组织中氨基酸及胺分解产生的氨，主要是氨基酸脱氨基作用产生的氨，还有部分是由肾小管上皮细胞中谷氨酰胺分解产生的氨。

(2) 外源性氨　消化道吸收的氨，包括食物蛋白质腐败所产生的氨、尿素渗入肠道被脲酶水解产生的氨等。

2. 氨的去路

动物体内氨代谢的去路有：①主要转变成尿素或尿酸排出体外；②肾脏中产生的氨可中和酸以铵盐的形式排出体外；③机体也可利用一部分氨合成氨基酸及某些含氮物质；④一部分氨以谷氨酰胺的形式贮存起来，谷氨酰胺也是体内氨的运输形式，同时还是肝外组织解除氨毒的重要方式。

3. 尿素的生成

尿素是哺乳动物消除氨的主要途径。合成的主要器官是肝脏，肾和脑等组织也能合成，但合成能力很弱。尿素的生成过程是从鸟氨酸开始，中间生成瓜氨酸、精氨酸，最后精氨酸水解生成尿素和鸟氨酸，形成一个循环反应过程，所以这一过程称为鸟氨酸循环，也称尿素循环，如图13-3所示。

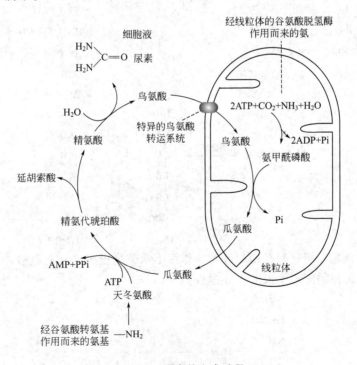

图 13-3　尿素的生成过程

(1) 氨甲酰磷酸的生成　在肝细胞线粒体内，氨和 CO_2 由氨甲酰磷酸合成酶 I 催化生成氨甲酰磷酸。此反应不可逆，需 ATP、Mg^{2+} 参与。

$$CO_2 + NH_3 + H_2O + 2ATP \xrightarrow[\text{Mg}^{2+}, \text{N-乙酰谷氨酸}]{\text{氨甲酰磷酸合成酶 I}} H_2N-\overset{O}{\underset{}{C}}-O \sim ⓅP + 2ADP + Pi$$

氨甲酰磷酸

(2) **瓜氨酸的合成** 在氨甲酰基转移酶催化下，将氨甲酰基转移到鸟氨酸上生成瓜氨酸，瓜氨酸生成后则通过线粒体内膜转运至胞液中。

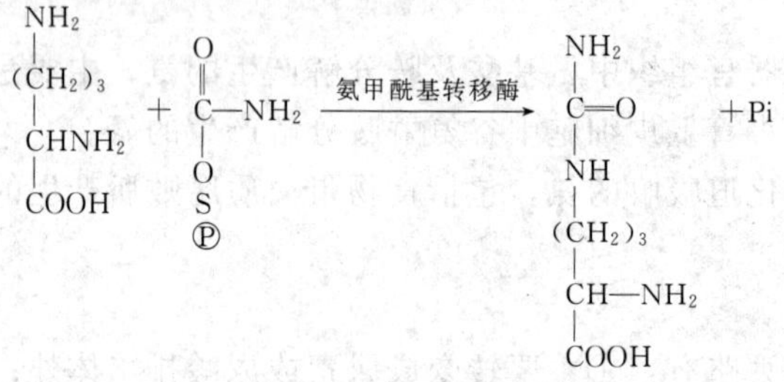

鸟氨酸   氨甲酰磷酸   瓜氨酸

(3) **精氨酸的合成** 瓜氨酸在精氨酸代琥珀酸合成酶的催化下，与天冬氨酸生成精氨酸代琥珀酸，然后再经精氨酸代琥珀酸裂解酶的催化，裂解为精氨酸和延胡索酸。反应中生成的延胡索酸，可经三羧酸循环生成草酰乙酸，后者经转氨基作用生成天冬氨酸，再参加上述反应。

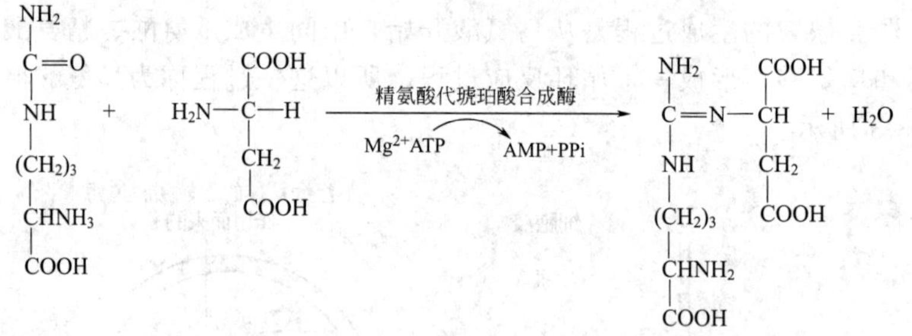

瓜氨酸   天冬氨酸   精氨酸代琥珀酸

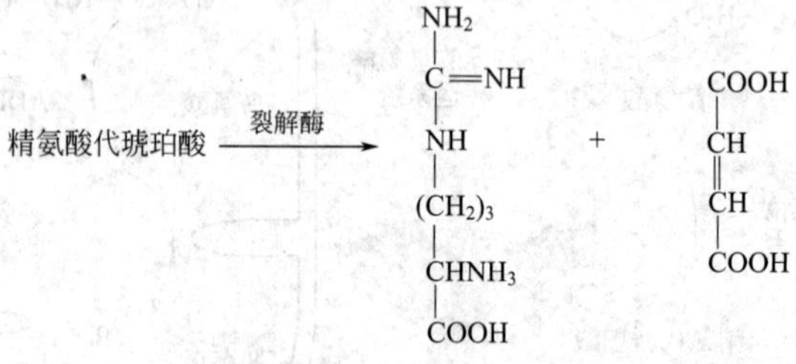

精氨酸   延胡索酸

(4) **尿素的合成** 精氨酸在精氨酸酶的作用下水解生成尿素和鸟氨酸，后者经膜载体转运回到线粒体，再参加尿素生成的循环过程。

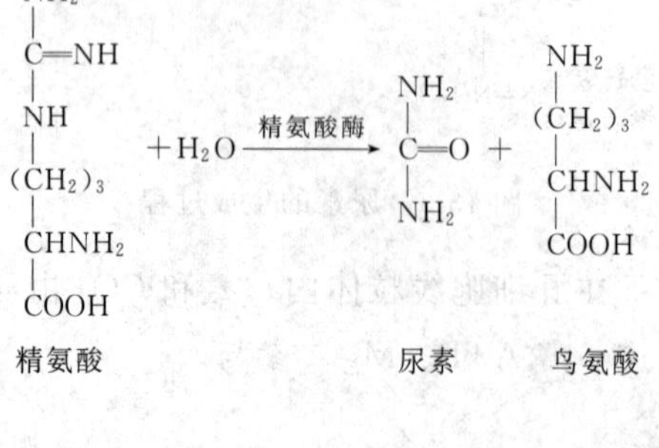

精氨酸   尿素   鸟氨酸

在尿素循环的五步反应中，前两步反应发生在线粒体基质中，后三步反应在细胞液中进行。尿素分子中的2个氨基，第一个来自线粒体基质中，第二个来自天冬氨酸。碳原子来自CO_2。所以，生成1分子尿素相当于排出2分子氨和1分子CO_2，既减少了氨的毒性，又保持了血液pH的稳定。另外，尿素合成是一个耗能过程，每合成1分子尿素需消耗3分子ATP(4个高能磷酸键)。

(二) α-酮酸的代谢

氨基酸经脱氨基作用后，大部分生成相应的α-酮酸，这些α-酮酸的具体代谢途径虽然各不相同，但都有以下三种去路。

1. 生成非必需氨基酸

α-酮酸经转氨基作用和联合脱氨基的逆反应可生成相应的非必需氨基酸。

2. 氧化生成CO_2和H_2O

这是α-酮酸的重要去路之一。α-酮酸通过一定的反应途径先转变成丙酮酸、乙酰CoA或三羧酸循环的中间产物，再经过三羧酸循环彻底氧化分解。三羧酸循环将氨基酸代谢与糖代谢、脂肪代谢紧密联系起来。

3. 转变成糖和酮体

在动物体内，α-酮酸可以转变成糖和脂类。在动物体内，可以转变成葡萄糖的氨基酸称为生糖氨基酸；能转变成酮体的氨基酸称为生酮氨基酸，如亮氨酸和赖氨酸；两种都能生成的称为生糖兼生酮氨基酸，如色氨酸、苯丙氨酸、酪氨酸等芳香族氨基酸和异亮氨酸。

第三节 某些氨基酸的特殊代谢

氨基酸在体内除了上述的一般代谢途径外，某些氨基酸有其特殊的代谢途径。例如某些氨基酸参与重要物质的生成。因而一些氨基酸与临床有重要关系。

一、一碳单位的代谢

一碳单位是指只含一个碳原子的有机基团，这些基团通常由其载体携带参加代谢反应。常见的一碳单位有甲基（—CH_3）、亚甲基或甲烯基（—CH_2—）、次甲基或甲炔基（=CH—）、甲酰基（—CHO）、亚氨甲基（—CH=NH）、羟甲基（—CH_2OH）等。一碳单位的主要载体是四氢叶酸（FH_4），此外还有S-腺苷同型半胱氨酸或VB_{12}。一碳单位主要来源于丝氨酸、甘氨酸、组氨酸、色氨酸及蛋氨酸等的代谢。

(一) 一碳单位与四氢叶酸

四氢叶酸是一碳单位的主要载体，一碳单位通常结合在四氢叶酸分子的N^5和N^{10}位上。例如

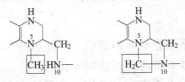

N^5-甲基四氢叶酸　　　N^5,N^{10}-甲烯四氢叶酸

(二) 一碳单位具有重要的生理功能

① 一碳单位是合成嘌呤和嘧啶的原料，在核酸的生物合成中有重要作用。如N^{10}-CHO-FH_4参与嘌呤碱中C_2原子的生成。

② 提供甲基，可参与体内多种物质的合成，例如肾上腺素、胆碱、胆酸的合成。

一碳单位代谢将氨基酸与核苷酸代谢及一些重要物质的生物合成联系起来。一碳单位代谢障碍可造成某些病理情况,如巨幼红细胞性贫血等。磺胺类药物及某些抗癌药物(氨甲喋呤等)正是通过干扰细菌及肿瘤细胞的叶酸、四氢叶酸合成,进而影响核酸合成而发挥药理作用。

二、含硫氨基酸的代谢

含硫氨基酸共有甲硫(蛋)氨酸、半胱氨酸和胱氨酸三种,蛋氨酸可转变为半胱氨酸和胱氨酸,后两者也可以互变,但半胱氨酸和胱氨酸不能变成蛋氨酸,所以蛋氨酸是必需氨基酸。

(一)甲硫氨酸的代谢

甲硫氨酸是一种含有 S-甲基的必需氨基酸。它是动物机体中最重要的甲基直接供体,参与肾上腺素、肌酸、胆碱和肉碱的合成以及核酸甲基化过程。但是在它转移甲基前,首先要腺苷化,转变成 S-腺苷甲硫氨酸(SAM)。

在甲基转移酶的作用下,SAM 分子中的甲基可以转移给某个甲基受体,而自身转变为 S-腺苷同型半胱氨酸。后者进一步脱去腺苷生成同型半胱氨酸(比半胱氨酸多一个 $-CH_2-$)。

(二)半胱氨酸和胱氨酸的代谢

半胱氨酸和胱氨酸可通过氧化还原而互变。胱氨酸不参与蛋白质的合成,蛋白质中的胱氨酸由半胱氨酸残基氧化脱氢而来。

(三)肌酸的合成

磷酸肌酸是能量贮存、利用的重要化合物。肝是合成肌酸的主要器官,在肌酸激酶的催化下,肌酸转变成磷酸肌酸,并贮存 ATP 的高能磷酸键。磷酸肌酸在心肌、骨骼肌及大脑中含量丰富。心肌梗死时血中肌酸激酶的含量增高,可作为辅助诊断的指标之一。

(四)谷胱甘肽的合成

谷胱甘肽(GSH)是由谷氨酸、半胱氨酸和甘氨酸组成的三肽,它的生物合成不需要编码的 RNA。GSH 分子中的活性基团是半胱氨酸的巯基。它有氧化态和还原态两种形式,由谷胱甘肽还原酶催化其相互转变,辅酶是 NADPH。

$$2GSH \underset{+2H}{\overset{-2H}{\rightleftharpoons}} GSSG$$

还原型谷胱甘肽　氧化型谷胱甘肽

细胞中还原型 GSH 的浓度远高于氧化型。其主要功能有:保护含有功能巯基的酶和蛋白质不易被氧化;保持红细胞膜的完整性;防止亚铁血红蛋白氧化成高铁血红蛋白;还可与药物、毒物结合,促进它们的生物转化;消除过氧化物和自由基对细胞的损害作用。

三、芳香族氨基酸的代谢

在体内苯丙氨酸主要代谢途径是在苯丙氨酸羟化酶作用下转变为酪氨酸。它们除参与蛋白质合成外,还能转变成许多具有重要生理功能的化合物。如酪氨酸在体内可转变成儿茶酚胺类激素或神经递质、多巴胺和黑色素等。酪氨酸酶是该途径的关键酶。白化病患者因缺乏酪氨酸酶,黑色素生成障碍,故皮肤、毛发等发白。酪氨酸还是合成甲状腺素的前体。

当苯丙氨酸羟化酶先天性缺陷时,体内的苯丙氨酸转变为酪氨酸的正常途径被阻断而蓄积,并大量经转氨酶作用转变成苯丙酮酸,出现苯丙酮酸尿症。因苯丙酮酸对中枢神经系统有毒性作用,导致患儿智力发育障碍。

色氨酸在分解代谢中，可转变生成 5-羟色胺。色氨酸还可生成尼克酸，这是氨基酸在体内生成维生素的唯一途径，但生成量不够机体所需。

第四节 糖、脂类和蛋白质代谢之间的关系

动物有机体的代谢是一个完整而统一的过程，各种物质的代谢过程是密切联系和相互影响的。现将糖、蛋白质、脂肪的代谢关系概述如下。

一、相互关系

（一）糖和脂类的代谢关系

糖分解代谢过程中生成的中间产物乙酰 CoA 可合成脂肪酸和胆固醇，另一中间产物磷酸二羟丙酮也可合成甘油。并且，磷酸戊糖途径过程中产生的 NADPH 也是脂肪酸和胆固醇合成过程中的供氢体。因此，体内糖完全可转化成脂肪和胆固醇。

```
        ┌─► 乙酰辅酶 A：合成脂肪酸和胆固醇；
糖 ─────┼─► 磷酸二羟丙酮：合成甘油；
        └─► NADPH：脂肪酸和胆固醇合成的供氢体。
```

动物体内脂肪转变为糖的作用不够显著。因为脂肪酸分解产生的乙酰 CoA 不能净合成糖。乙酰 CoA 要生成糖，必须消耗 1mol 草酰乙酸进入三羧酸循环后才能转变成糖，故不能净生成糖。

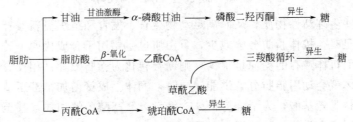

（二）蛋白质和糖代谢的关系

糖代谢过程中产生的 α-酮酸，经氨基化作用，可生成许多非必需氨基酸，进而合成蛋白质。

蛋白质分解产生的氨基酸中，除赖氨酸和亮氨酸外（生酮氨基酸），脱氨生成的 α-酮酸都可以经过一系列反应转化为丙酮酸，从而异生成糖。

（三）蛋白质与脂类代谢的关系

无论是生糖氨基酸还是生酮氨基酸，都可生成乙酰 CoA，然后转变为脂肪或胆固醇。此外，某些氨基酸还是合成磷脂的原料。

脂肪中的甘油可以转变成糖，因而可同糖一样转变为各种非必需氨基酸。由脂肪酸转变成氨基酸是受限制的，因为脂肪酸分解产生的乙酰 CoA 虽然可以进入三羧酸循环产生 α-酮戊二酸，但必须有草酰乙酸参与，而草酰乙酸只能由糖和甘油生成，可以说，脂肪酸只有与其他物质配合才能合成氨基酸。

糖、脂肪、蛋白质代谢之间的关系见图 13-4。

二、相互影响

糖、脂类和蛋白质代谢之间的相互影响是多方面的，但主要表现在分解功能上。在一般情况下，动物生理活动所需要的能量主要靠糖分解供给，其次是脂肪，而蛋白质则主要用于

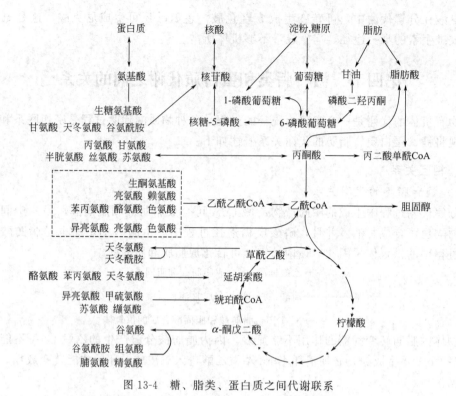

图 13-4 糖、脂类、蛋白质之间代谢联系

合成体蛋白和某些生理活性物质，从而满足动物生长、发育和组织更新修补的需要。所以当饲料中糖供应充足时，机体脂肪分解减少，蛋白质也主要用于合成代谢；若饲料中糖供应超过机体需要量，而机体贮存的糖原量很少，则糖会转化为脂肪贮存；相反，饲料中糖缺乏或长期饥饿时，机体就会动用脂肪分解供能，同时，酮体生成量增加，甚至造成酮中毒。另外糖异生的主要原料为氨基酸，为了维持机体含糖量，氨基酸分解加强，甚至动用体蛋白。由上可知，动物食用富含供能物质的饲料很重要。

习题

1. 选择题

(1) 体内蛋白质分解代谢的最终产物是（　　）。
A. 氨基酸　　　　　　　　B. 肽类　　　　　　　　C. CO_2、H_2O 和尿素
D. 氨基酸、胺类、尿酸　　E. 肌酐、肌酸

(2) 在下列氨基酸中，可通过转氨基作用生成草酰乙酸的是（　　）。
A. 丙氨酸　　　　　　　　B. 谷氨酸　　　　　　　C. 天冬氨酸
D. 苏氨酸　　　　　　　　E. 脯氨酸

(3) 体内合成尿素的主要脏器是（　　）。
A. 脑　　　B. 肌组织　　　C. 肾　　　　　　D. 肝　　　　　　E. 心

(4) 尿素循环中尿素的两个氮来自（　　）。
A. 氨基甲酰磷酸及天冬氨酸　　　　B. 氨甲酰磷酸及鸟氨酸
C. 鸟氨酸的 α-氨基及 γ-氨基　　D. 鸟氨酸的 γ-氨基及甘氨酸
E. 瓜氨酸的 α-氨基及精氨酸的 α-氨基

(5) 体内氨的主要去路是（　　）。
A. 合成谷氨酰胺　　　　　B. 合成尿素　　　　　　C. 生成铵盐

D. 生成非必需氨基酸　　　　E. 参与嘌呤、嘧啶合成

2. 填空题

（1）人体氨基酸脱氨基作用的最重要方式是_____。该方式包括_____及_____两种作用，分别由_____酶及_____酶催化。

（2）体内重要转氨酶有_____和_____，它们的辅酶是_____。

（3）氨基酸脱氨基作用的产物是_____和_____。

（4）氨基酸脱羧基作用的产物是_____和_____。

3. 名词解释

转氨基；联合脱氨基作用；一碳单位。

4. 简答题

（1）氨基酸脱氨基的方式有哪几种？产生的氨在体内如何运输和代谢？

（2）何谓一碳单位代谢？其生理意义何在？

第十四章 核酸与蛋白质的生物合成

本章学习目标

★ 了解核酸的化学组成及其结构特点。
★ 掌握DNA的半保留复制过程、RNA的转录及蛋白质的合成过程。
★ 熟悉参与DNA复制、RNA转录的酶类和蛋白质生物合成体系。
★ 了解DNA的损伤和修复、逆转录、RNA的自我复制。

第一节 概 述

核酸可分为DNA（脱氧核糖核苷酸）和RNA（核糖核苷酸）两大类。DNA主要集中在细胞核中，少量DNA在线粒体和叶绿体中。RNA主要分布在细胞质中。DNA是遗传信息的载体，可通过自我复制合成出与亲代DNA分子完全一样的子代DNA分子，遗传信息从亲代DNA传递给子代DNA，并经过转录，将遗传信息传递到mRNA分子上，mRNA再作为蛋白质合成的模板，指导蛋白质的合成，由蛋白质表现出生命活动的特征。可见，DNA指导并控制蛋白质的生物合成。

一、核酸的化学组成

（一）元素组成

组成核酸的元素有C、H、O、N、P等，与蛋白质比较，其组成上有两个特点：①核酸一般不含元素S；②核酸中P元素的含量较多并且恒定，约占9%~10%。因此，定磷法是核酸定量测定的经典方法。

（二）化学组成与基本单位

核酸经水解可得到很多核苷酸，因此核苷酸是核酸的基本构成单位。核苷酸可被水解产生核苷和磷酸，核苷还可进一步水解，产生戊糖和含氮碱基，如图14-1所示。

$$\text{核酸} \longrightarrow \text{核苷酸} \longrightarrow \begin{cases} \text{核苷} \begin{cases} \text{戊糖} \\ \text{碱基} \begin{cases} \text{嘌呤} \\ \text{嘧啶} \end{cases} \end{cases} \\ \text{磷酸} \end{cases}$$

图14-1 核酸水解产物

1. 碱基

（1）嘌呤碱　核酸中常见的嘌呤碱有两类：腺嘌呤（A）和鸟嘌呤（G）。

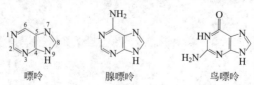

嘌呤　　　　腺嘌呤　　　　鸟嘌呤

（2）嘧啶碱　核酸中常见嘧啶有三类：胞嘧啶（C）、尿嘧啶（U）和胸腺嘧啶（T）。

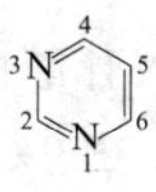

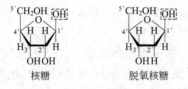

| 嘧啶 | 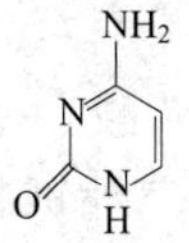 胞嘧啶 | 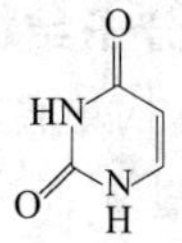 尿嘧啶 | 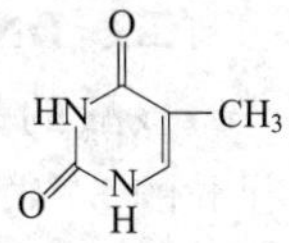 胸腺嘧啶 |

2. 戊糖

核酸中所含的戊糖是核糖和脱氧核糖。为了与碱基标号相区别，通常将戊糖的 C 原子编号都加上"'"。

核糖　　脱氧核糖

3. 核苷

戊糖的 C_1' 与嘧啶碱的 N_1 或嘌呤碱的 N_9 以糖苷键连接形成核苷。

腺嘌呤核苷　　胞嘧啶脱氧核苷

4. 核苷酸

核苷中的羟基与磷酸以磷酸酯键连接成为核苷酸。生物体内的核苷酸大多数是戊糖的 C_5' 上羟基被磷酸酯化，形成 5'-核苷酸。

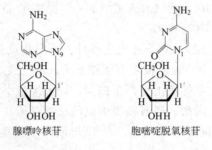

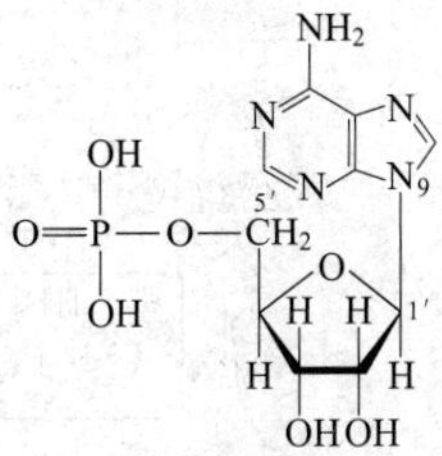

一磷酸腺苷(5'-AMP) 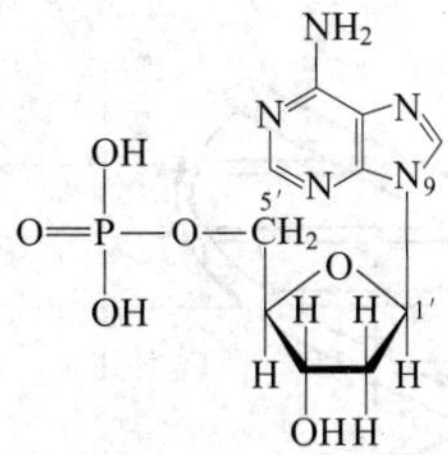　　一磷酸脱氧腺苷(5'-dAMP)

两类核酸基本成分和基本单位见表 14-1。

表 14-1　DNA 和 RNA 基本成分和基本单位

核酸	基本单位			核苷	基本单位
	戊糖	磷酸	碱基		核苷酸
DNA	2'-脱氧核糖	磷酸	腺嘌呤 鸟嘌呤 胞嘧啶 胸腺嘧啶	脱氧腺苷 脱氧鸟苷 脱氧胞苷 脱氧胸苷	脱氧腺苷酸(dAMP) 脱氧鸟苷酸(dGMP) 脱氧胞苷酸(dCMP) 脱氧胸苷酸(dTMP)
RNA	核糖	磷酸	腺嘌呤 鸟嘌呤 胞嘧啶 尿嘧啶	腺苷 鸟苷 胞苷 尿苷	腺苷酸(AMP) 鸟苷酸(GMP) 胞苷酸(CMP) 尿苷酸(UMP)

二、DNA 的分子结构

核酸的基本结构单位是核苷酸。一个核苷酸的 3′-OH 和另一个核苷酸的 5′-磷酸通过 3′,5′-磷酸二酯键相连，生成的链状化合物，称为多核苷酸链。多核苷酸链一侧末端为 5′-磷酸端，另一侧末端为 3′-羟基端。如图 14-2 所示。

习惯上，将 5′-磷酸端作为多核苷酸链的"头"，写在左端；将 3′-羟基端作为"尾"，写在右端，亦即按 5′→3′ 方向书写。如 pU-pApCpG 或 pU-A-C-G(pUACG)。

（一）一级结构

DNA 的一级结构是指 DNA 分子中四种脱氧核糖核苷酸的排列顺序，也可用 DNA 分子中碱基的排列顺序表示。生物遗传信息就贮存于 DNA 的核苷酸序列中。

（二）DNA 的二级结构

Watson 和 Crick 在 1953 年提出了 DNA 的双螺旋结构模型（图 14-3），其要点如下。

① DNA 分子由相互平行、走向相反的两条脱氧核糖核苷酸链围绕同一中心轴，按右手螺旋方式，盘绕成双螺旋结构。

② 双螺旋上有两条凹沟，即大沟和小沟。

③ 磷酸、脱氧核糖形成的长链骨架在外，碱基在内，两平行链对应碱基间以氢键相连；A-T（形成两个氢键）、G-C（形成三个氢键）互补配对。

④ 各碱基平面垂直或基本垂直于双螺旋中心轴，链内碱基间形成纵向范德华力与长轴平行，使双螺旋更稳定。

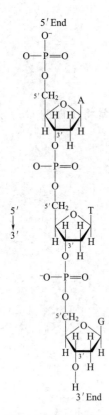

图 14-2 多核苷酸链的共价主链结构

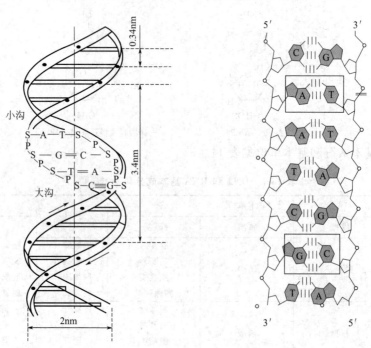

图 14-3 DNA 双螺旋模型图

⑤ 相邻碱基对间距离为 0.34nm，每周螺距为 3.4nm（10 个碱基对），双螺旋的直径为 2nm。

第二节 核酸的生物合成

DNA 是遗传大分子，生物体的遗传信息贮存在 DNA 分子中，DNA 通过复制使遗传信息从亲代传递到子代，从而保存了物种的遗传稳定性。

一、DNA 指导下的 DNA 生物合成——复制

以亲代 DNA 为模板，合成子代 DNA，从而将遗传信息传递到子代 DNA 分子中的过程称为 DNA 复制。由于原核生物与真核生物 DNA 的结构和复制所需要的酶、蛋白因子都不同，因此其复制过程也有差异。但原核生物的复制过程相对比较简单，研究得也比较透彻，因此 DNA 复制整个过程以大肠杆菌中 DNA 的复制为例进行介绍。

（一）复制方式——半保留复制

DNA 在复制时，两条链解开分别作为模板，在 DNA 聚合酶的催化下按碱基互补配对的原则合成两条与模板链互补的新链。这样新形成的两个子代 DNA 分子与亲代 DNA 分子的碱基序列完全相同。子代 DNA 分子中一条链来自亲代，另一条链是新合成的，这种复制方式称为半保留复制，见图 14-4。

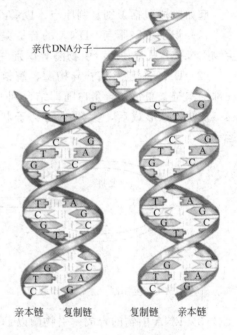

图 14-4 DNA 的半保留复制示意图

（二）复制的条件

1. 需要模板 DNA 链

以亲代 DNA 分子中的两条链分别作为模板。

2. 原料

三磷酸脱氧核苷（dNTP），即 dATP、dGTP、dCTP、dTTP。

3. 需要引物

DNA 聚合酶必须以一段具有 3′端自由羟基（3′-OH）的 RNA 作为引物，才能开始聚合子代 DNA 链。

4. 原核生物 DNA 复制时所需要的酶类

（1）DNA 聚合酶Ⅲ　DNA 聚合酶Ⅲ在 DNA 复制中起主导作用。DNA 聚合酶具有以下特点：①需要提供模板 DNA 链；②起始新的 DNA 链，必须有引物提供 3′-OH；③5′→3′聚合作用；④3′→5′外切活性，即从 3′→5′方向识别并切除新链 DNA 末端与模板 DNA 不配对的核苷酸，这是保证其聚合作用的正确性不可缺少的；⑤5′→3′外切活性，即从 DNA 链的 5′端向 3′末端水解已配对的核苷酸，每次能切除 10 个核苷酸。这种酶活性在 DNA 损伤的修复中可能起重要作用，对完成的 DNA 片段去除 5′端的 RNA 引物也是必需的。

（2）拓扑异构酶与解链酶——解除高级结构的酶　拓扑异构酶兼具内切酶和连接酶活力，能迅速将 DNA 超螺旋或双螺旋紧张状态变成松弛状态，便于解链。

解链酶（另有 rep 蛋白）将 DNA 双螺旋解开，使其成为单链，单链 DNA 才能作为复

制的模板。

(3) 单链结合蛋白（SSB） SSB 主要作用是结合在解开的 DNA 单链上，防止重新形成双螺旋。

(4) 引物酶 实质是以 DNA 为模板的 RNA 聚合酶，启动 RNA 引物链的合成，作为合成 DNA 的引物。

(5) DNA 连接酶——连接 DNA 片段的酶 若双链 DNA 中一条链有切口，一端是 $3'$-OH，另一端是 $5'$-磷酸基，连接酶可催化这两端形成磷酸二酯键，使切口连接。

（三）复制过程

1. 起始——有固定的起点

DNA 在复制时，需在特定的位点起始，这是一些具有特定核苷酸序列的片段，即复制原点。复制大多数为双向进行。从一个复制原点到一个复制终点所包含的 DNA 区域称为复制子，是基因组能独立进行复制的单位。

起始阶段包括识别复制原点、DNA 双螺旋的解开、引物的合成几个步骤。

(1) 识别复制原点 DNA 的合成是从模板 DNA 上特定位点（复制原点）开始。原核生物 DNA 上只有一个。引物酶等识别并结合模板复制原点启动复制。

(2) DNA 解链 拓扑异构酶、解链酶与 DNA 复制的起点结合，解开双螺旋形成两条局部的单链，单链结合蛋白随即结合到 DNA 单链上，形成"眼状"结构——复制眼，见图 14-5。复制眼形成后，其两端的叉子状结构称为复制叉。两个复制叉在 DNA 链上反向运动。

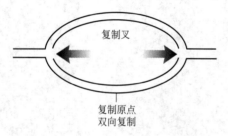

图 14-5 复制眼（复制叉）示意图

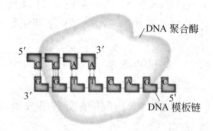

图 14-6 DNA 新链的延长示意图

(3) RNA 引物的合成 引物酶以 DNA 链为模板合成 RNA 引物。原核细胞中引物一般长 50~100 个核苷酸。

2. 延伸

(1) 新链的延长方向——$5'\rightarrow 3'$ 方向 在 DNA 聚合酶Ⅲ的催化下，沿着模板链 $3'\rightarrow 5'$ 方向，按照碱基互补配对原则，在 RNA 引物的 $3'$-OH 末端逐个添加三磷酸脱氧核苷，使子代 DNA 链不断延长。所以，新链的延长方向一定是 $5'\rightarrow 3'$ 方向，如图 14-6 所示。

(2) 半不连续复制 由于 DNA 双螺旋结构中的两条模板链为反向平行，故两条子链的复制方向相反。其中，以 $3'\rightarrow 5'$ 方向的亲代 DNA 链作模板的子代链是顺着解链方向而不断延长，其复制是连续进行的，这条链称为领头链（前导链）；而以 $5'\rightarrow 3'$ 方向的亲代 DNA 链为模板的子代链在复制时其延长方向与复制叉移动的方向相反，这条链是不连续合成的，称为随后链（滞后链）。由于亲代 DNA 双链在复制时是逐步解开的，因此，随后链的合成也是一段一段逐步进行的，随后链中这些子代 DNA 短链称为冈崎片段。

可见，DNA 在复制时，一条链是连续的，另一条链是不连续的，称为半不连续复制。如图 14-7 所示。

3. 终止

DNA 复制的原点是固定的,但复制的终止位点却不是很严格。复制的终止包括去除引物、填补缺口和连接冈崎片段几个环节。

(1) 去除引物,填补缺口 在原核生物中,由 DNA 聚合酶 I 5′→3′外切活性来水解去除 RNA 引物,并由该酶 5′→3′聚合活性催化填补引物缺口处,直到除去引物后的 5′-P 末端。

(2) 连接冈崎片段 在 DNA 连接酶的催化下,两个游离末端形成一个磷酸二酯键,将冈崎片段连接起来,形成完整的 DNA 长链。

新合成的 DNA 链还需在拓扑异构酶的催化下形成具有空间结构的新 DNA 分子,实际上边复制就边螺旋空间化了。

DNA 复制过程是一个高度精确的过程。据估计,大肠杆菌 DNA 复制 5×10^9 碱基对仅出现一个误差,保证复制忠实性的原因主要有三点:①遵守严格的碱基配对规律;②DNA 聚合酶在复制时对碱基的正确选择;③对复制过程中出现的错误及时进行校正。

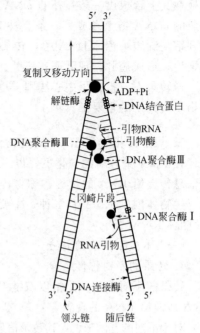

图 14-7 DNA 复制过程示意图

原核生物与真核生物 DNA 复制基本相似,但又有许多不同,其区别见表 14-2。

表 14-2 原核生物与真核生物 DNA 复制比较

细胞	真核细胞	原核细胞
复制子	1000 个以上	1 个
起始位点	多个	1 个
DNA 聚合酶	α、β、γ(均不具外切酶活性)δ 具 3′→5′外切酶活性	I、II、III
速率	较快	较慢
方向	双向为主,也有单向	双向

(四) DNA 的损伤与修复

某些物理化学因素引起 DNA 一级结构的异常改变,称为 DNA 的损伤。常见的因素如紫外线、电离辐射、X 射线等均可引起 DNA 损伤。其中,X 射线和电离辐射常引起 DNA 链的断裂,而紫外线常引起嘧啶二聚体的形成,如 TT,TC,CC 等二聚体。这些嘧啶二聚体由于形成了共价键连接的环丁烷结构,因而会引起复制障碍。

因为 DNA 的完整性对细胞至关重要,所以,生物体内存在多种 DNA 修复途径,主要有以下类型:光修复(光裂合酶诱导修复)、切除修复、重组修复、SOS 修复,后三种修复方式也统称为暗修复。这些修复体系,保证了 DNA 复制的高度精确性。例如,切除修复机制的缺陷与癌症的发生密切相关。

二、RNA 指导下 DNA 的生物合成——逆转录

某些病毒以 RNA 为模板,合成 DNA 的过程,称为逆转录。

催化上述反应的酶称为逆转录酶,又称 RNA 指导的 DNA 聚合酶。该酶存在于所有致瘤 RNA 病毒中,其功能可能与被病毒感染的细胞的恶性转化有关。该病毒先利用 RNA 为

模板在其上合成出一条互补的 DNA 单链（cDNA），形成 RNA-cDNA 杂交分子；然后在新合成的 cDNA 链上合成另一条互补 DNA 链，形成双链 DNA 分子；最后此病毒 DNA 再整合到宿主细胞染色体 DNA 中，转录成 mRNA，然后再翻译成病毒专一的蛋白质，使细胞恶性增生，形成癌肿。现已证实癌肿、白血病和艾滋病的发生都与逆转录有关。

逆转录不仅扩充了中心法则，也有助于对病毒致癌机制的了解，此外逆转录酶还是分子生物学研究中的重要工具酶。

三、DNA 指导下 RNA 的生物合成——转录

在 RNA 聚合酶的催化下，以一段 DNA 链为模板合成 RNA，从而将 DNA 所携带的遗传信息传递给 RNA 的过程，称为转录。

生物体内的 RNA 有多种，主要的是 mRNA（信使 RNA），tRNA（转运 RNA），rRNA（核糖体 RNA）。

（一）RNA 转录的特点

1. 转录的不对称性

转录的不对称性就是指以双链 DNA 中的一条链作为模板进行转录，从而将遗传信息由 DNA 传递给 RNA 的现象。

对于不同的基因来说，其转录信息可以存在于两条不同的 DNA 链上。能够转录 RNA 的那条 DNA 链称为反意义链（模板链），而与之互补的另一条 DNA 链称为有意义链（编码链）。

2. 转录的连续性

RNA 转录合成时，以 DNA 作为模板，在 RNA 聚合酶的催化下，连续合成一段 RNA 链，各条 RNA 链之间无需再进行连接。

3. 转录的单向性

RNA 转录合成时，只能向一个方向进行聚合，所依赖的模板 DNA 链的方向为 $3'\to 5'$，而 RNA 链的合成方向为 $5'\to 3'$。

4. 有特定的起始和终止位点

转录从 DNA 模板的特定位点开始，并在一定的位点终止，即有启动子和终止子。此转录区域为一个转录单位。对于真核生物一个转录单位就是一个基因，而原核生物可以是多个基因。

此外，RNA 转录不需要引物；转录后的产物需经过加工修饰，才能成为成熟、有活性的 RNA 分子。

（二）RNA 转录的条件

1. 底物

四种三磷酸核苷（NTP），即 ATP，GTP，CTP，UTP。

2. 模板

以一段单链 DNA 作为模板。

3. RNA 聚合酶

这是一种不同于引物酶的依赖 DNA 的 RNA 聚合酶。该酶在单链 DNA 模板以及四种三磷酸核苷存在的条件下，不需要引物，可从 $5'\to 3'$ 聚合 RNA。

（1）原核细胞 RNA 聚合酶 原核生物中的 RNA 聚合酶全酶由五个亚基构成，即 $\alpha_2\beta\beta'\sigma$（图 14-8）。

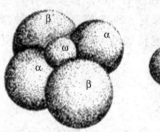

图 14-8　RNA 聚合酶的亚单位示意图

σ亚基在转录合成开始后被释放，剩下的 $\alpha_2\beta\beta'$ 称为核心酶，见表14-3。

表14-3 原核细胞RNA聚合酶的组成与功能

亚基	功能	亚基	功能
α	转录的特异性	β′	与模板DNA结合
β	起始和催化合成	σ	识别起始点、稳定全酶

细菌只有一种RNA聚合酶，它完成细胞中所有RNA的合成。

（2）真核细胞RNA聚合酶 真核生物中的RNA聚合酶可按其对α-鹅膏蕈碱敏感性分为三种，它们均由10~12个大小不同的亚基组成，结构非常复杂，其功能也不同，如表14-4所示。

表14-4 真核细胞RNA聚合酶的分类与功能

种类	亚细胞定位	对α-鹅膏蕈碱的敏感性	功能
RNA聚合酶Ⅰ	核仁	不敏感	合成rRNA前体
RNA聚合酶Ⅱ	核基质	极敏感	合成hnRNA
RNA聚合酶Ⅲ	核基质	敏感	合成tRNA前体snRNA及5SrRNA

4. 终止子和终止因子

提供转录停止信号的DNA序列称为终止子。终止子的作用是在DNA模板的特异位点处终止RNA的合成。

协助RNA聚合酶识别终止信号的辅助因子（蛋白质）则称为终止因子，如原核生物中的ρ因子。

（三）RNA转录合成的基本过程

1. 识别启动子

原核生物RNA聚合酶中的σ因子识别转录起始点，并促使核心酶结合形成全酶复合物。

2. 起始

RNA聚合酶全酶促使局部双链解开，结合第一个三磷酸核苷。加入的第一个三磷酸核苷常是GTP或ATP，并催化GTP或ATP与另外一个三磷酸核苷聚合，形成第一个3′,5′-磷酸二酯键。

3. 延长

σ因子从全酶上脱离，余下的核心酶继续沿模板DNA链由 $3'\rightarrow 5'$ 方向移动，按照碱基互补配对原则，不断聚合RNA，使RNA链不断由 $5'\rightarrow 3'$ 方向延长，见图14-9。

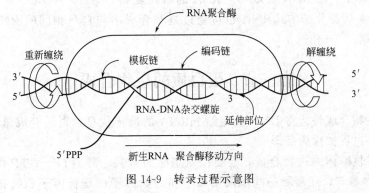

图14-9 转录过程示意图

4. 终止

转录的终止是指 RNA 聚合酶在模板的某一位点（基因末端）停止，RNA 链不再延长并从转录复合物上脱离出来。

DNA 分子上的终止子，能使 RNA 聚合酶停止合成 RNA 并释放出 RNA。原核细胞中有两类终止子。

（1）不依赖 ρ 因子的终止子（简单终止子）　模板 DNA 链在终止点之前具有一段富含 G-C 的回文区域，其后是一连串的 dA 碱基序列（连续 6 个）。

相连的富含 GC 的区域，使转录的 RNA 产物形成发夹形的二级结构及一连串 U，它可引起 RNA 聚合酶变构并停止移动，导致 RNA 转录的终止，见图 14-10。

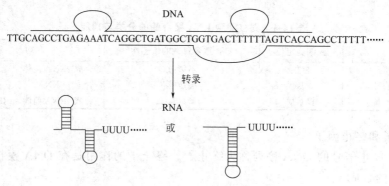

图 14-10　原核生物终止子的结构

（2）依赖 ρ 因子的终止子　依赖 ρ 因子的终止子不富含 GC 转录出的 RNA，不是都能形成稳定的发夹，并且回文结构后无连串 U。因此需要 ρ 因子（终止因子，协助 RNA 聚合酶识别终止信号）帮助，它能与 RNA 聚合酶结合并阻止 RNA 聚合酶向前移动，于是转录终止，并释放出已转录完成的 RNA 链。

真核生物转录的终止信号和机制了解很少，其主要原因在于大多数 RNA 在转录后很快进行加工，难确定原初的 3′-端。

（四）RNA 转录后的加工修饰

不论原核或真核生物的 rRNA 和 tRNA 都是以初级转录形式被合成的，必须经加工才能成为成熟的 RNA 分子。然而绝大多数原核生物的 mRNA 却不需加工，仍为初级转录形式。相反，真核生物转录生成的 mRNA 也要经加帽、加尾、去除内含子等加工和化学修饰才能形成具有生物活性的各种 RNA 分子。

四、RNA 指导下的 RNA 合成——RNA 的自我复制

在某些 RNA 病毒分子中，RNA 也可通过复制合成出与自身相同的 RNA 分子，称为 RNA 的自我复制。

第三节　蛋白质的生物合成

蛋白质的生物合成是指将 DNA 传递给 mRNA 的遗传信息，再转变成蛋白质中氨基酸排列顺序，这一过程被称为翻译。

蛋白质是在核糖体内进行合成，需要以氨基酸为原料，需 ATP、GTP 作为供能物质，并需 Mg^{2+}、K^+ 参与，还需要一些蛋白质因子如起始因子、延长因子和终止因子的帮助。

更为重要的是，蛋白质的生物合成过程离不开 3 种 RNA（tRNA、mRNA、rRNA）。

一、RNA 在蛋白质生物合成中的作用

（一）mRNA

mRNA 是蛋白质合成的直接模板，mRNA 分子中的 4 种碱基与蛋白质分子中的 20 种氨基酸通过遗传密码来沟通。

遗传密码是指 mRNA 分子上从 $5'\rightarrow 3'$ 方向，每三个相邻的核苷酸为一组，可编码肽链上一个氨基酸，此三联核苷酸组称为一个密码子，又叫遗传密码。表 14-5 为通用遗传密码表。

表 14-5　通用遗传密码表

第一位碱基 （5′磷酸端）	第二位碱基				第三位碱基 （3′羟基端）
	U	C	A	G	
U	苯丙氨酸	丝氨酸	酪氨酸	半胱氨酸	U
	苯丙氨酸	丝氨酸	酪氨酸	半胱氨酸	C
	亮氨酸	丝氨酸	终止信号	终止信号	A
	亮氨酸	丝氨酸	终止信号	色氨酸	G
C	亮氨酸	脯氨酸	组氨酸	精氨酸	U
	亮氨酸	脯氨酸	组氨酸	精氨酸	C
	亮氨酸	脯氨酸	谷氨酰胺	精氨酸	A
	亮氨酸	脯氨酸	谷氨酰胺	精氨酸	G
A	异亮氨酸	苏氨酸	天冬酰胺	丝氨酸	U
	异亮氨酸	苏氨酸	天冬酰胺	丝氨酸	C
	异亮氨酸	苏氨酸	赖氨酸	精氨酸	A
	甲硫氨酸	苏氨酸	赖氨酸	精氨酸	G
G	缬氨酸	丙氨酸	天冬氨酸	甘氨酸	U
	缬氨酸	丙氨酸	天冬氨酸	甘氨酸	C
	缬氨酸	丙氨酸	谷氨酸	甘氨酸	A
	缬氨酸	丙氨酸	谷氨酸	甘氨酸	G

遗传密码具有如下特征。

（1）通用性　目前这套遗传密码对动植物、微生物都适用，说明生物界是起源于共同的祖先，也是当代基因工程中一种生物的基因可以在另一种生物中表达的基础。

（2）读码的连续性　无标点符号，读码必须按一定的读码框架从正确的起点开始，不重叠，也无间隔。

（3）方向性　密码子的阅读方向为 $5'\rightarrow 3'$。

（4）简并性　一种氨基酸可有多种密码子编码。通常除甲硫氨酸与色氨酸只有一个密码子外，其他 18 种氨基酸均由两个或两个以上的密码子编码，这种编码同一种氨基酸的不同密码子，称为同义密码子。

（5）摆动性　是指同义密码子的前两个碱基相同，决定了其专一性，而第三个碱基可以发生变化。例如：丝氨酸（Ser）的两个密码子 UCC 和 UCU。

遗传密码的摆动性，减少了由于基因突变而带来的有害反应，并且也利于 tRNA 上的反密码子与 mRNA 上密码子配对，并使 tRNA 上稀有碱基位可与密码子配对，如 5′-IGC-3′ 可与 5′-GCU-3′、5′-GCC-3′、5′-GCA-3′ 配对。

（6）起始密码 AUG 和终止密码 UAA、UAG、UGA　起始密码 AUG，也可编码甲硫氨酸。当 AUG 出现在 mRNA 5′-端起始处时，表示蛋白质合成的起始信号，同时也代表甲硫氨酸。当出现在 mRNA 中部时仅代表甲硫氨酸。终止密码 UAA、UAG、UGA，不代表

任何氨基酸,仅作为蛋白质合成的终止信号。

(二) tRNA

tRNA是活化和运输氨基酸的工具,同时也是解读mRNA分子上遗传密码的解码器。

1. tRNA的结构

tRNA的二级结构呈三叶草形,由氨基酸臂、反密码环等几部分组成,如图14-11所示。

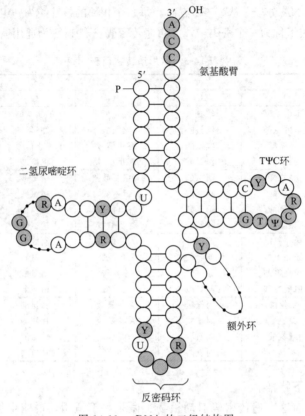

图14-11　tRNA的二级结构图

三级结构为倒"L"形,氨基酸臂、反密码子分别位于倒"L"的两端,如图14-12所示。

2. 反密码子

tRNA的反密码环顶端有三个相邻的一组核苷酸,可以与mRNA上的密码子按照碱基配对规律互补结合,这三个相邻的核苷酸称为反密码子。tRNA通过反密码子解读mRNA上的密码子,才能保证为蛋白质的正确合成提供原料。

通常,一种tRNA可携带一种氨基酸,而一种搭配可由数种(一类)tRNA来携带。

3. 氨基酸臂

生物体内,tRNA的种类很多,但所有tRNA的3'端最后3个核苷酸均为CCA-OH。tRNA分子上3'端-CCA-OH为氨基酸接受位点,3'-OH可与特定氨基酸的α-NH$_2$之间脱水形成酯键,生成氨基酰-tRNA。

(三) rRNA与核糖体

rRNA与蛋白质构成核糖体。核糖体是蛋白质合成的场所,能识别参与多肽链的启动、延长和终止的各种因子,结合含有遗传信息的mRNA并在mRNA上移动。

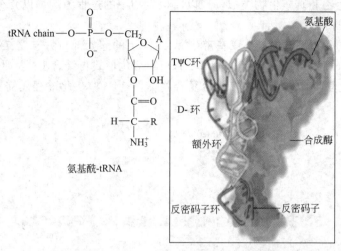

图 14-12　tRNA 的三级结构及氨基酰-tRNA 结构图

1. 组成

由大、小两个亚基组成。原核细胞核糖体为 70S 核糖体，由 30S 和 50S 两个亚基组成；真核细胞核糖体为 80S 核糖体，由 40S 和 60S 两个亚基组成。

2. 结构

核糖体的结构如图 14-13 所示。

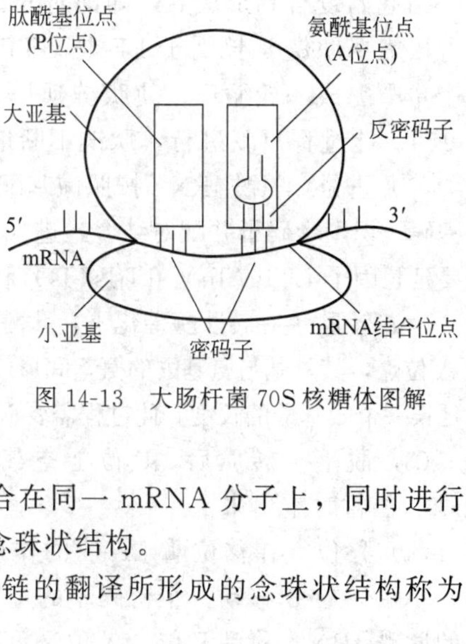

3. 核糖体上的结合位点

氨酰-tRNA 部位（A 位点）：与新掺入的氨酰-tRNA 结合。

肽酰-tRNA 部位（P 位点）：与延伸中的肽酰-tRNA 结合。

图 14-13　大肠杆菌 70S 核糖体图解

4. 多核糖体

在蛋白质生物合成过程中，常常由若干核糖体结合在同一 mRNA 分子上，同时进行翻译，但每两个相邻核糖体之间存在一定的间隔，形成念珠状结构。

由若干核糖体结合在一条 mRNA 上同时进行多肽链的翻译所形成的念珠状结构称为多核糖体。多核糖体大大提高了蛋白质合成的速率。

二、蛋白质的生物合成过程

（一）氨基酸的活化

氨基酸的活化是在氨基酰-tRNA 合成酶催化下，由 ATP 供能而进行的。氨酰基转移到 tRNA 的 3′-OH 端，形成氨基酰-tRNA。

每种氨基酰-tRNA 合成酶对相应氨基酸以及携带氨基酸的数种 tRNA 具有高度特异性，这是保证 tRNA 能够携带正确的氨基酸对号入座的必要条件。

（二）活化氨基酸缩合生成多肽链——核糖体循环

活化氨基酸在核糖体上缩合生成肽链是从大小亚基在 mRNA 上聚合开始（肽链合成），到核糖体解聚为两个亚基离开 mRNA 而结束，解聚后的两个亚基又可重新聚合开始另一条肽链的合成，因此称为核糖体循环。核糖体循环过程可分为起始、延长和终止三个阶段，这三个阶段在原核生物和真核生物类似，现以原核生物中的过程为例加以介绍。

1. 肽链合成的起始

在起始因子的促进下，30S 小亚基辨认 mRNA 上的起始部位并与之结合，然后 N-甲酰甲硫氨酰-tRNA（真核生物是甲硫氨酰-tRNA）的活化形式再结合上去，形成复合体。此时 50S 大亚基再与此复合体结合，形成起始复合物（图 14-14）。此过程还需要 GTP 和几种起始因子参与反应。

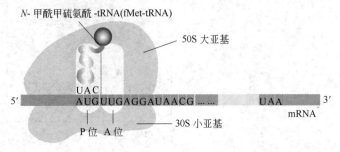

图 14-14　肽链合成起始复合物的形成

2. 肽链合成的延长

当起始复合物形成后，随即对 mRNA 链上的遗传信息进行连续翻译，使肽链逐渐延长。此阶段需要肽链延长因子 EF 与 GTP、Mg^{2+}、K^+ 等参与，经过进位、转肽、脱落、移位四个步骤完成一轮循环，使肽链延长一个氨基酸（图 14-15）。此过程反复进行，肽链不断地延长。

（1）进位　氨酰 tRNA 按照碱基配对的原则，通过反密码子识别密码子并配对结合，进入 A 位点。此过程需要延长因子 EFTu(Tu)、EFTs(Ts) 和 GTP 的参与。

（2）转肽　在转肽酶催化下，肽酰基从 P 位点转移到 A 位点，其酰基与氨基酰的氨基间形成肽键，使原来肽链延长一个氨基酸的长度。此过程需要 Mg^{2+} 和 K^+ 参与。

（3）脱落　转肽后，P 位上空载的 tRNA 脱落，此时 P 位暂时空出来。

（4）移位　在移位酶 EF-G 的作用下，核糖体沿 mRNA 由 $5'\to3'$ 移动一个密码子的位置，使原来在 A 位的肽酰-tRNA 移到 P 位，A 位又重新空出来并对应于 mRNA 上新的密码子。

通过上述四步反应，新生肽链可延长一个氨基酸单位，如此反复进行，核糖体沿 mRNA 链由 $5'\to3'$ 移动，肽链由氨基端向羧基端不断地延长。从氨基酸的活化到新生肽链增加一个氨基酸单位，共消耗四个高能磷酸键（GTP）。

3. 肽链合成的终止

终止因子 RF 能识别终止密码并结合到 A 位上，终止肽链的延长。

终止因子与核糖体结合后使转肽酶作用发生变

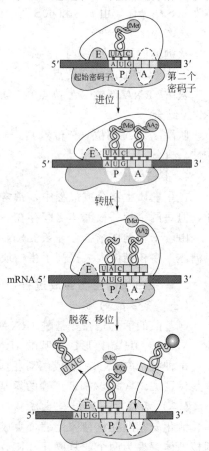

图 14-15　肽链延长过程示意图

化，不再起转肽作用，而起水解作用，使 P 位上的新生肽链水解并释放出来。

三、多肽链合成后的加工修饰

从 mRNA 翻译得到的蛋白质多数是没有生物活性的初级产物，只有经过加工修饰后才能成为有活性的终产物即成熟蛋白质。其加工修饰方式有以下几种。

1. N 端甲酰甲硫氨酸或甲硫氨酸的切除

原核细胞蛋白质合成的起始氨基酸是甲酰甲硫氨酸，经去甲酰基酶水解除去 N 端的甲酰基，然后在氨肽酶的作用下再切去一个或多个 N 端的氨基酸。真核细胞中切除的则是 N 端的甲硫氨酸，通常在肽链合成完成之前就已被切除。

2. 氨基酸的修饰

由专一性的酶催化进行修饰，包括糖基化、羟基化、磷酸化、甲酰化等。

3. 二硫键的形成

由专一性的氧化酶催化，将—SH 氧化为—S—S—。

4. 肽段的切除

由专一性的蛋白酶催化，将部分肽段切除。如：前胰岛素原（切信号肽）→胰岛素原（切间插序列）→胰岛素。

5. 多肽链的折叠

蛋白质的一级结构决定高级结构，所以合成后的多肽链能自动折叠。许多蛋白质的多肽链可能在合成过程中就已经开始折叠，并非一定要从核糖体上脱下来以后，才折叠形成特定的构象。但是，在细胞中并不是所有的蛋白质合成后都能自动折叠，有些蛋白质需要分子伴侣或多肽链结合蛋白的帮助才能折叠形成正确三维空间结构。

习题

1. 填空题

(1) DNA 生物合成中前导链合成的方向是_____着复制叉，而随后链合成的方向是_____着复制叉。

(2) 参与 DNA 复制的原料有_____、_____、_____、_____四种。

(3) 参与 DNA 复制的酶类及蛋白因子有_____、_____、_____、_____、_____、_____等。

(4) 复制时 DNA 新链的延长方向是由_____。

(5) DNA 生物合成时在_____链上合成冈崎片段。

(6) AUG 既代表_____氨基酸，又代表_____密码，_____、_____和_____代表终止密码。

(7) 蛋白质生物合成时肽链延伸阶段包括_____、_____、_____和_____四步反应。

2. 名词解释

半保留复制；转录；反转录；遗传密码。

3. 简答题

(1) 简要说明原核细胞（大肠杆菌）DNA 半保留复制的过程。

(2) DNA 复制与 RNA 转录各有何特点？试比较之。

(3) 什么是遗传密码？简述其基本特点。

(4) mRNA、tRNA、rRNA 在蛋白质生物合成中各具有什么作用？

(5) 按下列 DNA 单链写出：

5′TCGTCGACGATGATCATCGGCTACTCG3′

① DNA 复制时，另一单链的序列；

② 转录成的 mRNA 序列；

③ 合成的多肽序列。

第十五章 肝脏的生物化学

本章学习目标

★ 掌握肝脏在糖、脂类和蛋白质代谢中的重要作用，熟悉肝脏在维生素、激素代谢中的作用。
★ 掌握肝脏的生物转化作用，生物转化的生理意义及反应类型。
★ 熟悉胆汁酸分类、胆汁酸肠肝循环，掌握胆汁酸功能。
★ 掌握胆色素生成、转运过程，了解胆色素的代谢转变及肠肝循环。

肝脏是动物体内最大的实质性器官，也是体内最大的腺体，在生命活动中占有十分重要的作用，具有复杂多样的生物化学功能，在体内物质消化、分泌、排泄、代谢和生物转化中均起着重要作用，被称为是有机体的"物质代谢枢纽"和"综合性化工厂"。

第一节 肝脏的结构特点和化学组成

一、肝脏的结构特点

肝脏是动物体内最大的实质性器官，其质量与体重的平均比例为，羊1∶80，马1∶72，牛1∶55，猪1∶42，兔1∶37，鸡1∶37。

1. 双重血液供应

肝脏具有肝动脉和门静脉双重的血液供应，见图15-1。通过肝动脉，肝脏从体循环血液中既可获得充足的氧以保证肝内各种生化反应的正常进行，又可获得充分的代谢物质与全身各组织进行物质交换。同时通过门静脉，肝脏可获得从消化道吸收的营养物质，在肝内经改造利用或贮存，有害物质则进行转化和解毒。

2. 双重输出通道

肝脏具有肝静脉和胆道系统双重输出通道。一方面，肝脏中的一些代谢产物可

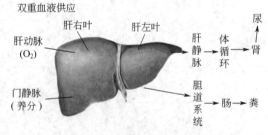

图15-1 肝脏的结构特点示意图

通过肝静脉流进后腔静脉的血液循环通路进入血液；另一方面，肝脏还通过胆道系统与肠道沟通，使有些代谢产物随着胆汁的分泌而进入肠道，并随粪便排出体外。

3. 含有丰富的血窦

肝有丰富的血窦且肝细胞膜通透性大，血液在血窦处血流缓慢，这些特点使肝细胞与血液的接触面积大、时间长，为肝细胞与血液间的物质交换提供了极为有利的条件。

4. 含有丰富的亚细胞结构

肝细胞含有丰富的细胞器如内质网、线粒体、溶酶体、过氧物体等亚细胞结构，这些

结构及能量的充分供应,与肝脏合成大量的蛋白质、脂类及其生物转化功能等生理机能相适应。

5. 丰富的酶系统

肝细胞内含有丰富的酶系统,有些酶甚至是肝所独有或是其他组织含量极少的,如合成酮体和尿素的酶系;催化芳香族氨基酸及含硫氨基酸代谢的酶类;位于肝细胞滑面内质网,能催化许多结构不同药物代谢转化的肝药酶等。所以,肝脏在糖、脂类、蛋白质、激素等代谢中起着的重要作用。

二、肝脏的化学组成

肝脏的化学组成如表 15-1 所示。

表 15-1　肝脏的化学组成

成　分	质量分数/%	成　分	质量分数/%
水	70	Na	0.190
蛋白质*	15	K	0.215
糖原	5～10	Cl	0.016
葡萄糖	0.1	Ca	0.012
甘油三酯	2	Mg	0.022
磷脂	2.5	Fe	0.010
胆固醇	0.3	Zn	0.006
		Cu	0.002

肝脏中的成分常随营养及疾病的情况而改变。例如,饥饿多日后,肝中蛋白质及肝糖原含量下降,磷脂及甘油三酯的含量升高;肝内脂类含量增加时,水分含量下降。

第二节　肝脏在代谢中的作用

一、肝脏在糖代谢中的作用

肝在糖代谢中的重要作用是维持血糖浓度的相对恒定。这一作用是在神经体液因素的调控之下,通过糖原的合成与分解及糖异生作用实现的。

饱食状态下,肝很少将所摄取的葡萄糖转化为二氧化碳和水,大量的葡萄糖被合成糖原贮存起来。过多的糖则转化成脂肪,以 VLDL 形式运出。在空腹状态下,由于葡萄糖不断地被组织细胞氧化利用,血糖浓度将会降低,这时肝糖原分解释放出血糖,供中枢神经系统和红细胞等利用。饥饿状态下,肝糖原几乎被耗竭,糖异生便成为肝供应血糖的主要途径。

二、肝脏在脂类代谢中的作用

肝在脂类物质的消化、吸收、分解、合成与运输过程中均具有重要作用。

肝细胞分泌的胆汁中含有的胆汁酸盐,具有乳化作用,可促进脂类及脂溶性维生素的吸收。当肝受损或胆道阻塞时,胆汁的排泄减少,影响脂类的消化吸收,病人常出现脂肪泻、厌油腻食物等临床症状。

肝脏是脂肪酸代谢的主要场所。肝内脂肪酸代谢有两条途径:内质网中的酯化作用和线粒体内的氧化作用。饥饿时脂库中的脂肪动员、释放的脂肪酸进入肝内主要通过β-氧化进行代谢。

肝脏也是脂类合成的主要场所。肝脏是生成酮体的唯一器官。肝脏也是合成胆固醇最旺盛的器官,合成量占全身总合成量的 3/4 以上。肝脏还可合成脂肪酸、甘油三酯、磷脂,并以 VLDL 形式分泌入血，供其他组织器官摄取与利用。

肝脏在脂类的转运和胆固醇的转化及排泄中也起着重要作用。肝脏可合成与分泌 VLDL 和 HDL，VLDL 是转运内源性脂肪的重要形式。当肝细胞损伤时，可导致脂肪肝的形成。HDL 的重要作用是将肝外组织中的胆固醇携带入肝脏，在肝内将胆固醇进行代谢转化和排泄。胆汁酸的生成是肝脏降解胆固醇最主要的途径。肝不断将胆固醇转化为胆汁酸，以防止体内胆固醇超负荷。肝脏还是合成磷脂的重要器官。

三、肝脏在蛋白质代谢中的作用

肝脏是蛋白质代谢最活跃的器官之一，其中蛋白质的更新速率也最快，在组织蛋白质合成、分解和氨基酸代谢中起重要作用。

（一）分解代谢

肝脏在血浆蛋白质分解代谢中起着重要作用。肝细胞表面有特异性受体可识别某些血浆蛋白质（如铜蓝蛋白、$α_1$ 抗胰蛋白酶等），经胞饮作用吞入肝细胞，被溶酶体水解酶降解。肝脏中有关氨基酸分解代谢的酶含量丰富，体内大部分氨基酸，除支链氨基酸在肌肉中分解外，其余氨基酸特别是芳香族氨基酸主要在肝脏分解。

肝脏是合成尿素的重要器官。尿素的合成不仅解除氨的毒性，且消耗了产生呼吸性 H^+ 的 CO_2，故在维持机体酸碱平衡中具有重要作用。

肝脏也是解除胺类物质毒性的重要器官。肠道细菌作用于氨基酸产生的芳香胺类等有毒物质，被吸收入血，主要在肝细胞中进行转化以降低其毒性。

（二）合成代谢

肝脏除合成自身所需蛋白质以外，还合成大量血浆蛋白，如血浆中的全部清蛋白、凝血酶原及凝血因子（Ⅴ、Ⅶ、Ⅸ、Ⅹ）、纤维蛋白原。此外，载脂蛋白以及部分球蛋白都是在肝脏中合成的。

四、肝脏在维生素代谢中的作用

肝脏在维生素的吸收、贮存及活化中起重要作用。

肝脏分泌的胆汁酸盐可协助脂溶性维生素的吸收。肝脏也是维生素 A、E、K 及 B_{12} 的主要贮存场所，且富含 B_1、B_2、B_6、遍多酸和叶酸。

肝脏可合成维生素 D 结合蛋白和视黄醇结合蛋白，通过血液循环转运维生素 D 和维生素 A。

肝脏也是多种维生素转变为辅酶组成成分的重要场所。如肝脏将尼克酰胺转变为辅酶Ⅰ及辅酶Ⅱ的组成部分，将泛酸转变为辅酶 A 的组成部分，将维生素 B_1 转化为焦磷酸硫胺素，将胡萝卜素转变为维生素 A，将维生素 D_3 羟化为 25-羟维生素 D_3。

五、肝脏在激素代谢中的作用

许多激素（如雌激素、醛固酮、抗利尿激素等）在发挥其调节作用后，主要在肝脏内被降解、转化，从而降低或失去其活性，这一过程称为激素的灭活。激素灭活后的产物大部分以游离或者结合的形式通过肾随尿排出，小部分由胆汁排出。如雌激素在体内降解主要在肝内进行，雌激素在羟化酶作用下，生成雌三醇，孕酮被还原为孕二醇。雌三醇和孕二醇在肝内与葡萄糖醛酸或硫酸盐结合，随胆汁和尿排出。动物实验证明，肝脏受损后，对激素的灭活作用减退，醛固酮灭活减少，引起水与钠潴留，且使体内及尿内的雌激素含量增加，雌激素过多，可使局部小动脉扩张而出现蜘蛛痣或肝掌。

第三节 肝脏的生物转化作用

一、概述

日常生活中,动物体内常常存在许多非营养物质,这些物质不是组织细胞的结构成分,又不能氧化供能,其中有些还会对机体产生生物学效应或毒性作用,必须由机体及时清除。生物转化作用的生理意义主要是使许多非营养物质极性增强,溶解度增大,易于随胆汁或尿排出体外。各种物质的生物活性在生物转化过程中发生很大变化,有的活性或毒性减弱或消失,有的活性或毒性反而增加或溶解性反而降低,不易排出体外。

二、生物转化的反应类型

肝脏内的生物转化反应主要分为氧化、还原、水解与结合四种反应类型,常分为两相:第一相反应包括氧化、还原、水解反应,使底物分子中某些非极性基团转变为极性基团,增加了亲水性;第二相为结合反应,底物分子进一步与葡萄糖醛酸、硫酸或氨基酸等极性更强的物质结合,以增大溶解度、水溶性和极性。第二相反应是体内最重要的生物转化方式。

(一)氧化反应

氧化反应是最多见的生物转化第一相反应,肝脏中的微粒体、线粒体及胞液中含有多种参与生物转化的氧化酶系,催化不同类型的氧化反应。

1. 加单氧酶系

依赖于细胞色素的 P_{450} 加单氧酶系(又称混合功能氧化酶),存在于肝微粒体中,由 NADPH,NADPH-细胞色素 P_{450} 还原酶及细胞色素 P_{450} 组成,催化脂溶性物质从分子氧中接受一个氧原子,生成羟基化合物或环氧化合物。加单氧酶系是氧化外源性物质最重要的酶,进入机体的外源性化合物约一半以上经此系统氧化。加单氧酶系催化的反应通式如下:

$$NADPH + H^+ + O_2 + RH \longrightarrow NADP^+ + H_2O + ROH$$

加单氧酶系在药物和毒物的转化中起重要作用。经羟化作用后,药物或毒物的水溶性增加,易于排泄。例如苯巴比妥的苯环经羟化后,极性增强,催眠作用减弱或消失,且易于排出体外。

2. 线粒体单胺氧化酶系

单胺氧化酶系存在于肝细胞线粒体内,它是一种黄素蛋白,可催化胺类(如组胺、酪胺、色胺、尸胺和儿茶酚胺)氧化脱氨基生成相应的醛,后者进一步在胞液中醛脱氢酶催化下氧化成酸。

$$\underset{\text{胺}}{RCH_2NH_2} + O_2 + H_2O \xrightarrow{\text{单胺氧化酶}} \underset{\text{醛}}{RCHO} + NH_3 + H_2O_2$$

3. 脱氢酶系

分布于肝细胞微粒体及胞液中的醇脱氢酶和醛脱氢酶,均以 NAD^+ 为辅酶,可催化醇类氧化成醛、醛类氧化成酸。

$$RCH_2OH + NAD^+ \xrightarrow{\text{醇脱氢酶}} RCHO + NADH + H^+$$

$$RCHO + NAD^+ + H_2O \xrightarrow{\text{醛脱氢酶}} RCOOH + NADH + H^+$$

肝微粒体乙醇氧化系统(MEOS)是乙醇-P_{450}加单氧酶,产物是乙醛,仅在血中乙醇浓度很高时才被诱导而起作用。乙醇诱导 MEOS 不但不能使乙醇氧化产生 ATP,还可增加对氧和 NADPH 的消耗,催化脂质过氧化产生羟乙基自由基,后者可进一步促进脂质过氧化,引发肝损伤。

（二）还原反应

肝细胞微粒体的主要还原酶类是硝基还原酶类和偶氮还原酶类，分别催化硝基化合物与偶氮化合物从 NADPH 接受氢，还原成相应的胺类。如偶氮苯、硝基苯。

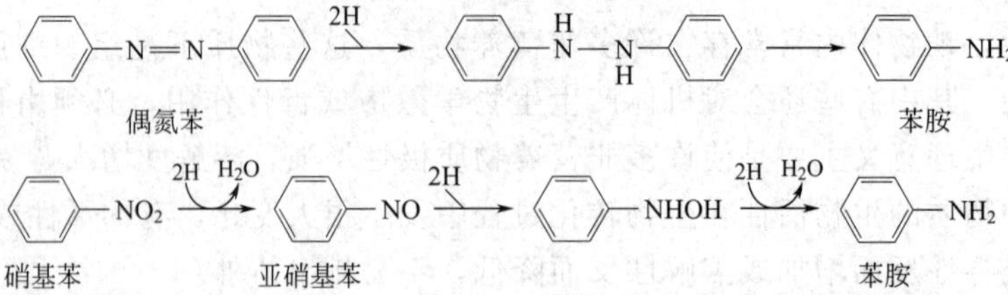

$$C_6H_5-N=N-C_6H_5 \xrightarrow{2H} C_6H_5-NH-NH-C_6H_5 \xrightarrow{2H} 2\,C_6H_5-NH_2$$

偶氮苯　　　　　　　　　　　　　　　　　　　　　　　　　苯胺

$$C_6H_5-NO_2 \xrightarrow{2H,\ -H_2O} C_6H_5-NO \xrightarrow{2H} C_6H_5-NHOH \xrightarrow{2H,\ -H_2O} C_6H_5-NH_2$$

硝基苯　　　亚硝基苯　　　　　　　　　　　　　　苯胺

（三）水解反应

肝细胞的胞液与内质网中含有多种水解酶类，主要有酯酶、酰胺酶和糖苷酶，分别水解酯键、酰胺键和糖苷键类化合物，以减低或消除其生物活性。这些水解产物通常还需进一步反应，以利排出体外。如，乙酰水杨酸在相应的酯酶催化下释放出水杨酸；局部麻醉药普鲁卡在肝内很快被水解而失去药理作用。

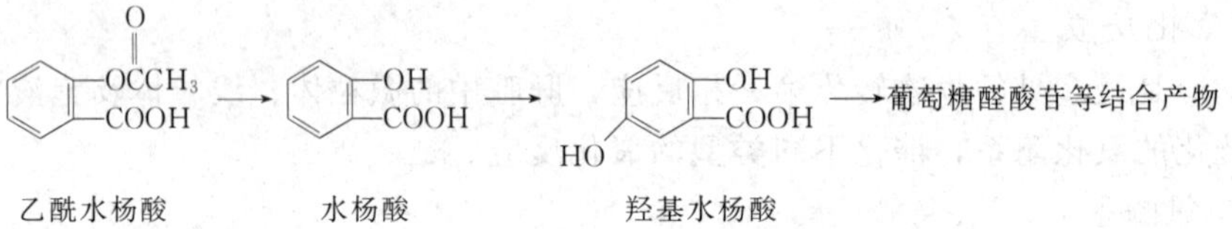

乙酰水杨酸 → 水杨酸 → 羟基水杨酸 → 葡萄糖醛酸苷等结合产物

一些非营养物质经过第一相反应后，极性和水溶性增加得并不多，还需要进行第二相反应才能完成生物转化。

（四）结合反应

肝细胞内含有许多催化结合反应的酶类。凡含有羟基、羧基或氨基的药物、毒物或激素均可发生结合反应，或进行酰基化和甲基化等反应。参与结合反应的物质有多种，如葡萄糖醛酸、硫酸、谷胱甘肽、甘氨酸等，与葡萄糖醛酸、硫酸的结合反应最为重要，尤以葡萄糖醛酸的结合反应最为普遍。

1. 葡萄糖醛酸结合反应

葡萄糖醛酸结合是最重要、最普遍的结合反应。肝细胞微粒体中含有非常活跃的葡萄糖醛基转移酶。它以尿苷二磷酸葡萄糖醛酸（UDPGA）为供体，催化葡萄糖醛酸基转移到多种含极性基团的分子（如醇、酚、胺、羧基化合物等）上，生成相应的葡萄糖醛酸苷。许多药物（如乙酰水杨酸、吗啡、樟脑）和体内许多正常代谢产物（如胆红素、雌激素等）大部分都是通过与葡萄糖醛酸结合后排出体外。

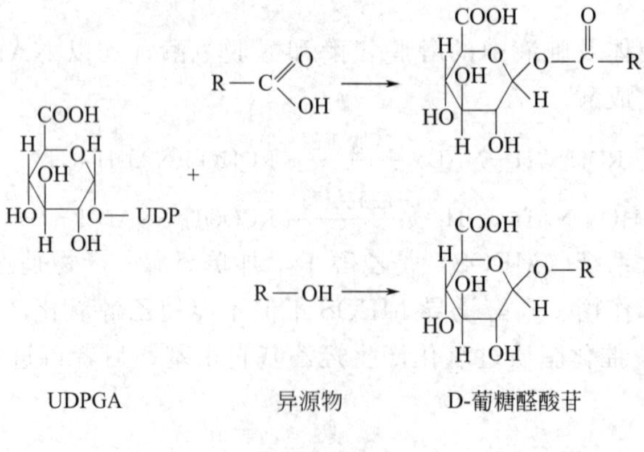

UDPGA　　　　异源物　　　　D-葡糖醛酸苷

2. 硫酸结合反应

硫酸结合也是常见的结合反应。3'-磷酸腺苷-5'-磷酰硫酸（PAPS）是活性硫酸供体，在肝细胞液硫酸转移酶的催化下，将硫酸基转移到多种醇、酚或芳香族胺类分子上，生成硫酸酯化合物。如雌激素在肝中与硫酸结合而灭活。

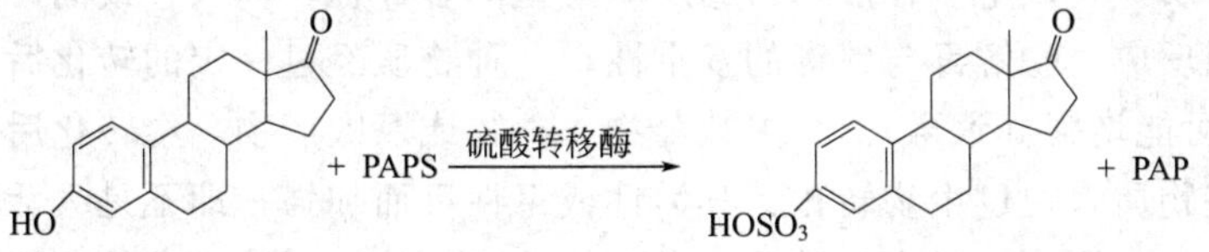

雌酮 + PAPS —硫酸转移酶→ 雌酮硫酸 + PAP

3. 酰基化反应

乙酰基化是某些含胺非营养物质的重要转化方式。肝细胞液中含有乙酰基转移酶，催化乙酰基从乙酰辅酶A转移到芳香胺或氨基酸的氨基，形成乙酰化衍生物。例如，异烟肼和大部分磺胺类药物在肝内通过这种形式灭活。

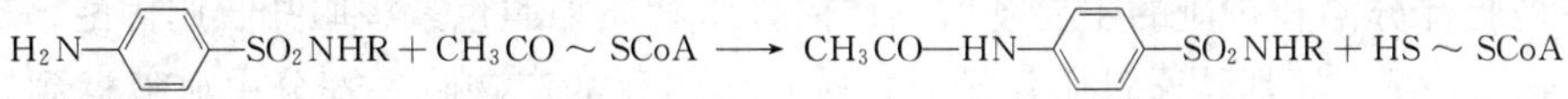

H_2N—◯—SO_2NHR + $CH_3CO \sim SCoA$ ⟶ CH_3CO—HN—◯—SO_2NHR + $HS \sim SCoA$

磺胺　　　　　　乙酰辅酶A　　　　　　　　N-乙酰磺胺　　　　　　　辅酶A

4. 谷胱甘肽结合反应

谷胱甘肽结合是细胞应对亲电子性异源物的重要防御反应。谷胱甘肽（GSH）在肝细胞胞液谷胱甘肽 S-转移酶（GST）催化下，可与许多卤代化合物和环氧化合物结合。许多有毒的金属离子、黄曲霉素 B_1 均与谷胱甘肽结合而解毒。

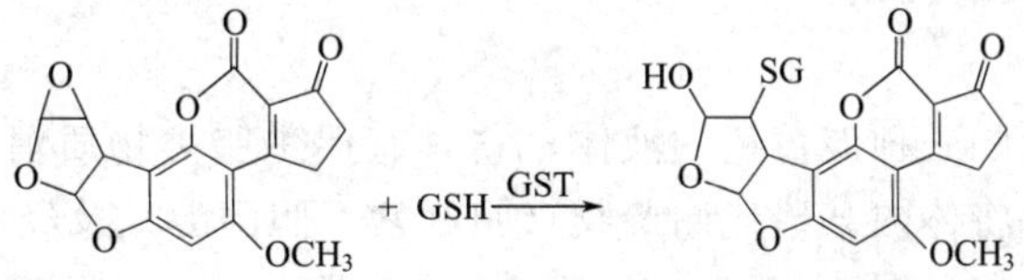

黄曲霉素 B_1-8,9-环氧化物 + GSH —GST→ 谷胱甘肽结合产物

5. 甘氨酸结合反应

甘氨酸主要参与含羧基异源物的结合转化。某些毒物、药物的羧基与辅酶A结合形成酰基辅酶A，在酰基CoA：氨基酸 N-酰基转移酶催化下与甘氨酸结合，生成相应的结合产物。例如，苯甲酸可与甘氨酸结合生成马尿酸。

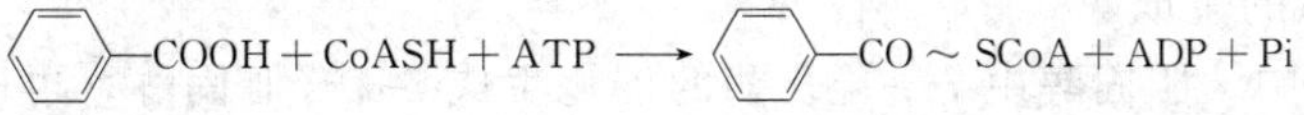

◯—COOH + CoASH + ATP ⟶ ◯—$CO \sim SCoA$ + ADP + Pi

苯甲酸　　　　　　　　　　　　　苯甲酰辅酶A

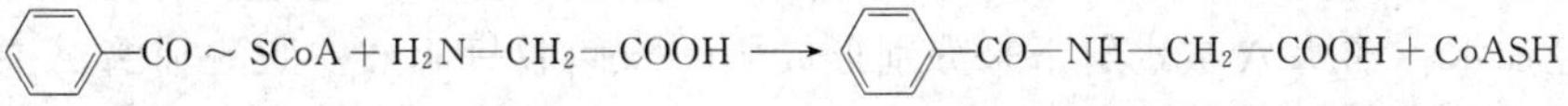

◯—$CO \sim SCoA$ + H_2N—CH_2—COOH ⟶ ◯—CO—NH—CH_2—COOH + CoASH

苯甲酰辅酶A　　　甘氨酸　　　　　　　　马尿酸

6. 甲基化反应

甲基化是代谢内源化合物的重要反应。体内一些胺类生物活性物质和药物可在肝细胞胞液和微粒体中甲基转移酶的催化下，通过甲基化灭活。S-腺苷甲硫氨酸（SAM）是甲基的供体。

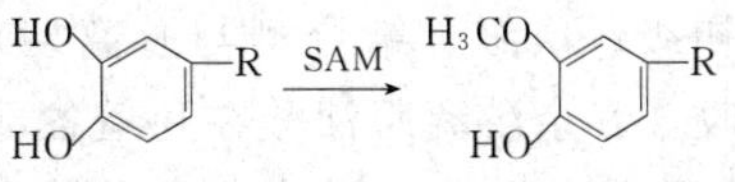

儿茶酚 —SAM→ O-甲基儿茶酚

由上可见，肝脏的生物转化作用范围是很广的。毒物进入肝脏解除毒性，药物失去药理作用，激素丧失活性。如果肝功能受损，生物转化作用减弱，则出现药物蓄积、激素代谢紊乱的表现。

肝脏的生物转化具有以下特点：①转化反应的连续性，一种物质在体内的转化往往同时或先后发生多种反应，产生多种产物；②反应类型的多样性，同一种或同一类物质在体内也可进行多种不同反应；③解毒与致毒的双重性，一种物质经过一定的转化后，其毒性可能减弱（解毒），也可能增强（致毒）。大多数药物、毒物或腐败产物，经转化后毒性或生物活性减弱，然而有些物质，通过生物转化，其活性或毒性反而加强，即不是灭活而是激活。如苯并芘（致癌物）是在肝内经过生物转化才形成终致癌物的，环磷酰胺等药物需经肝的生物转化作用才具药理作用。

第四节 肝脏的分泌排泄作用

肝脏是胆汁分泌和排泄的主要场所。体内许多物质如胆色素、胆盐、胆固醇、碱性磷酸酶以及 Ca^{2+}、Fe^{3+} 等都是通过胆汁排出；解毒作用后的产物除一部分由血液运到肾脏随尿排出外，也有一部分从胆汁排出；As^{3+}、Hg^{2+} 及某些药物在某种情况下进入机体后，也由胆汁排出。体内一些内源性或外源性有毒物质的排泄，必须经过肝细胞的摄取、生物转化、输送及排出等一系列过程。当肝脏排泄功能降低时，由肝脏排泄的药物或毒物在体内蓄积，导致机体中毒。

一、胆汁与胆汁酸的代谢

（一）胆汁

胆汁是由肝脏生成的一种淡黄色的液体，它具有促进脂类物质消化和吸收的重要作用，同时还具有排泄作用，将体内某些代谢产物（胆红素、胆固醇）及经肝脏生物转化的非营养物排入肠腔，随粪便排出体外。胆汁的主要成分包括胆汁酸、胆红素、胆固醇和多种酶类等，其中，胆汁酸的含量最高。

（二）胆汁酸的代谢生成与生理作用

胆汁酸是胆汁中存在的一类胆烷酸的总称，以钠盐或钾盐的形式存在，是胆汁的主要有机成分。按来源分为初级胆汁酸和次级胆汁酸两类。

1. 初级胆汁酸的生成

在肝脏微粒体中，胆固醇由 7-α-羟化酶的催化生成 7-α-羟胆固醇，再进行 3α 及 12α 位羟化，加氢还原最后经侧链氧化断裂形成胆酰辅酶 A，如只进行 3α 羟化则形成鹅脱氧胆酰辅酶 A。再经加水，辅酶 A 被水解下来分别形成胆酸与鹅脱氧胆酸。胆酰辅酶 A 或鹅脱氧胆酰辅酶 A 与甘氨酸或牛磺酸结合则分别生成结合型初级胆汁酸。

2. 次级胆汁酸的生成与肠肝循环

进入肠道的初级胆汁酸，在回肠和结肠上段细菌的作用下，结合胆汁酸水解释放出游离胆汁酸，发生 7-位脱羟基，形成次级胆汁酸，即胆酸转变成脱氧胆酸，鹅脱氧胆酸转变成石胆酸。

排入肠道的胆汁酸（包括初级、次级、结合型与游离型）中约 95% 以上被重吸收。回肠部对结合型胆汁酸主动重吸收，其余游离胆汁酸在肠道各部被动重吸收。重吸收的胆汁酸经门静脉入肝，被肝细胞摄取。在肝细胞内，游离胆汁酸被重新合成为结合胆汁酸再随胆汁排入小肠。这样形成胆汁酸的"肠肝循环"。

3. 胆汁酸的生理功能

(1) 促进脂类的消化与吸收　胆汁酸分子内部既含有亲水性的羟基和羧基,又含有疏水性的甲基和烃核,所以胆汁酸的立体构型具有亲水和疏水两个侧面,能够降低油水两相之间的表面张力。胆汁酸的这种结构特性使其成为较强的乳化剂,使疏水的脂类在水中乳化成细小微团,既有利于消化酶的作用,又有利于吸收。

(2) 抑制胆汁中胆固醇的析出　胆汁在胆囊中浓缩后胆固醇较易沉淀析出。胆汁中的胆汁酸盐与卵磷脂可使胆固醇分散形成可溶性微团,使之不易结晶沉淀。若肝合成胆汁酸的能力下降,消化道丢失胆汁酸过多或肠肝循环中肝摄取胆汁酸过少,以及排入胆汁中的胆固醇过多,均可造成胆汁酸、卵磷脂和胆固醇的比值下降,易引起胆固醇析出沉淀,形成胆石。

二、胆色素的代谢

胆色素是体内铁卟啉化合物的主要分解代谢产物,包括胆红素、胆绿素、胆素原和胆素等。这些化合物主要随胆汁排出体外。胆色素的代谢途径如(图15-2)所示。胆红素是人胆汁的主要色素,呈橙黄色。

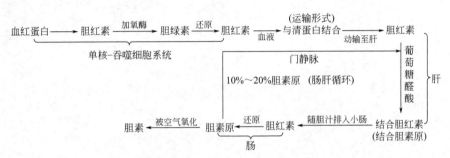

图 15-2　胆色素代谢途径示意图

胆红素是有毒的脂溶性物质,极易通过细胞膜对细胞造成危害,尤其是神经细胞,能严重影响神经系统的功能。因此肝对胆红素的解毒作用具有十分重要的意义。肝对血浆胆红素具有强大的处理能力,这不仅表现为肝具有强大的摄取与肝细胞内转化与排泄能力,而且在于肝通过生物转化功能将胆红素与葡萄糖醛酸结合,变成水溶性的易于排泄的物质。凡是体内胆红素生成过多,或肝摄取、转化、排泄过程发生障碍等因素均可引起血浆胆红素浓度升高,造成高胆红素血症。胆红素为黄色物质,大量的胆红素扩散进入组织,可造成组织黄染,这种体征称为黄疸。

习题

1. 填空题

(1) 肝脏具有_____和_____双重血液供应,_____和_____双重输出通道。

(2) 肝脏中的主要水解酶有_____、和_____、_____,主要还原酶是_____和_____,_____是体内最重要、最普遍的结合反应。

2. 名词解释

(1) 生物转化

(2) 初级胆汁酸与次级胆汁酸

(3) 胆汁酸的肠肝循环

（4）结合胆红素

3. 简答题

（1）在肝脏中脂类的代谢途径有哪些？

（2）何谓生物转化作用？生物转化作用有何生理意义？如何理解生物转化的第一、第二相反应？

（3）简述胆汁酸盐的分类及其生理功能？

第四部分　实验实训

实验室规则

一、实验规则

1. 实验前应结合理论课内容做好预习，明确实验目标，弄清实验原理，熟悉实验步骤及操作方法。
2. 实验开始前应清点实验仪器、试剂是否齐全，如有缺损应马上报告指导教师申请补齐。
3. 实验过程中应严格按照操作规程和实验步骤进行，正确使用各种仪器和药品，注意观察实验现象，并随时做好相关记录，如实填写实验报告。
4. 注意保持实验室的安静和整洁。废物、废液应倒入指定的废液缸中，严禁倒入水槽内，以免水管堵塞或腐蚀。
5. 爱护仪器，节约药品，不浪费水、电。
6. 实验完毕，洗净所用仪器，将实验桌面整理干净。离开实验室时应检查煤气、水、电及门窗是否关好。

二、实验室安全规则

1. 有毒或腐蚀性的药品在取用时要特别小心，切勿使其溅在衣服或皮肤上。
2. 使用易燃易爆的药品时要远离火源。
3. 操作有刺激性或有毒气体的实验时应在通风橱内进行。
4. 实验室内严禁饮食。实验完毕，立即洗净双手。

实验一　一般溶液的配制

【实验目的】

1. 熟悉有关溶液浓度的计算。
2. 掌握几种常见一般溶液的配制方法。
3. 练习托盘天平、量筒等的操作。
4. 学会取用固体及液体试剂的操作。

【实验原理】

溶液的配制是化学实验的基本操作之一。

根据溶液所含溶质的量是否确知，溶液可分为两种：一种是已知准确浓度的溶液，称为标准溶液；另一种是浓度不确知的溶液，称为一般溶液。这两种溶液的配制方法不同，这里主要介绍一般溶液的配制方法。

在配制一般溶液时，用托盘天平称取所需固体物质的质量，用量筒量取所需液体的体积。不必使用准确度高的仪器。

在配制溶液时，首先应根据所需配制溶液的浓度和体积，计算出溶质（浓溶液）的质量（体积）和溶剂的体积。计算时，一般作如下近似处理。

① 固体溶于水中，溶液的体积近似等于水的体积。

② 两种液体混合，溶液的体积等于两液体体积之和。

③ 较稀溶液的密度近似看作水的密度（浓溶液的密度可从有关参考书中查得）。

【实验用品】

1. 器材　托盘天平；量筒（100mL、50mL、10mL）；烧杯（100mL、50mL）；玻璃棒等。

2. 试剂　95% 的酒精；NaCl 固体；浓硫酸；NaOH 固体；固体氯化铁；胆矾；$0.1mol \cdot L^{-1}$ 稀盐酸。

【内容及步骤】

1. 医用消毒酒精的配制

由市售 $\varphi_B = 0.95$ 的酒精配制 $\varphi_B = 0.75$ 的医用消毒酒精 50mL。

（1）计算　所需市售酒精的体积 $x =$ _____ mL；水的体积 $y =$ _____ mL。

（2）配制　用 _____ mL 量筒量取市售酒精 x mL 于 100mL 烧杯中，再量取 y mL 蒸馏水加入其中，用玻璃棒搅匀即得。

（3）贮存　将配好的溶液转入试剂瓶中，贴上标签。

2. 生理盐水的配制

由固体氯化钠配制生理盐水（$\rho_B = 9g \cdot L^{-1}$）100mL。

（1）计算　所需固体 NaCl 的质量 $m_B =$ ____ g；水的体积 $y =$ ____ mL。

（2）配制　在托盘天平上称出 m_B g 固体 NaCl 于 100mL 烧杯内，再用量筒量取 y mL 蒸馏水加入烧杯中使其溶解，并混合均匀即得。

（3）贮存　将配好的溶液转入试剂瓶中，贴上标签。

3. 配制硫酸溶液

由市售浓硫酸（$w_B = 0.98$，$\rho = 1.84g \cdot mL^{-1}$）配制 $1mol \cdot L^{-1}$ 硫酸溶液 50mL。

（1）计算　所需浓硫酸的体积 $x =$ ____ mL；水的体积 $y =$ ____ mL。

（2）配制　用量筒量取 y mL 蒸馏水，倒入 50mL 烧杯中，然后用 ____ mL 干燥的量筒量取所需浓硫酸，缓缓倒入烧杯中，边加边搅拌，冷却即得。

（3）贮存　将配好的溶液转入试剂瓶中，贴上标签。

4. 配制 NaOH 溶液

由固体 NaOH 配制 $1mol \cdot L^{-1}$ NaOH 溶液 50mL。

（1）计算　所需固体 NaOH 的质量 $m_B =$ ____ g；水的体积 $y =$ ____ mL。

（2）配制　用量筒量取 y mL 蒸馏水，在托盘天平上用干净的小烧杯称取固体 NaOH m_B g，快速加入 y mL 蒸馏水溶解，冷却即得。

（3）贮存　将配好的溶液转入试剂瓶中，贴上标签。

5. 配制硫酸铜溶液

由胆矾（$CuSO_4 \cdot 5H_2O$）配制 $0.1mol \cdot L^{-1}$ 硫酸铜溶液 100mL。

（1）计算　所需胆矾晶体的质量 $m_B =$ ____ g；水的体积 $y =$ ____ mL。

（2）配制　在托盘天平上称取胆矾晶体 m_B g 于 100mL 烧杯内，加 y mL 蒸馏水溶解即得。

（3）贮存　将配好的溶液转入试剂瓶中，贴上标签。

6. 配制氯化铁溶液

由固体氯化铁配制1%氯化铁溶液100g。

（1）计算　所需固体$FeCl_3$的质量$m_B=$____g。

（2）配制　在托盘天平上称取固体$FeCl_3$ m_Bg于100mL烧杯内，加入5mL 0.1mol·L^{-1}稀盐酸溶解，再加入____mL蒸馏水，混匀即得。

（3）贮存　将配好的溶液转入试剂瓶中，贴上标签。

【注意事项】

1. 在用固体物质配制溶液时，如果物质含结晶水，则应将结晶水计算进去。

2. 对于一些易水解的固体试剂（如$SnCl_2$、$FeCl_3$、Na_2S等），在配制其水溶液时，要注意加相应的酸或碱以抑制其水解。

3. 对一些空气中不稳定的溶液，要防止在保存期内失效，最好现用现配。

4. 常在一些贮存的Sn^{2+}、Fe^{2+}溶液中放入一些锡粒和铁屑，以防被氧化。

5. $AgNO_3$、$KMnO_4$、KI等溶液如需短时间贮存，应存于干净的棕色瓶中。

6. 在配制硫酸溶液时，需特别注意应在不断搅拌下将浓硫酸缓缓地倒入盛水的容器中，切不可将水倒入浓硫酸中！

7. 不可在量筒中直接溶解固体试剂。

8. 若因温度太低难溶解，可适当加热使其溶解。

【思考题】

1. 计算配制0.1mol·L^{-1}硫酸铜溶液100mL需胆矾晶体多少克？

2. 计算配制1mol·L^{-1}盐酸溶液500mL需浓盐酸（浓度37%，密度1.19g·mL^{-1}）多少毫升？

3. 计算配制注射用葡萄糖溶液（5%）500mL需葡萄糖多少克？

实验二　重铬酸钾标准溶液的配制和稀释

【实验目的】

1. 掌握重铬酸钾标准溶液的配制方法。

2. 学会电子天平、容量瓶、移液管的使用方法。

【实验原理】

标准溶液配制的方法一般有直接配制法和间接配制法两种。对于符合基准物质条件的物质，可用直接法配制，否则只能用间接配制法配制。由于重铬酸钾易获得99.99%以上的纯品，其溶液也非常稳定，符合作为基准物质的条件，故可用直接法配制重铬酸钾标准溶液。

【实验用品】

1. 器材　电子天平；容量瓶（100mL）；容量瓶（250mL）；小烧杯（100mL）；移液管（10mL）；玻璃棒；胶头滴管。

2. 试剂　$K_2Cr_2O_7$固体（A.R.）（在100~110℃下烘干1h）

【内容步骤】

1. 配制0.5mol·L^{-1} $K_2Cr_2O_7$标准溶液100mL

（1）计算　计算配制0.5mol·L^{-1} $K_2Cr_2O_7$标准溶液100mL所需固体$K_2Cr_2O_7$的质量。

(2) 称量　用电子天平准确称取固体一定量 $K_2Cr_2O_7$ 于小烧杯中，记下天平读数。

(3) 溶解（冷却）、转移、初混　加适量蒸馏水溶解后，转入 100mL 容量瓶中，并用蒸馏水洗涤烧杯 3~5 次，洗涤液一并转入容量瓶。初混。

(4) 定容、摇匀　继续加蒸馏水至距离容量瓶刻度线 1~2cm 处，静置 2~3min，改用胶头滴管，加水至刻度线。充分混匀。

(5) 贮存　将配好的溶液转入干燥洁净的试剂瓶中，贴上标签。

2. 由 $0.5mol·L^{-1}$ $K_2Cr_2O_7$ 标准溶液配制 $0.02mol·L^{-1}$ $K_2Cr_2O_7$ 标准溶液 250mL

(1) 计算　计算所需 $0.5mol·L^{-1}$ $K_2Cr_2O_7$ 标准溶液的体积 $V(mL)$。

(2) 移液　准确移取一定量的 $0.5mol·L^{-1}$ $K_2Cr_2O_7$ 标准溶液于 250mL 容量瓶中。

(3) 稀释、定容、混匀、贮存。

【结果计算】

1. 稀释前重铬酸钾标准溶液物质的量浓度

$$c(K_2Cr_2O_7) = \frac{m(K_2Cr_2O_7)/249.12}{0.25}$$

式中　$m(K_2Cr_2O_7)$——称取的重铬酸钾质量，g；

$c(K_2Cr_2O_7)$——重铬酸钾标准溶液的物质的量浓度，$mol·L^{-1}$。

2. 稀释后重铬酸钾标准溶液物质的量浓度

$$c'(K_2Cr_2O_7) = \frac{c(K_2Cr_2O_7)V}{250}$$

式中　$c(K_2Cr_2O_7)$——重铬酸钾标准溶液的物质的量浓度，$mol·L^{-1}$；

　　　V——所移取重铬酸钾标准溶液的体积，mL。

【思考题】

1. 用容量瓶配溶液时，要不要先把容量瓶干燥？为什么？
2. 容量瓶定容摇匀后，若液面低于刻线，能否再加水至刻度线？
3. 为什么洗净的移液管还要用待移取液润洗？容量瓶需要吗？

附一　容量瓶的使用

容量瓶是细颈梨形的平底玻璃瓶，由无色或棕色玻璃制成，带有磨口玻璃塞或塑料塞，瓶颈上有一体积环形标线，瓶上一般标有它的容积和标定时的温度。当加入容量瓶的液体体积充满至标线时，瓶内液体的体积和瓶上标示的体积相同。容量瓶有多种规格，如 50mL、100mL、250mL、500mL、1000mL 等，也有不同的精度。容量瓶是一种量入式容量仪器，它主要用来准确地配成一定体积的标准溶液，或将准确浓度的浓溶液稀释成一定体积的稀溶液，这种过程通常称为定容。在稀释溶液时，容量瓶常和移液管配合使用。

1. 容量瓶的准备

容量瓶使用前，必须检查是否漏水。检漏时，在瓶中加自来水至标线附近，盖好瓶塞，用一手食指按住塞子，另一手用指尖顶住瓶底边缘，倒立 2min，观察瓶塞周围是否渗水，如不渗水，将瓶直立，转动瓶塞 180°后，再倒转试漏一次。检查不漏水后，可进行洗涤。

容量瓶洗涤时，如有油污，可用合成洗涤剂液浸泡或用洗液浸洗。用洗液洗时，先倒去瓶内水分，倒入 10~20mL 洗液，转动瓶子使洗液布满全部内壁，然后放置数分钟，将洗液倒回原瓶。再依次用自来水、蒸馏水洗净，要求内壁不挂水珠。洗涤时应遵循"少量多次"

的原则。

2. 容量瓶的使用方法

用容量瓶配制溶液时，一般是将样品称量在小烧杯中，加入少量水或适当的溶剂使之溶解，必要时可加热。待全部溶解并冷却后，一手拿玻璃棒，一手拿烧杯，在瓶口上慢慢将玻璃棒从烧杯中取出，并将它插入瓶口（但不要与瓶口接触），再让烧杯嘴紧贴玻璃棒，慢慢倾斜烧杯，使溶液沿着玻璃棒流入，倒完溶液后，将烧杯沿玻棒轻轻向上提，同时慢慢将烧杯直立，使烧杯和玻璃棒之间附着的液滴流回烧杯中，再将玻璃棒末端残留的液滴靠入瓶口内。在瓶口上方将玻璃棒放回烧杯内，但不得将玻璃棒靠在烧杯嘴一边。用少量蒸馏水淋洗烧杯3~4次，洗涤液按上法全部转移入容量瓶中，这一操作称为定量转移。

然后用蒸馏水稀释。稀释到容量瓶容积的2/3时，将容量瓶直立旋摇（不要盖上塞子），使溶液初步混合，最后继续稀释至近标线时，等候1~2min，改用滴管或控制洗瓶逐滴加水至弯月面最低点恰好与标线相切，这一操作可称为定容。定容以后，盖上容量瓶塞，像试漏时一样，将瓶倒立，待气泡上升到顶部后，在倒置状态时水平摇动几周，再倒转过来，如此反复多次（至少10多次），直至溶液充分混合。

综上所述，用容量瓶配制溶液的过程可概括为：称量、溶解、转移、定容、混匀。按照同样的操作可将一定浓度的溶液稀释到一定的体积，只不过在小烧杯中不是固体样品的溶解，而是溶液的稀释。

3. 容量瓶的校正

取一个100mL的容量瓶，洗净、晾干，在分析天平上称重至0.01g。加蒸馏水至刻度处。瓶颈若附水珠应用滤纸吸去。盖紧瓶塞，再称重至0.01g。两次称重之差即为水的质量。计算方法同滴定管的校正。再加上该温度下的修正数，就可算出容量瓶的真实容积和校正值。

附二　移液管和吸量管的使用

移液管和吸量管都是用来准确移取一定体积溶液的量器。

移液管是一根中部直径较粗、两端细长的玻璃管，其上端有一环形标线，表示在一定温度下移出液体的体积，该体积刻在移液管中部膨大部分上。常用的移液管有5mL、10mL、20mL、25mL、50mL等规格。吸量管是刻有分度的玻璃管，也叫刻度吸管，管身直径均匀，刻有体积读数，可用以吸取不同体积的液体，比如将溶液吸入，读取与液面相切的刻度，然后将溶液放出至适当刻度，两刻度之差即为放出溶液的体积。常用的有0.1mL、0.5mL、1mL、2mL、5mL、10mL等规格，其准确度较移液管差些。移液管和吸量管均为量出式量器，两者的洗涤方法和使用方法基本相同。

1. 洗涤方法

洗净原则与其他玻璃仪器相同。

先用自来水冲洗一下，如果有油污，可用洗液洗，吸取洗液的方法与移液时相同。用洗耳球吸取洗液至球部约1/3，用右手食指按住管上口，放平旋转，使洗液布满全管片刻，将洗液放回原瓶。用自来水冲洗，再用蒸馏水润洗内壁2~3次，每次将蒸馏水吸至球部的1/3处，方法同前。放净蒸馏水后，可用滤纸吸去管外及管尖的水。

如果内壁油污较重，可将移液管放入盛有洗液的量筒或高型玻璃缸中，浸泡15min至数小时，再以自来水冲洗和蒸馏水淋洗。

2. 使用方法

用移液管吸取溶液时，一般可将待吸溶液转移至已用该溶液润洗3次的烧杯中，再进行吸取，也可以直接从容量瓶中吸取。正式吸取前，将管尖水分吹出，用少量待吸液润洗内壁3次，方法同上。要注意先挤出洗耳球中空气再接在移液管上，并立即吸取，防止管内水分流入试剂中。

吸移溶液时，左手持洗耳球，右手大拇指和中指拿住移液管上部（标线以上，靠近管口），管尖插入液面以下（不要太深，也不要太浅，约1~2cm），当溶液上升到标线或所需体积以上时，迅速用右手食指紧按管口，将移液管取出液面，右手垂直拿住移液管使管尖紧靠液面以上的烧杯壁或容量瓶壁，微微松开食指并用中指及拇指捻转管身，直到液面缓缓下降到与标线相切时，再次紧按管口，使溶液不再流出。把移液管慢慢地垂直移入准备接受溶液的容器内壁上方。左手倾斜容器使它的内壁与移液管的尖端相靠，松开食指让溶液自由流入（图实验2-1）。待溶液流尽后，再停15s取出移液管。

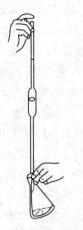

图实验2-1　移液管的使用

实验三　滴定分析基本操作

【实验目的】
1. 学习并掌握酸式、碱式滴定管的洗涤、准备和使用方法。
2. 重点掌握酚酞和甲基橙在化学计量点附近的变色情况，能正确判断滴定终点。

【实验用品】
1. 器材　滴定管（50mL）；移液管（25mL）；锥形瓶（250mL）。
2. 试剂　$0.1\ mol \cdot L^{-1}$ HCl溶液；$0.1\ mol \cdot L^{-1}$ NaOH溶液；甲基橙指示剂；酚酞指示剂。

【内容及步骤】
1. 滴定管的准备

（1）检漏、涂油、洗涤　自来水冲洗→铬酸洗液洗涤→自来水冲洗→去离子水淋洗2~3次→待装液润洗2~3次。

（2）装液　在酸式滴定管中装入$0.1\ mol \cdot L^{-1}$ HCl滴定液，排气泡，液面调至0.00mL附近。在碱式滴定管中装入$0.1\ mol \cdot L^{-1}$ NaOH滴定液，排气泡，液面调至0.00mL附近。记录初始读数。

2. 以甲基橙为指示剂，用HCl溶液滴定NaOH溶液

准确移取NaOH溶液25mL于锥形瓶中，加入2~3滴甲基橙指示剂，用$0.1\ mol \cdot L^{-1}$ HCl溶液滴定至溶液刚好由黄色转变为橙色。记下读数。平行滴定三份。记录数据。计算体积比$V(HCl)/V(NaOH)$，要求相对平均偏差在0.3%以内。

3. 以酚酞为指示剂，用NaOH溶液滴定HCl溶液

由酸式滴定管中准确放出$0.1\ mol \cdot L^{-1}$ HCl溶液20~25mL于250mL锥形瓶中，加入酚酞指示剂1~2滴，用$0.1\ mol \cdot L^{-1}$ NaOH溶液滴定至溶液呈微红色，此红色保持30s不褪色即为终点。平行测定3次。记录数据。计算体积比$V(HCl)/V(NaOH)$，要求相对平

均偏差在0.3%以内。

【数据记录及处理】

1. 以甲基橙为指示剂,用HCl溶液滴定NaOH溶液

V(NaOH)			
V(HCl)			
V(HCl)/V(NaOH)			
相对平均偏差			

2. 以酚酞为指示剂,用NaOH溶液滴定HCl溶液

V(HCl)	25.00	25.00	25.00
V(NaOH)			
V(HCl)/V(NaOH)			
相对平均偏差			

【思考题】

1. 在滴定分析中,移液管、滴定管、容量瓶、锥形瓶四种仪器中哪些必需用待装液润洗?

2. 滴定操作中,滴定前如果没有排尽气泡,而滴定后气泡消失,对滴定液的体积读数有何影响?

3. 滴定操作中,初读数仰视读取,终读数平视读取,则对滴定液的体积读数有何影响?

附 滴定管的使用

滴定管是滴定时用来准确测量流出的滴定溶液体积的量器,它是一种量出式量器。按其容积可分为常量、半微量、微量滴定管。经常使用的是常量滴定管,有多种规格,常用25mL或50mL的,最小刻度是0.1mL,可估读到0.01mL,测量体积的最大误差是0.02mL;按控制流出液方式的不同,滴定管可分为酸式滴定管和碱式滴定管(见图实验3-1),酸式滴定管下端有玻璃活塞,以此控制溶液的流出;碱式滴定管则以乳胶管连接尖嘴玻璃管,乳胶管内装有大小适中的玻璃珠以控制溶液的流出。酸式滴定管适于装酸性、中性及氧化性溶液,不适于装碱性溶液,因为碱能腐蚀玻璃,时间一长,玻璃活塞无法转动。现在市场上有一种滴定管,其活塞是用塑料做的,也可装碱性溶液。碱式滴定管适于装碱性溶液,氧化性溶液如$KMnO_4$、$AgNO_3$、I_2溶液等不应装入。酸式滴定管的准确度比碱式滴定管稍高。

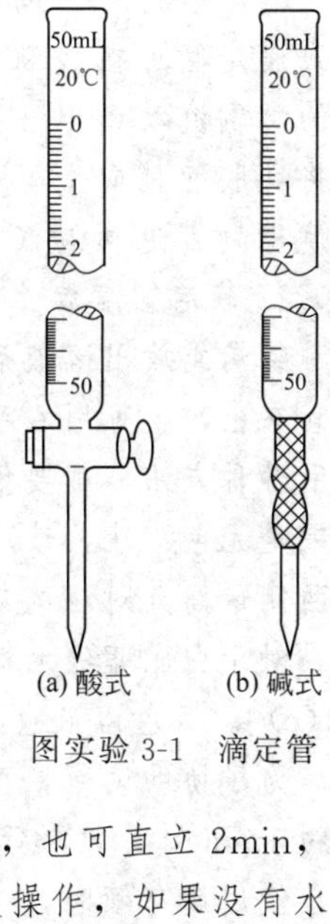

滴定管有无色、棕色、白底蓝线管等,使用方法基本相同。

1. 滴定管的准备

(1) 检查与试漏 新的酸式滴定管首先检查外观和密合性,方法是将活塞用水润湿后插入塞套内,管中充水至最高标线,垂直夹在滴定管架上,按规定20min后漏水不应超过1个分度。一般试漏时,也可直立2min,观察活塞周围及管尖有无水渗出,如果没有,再将活塞旋转180°,重复操作,如果没有水渗出,则可使用;如果有漏水现象,则需涂油。

图实验3-1 滴定管
(a) 酸式 (b) 碱式

碱式滴定管充水至最高标线后，直立2min试漏，如漏水，则需更换直径合适的乳胶管和大小适中的玻璃珠。

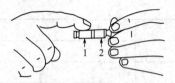

图实验3-2 酸式滴定管涂油

(2) 涂油 酸式滴定管如果漏水则需涂油。涂油时，将滴定管平放在实验桌上，抽出活塞，卷上一小片滤纸再插入塞套内，将活塞转动几次，再带动滤纸一起转动几次，这样可以擦去活塞表面和塞套内表面的油污和水分，再换滤纸反复擦拭1~2次。将最后一张滤纸暂时留在塞套内，以防在给活塞涂油时，滴定管内的水再润湿塞套内表面。用无名指粘取少量凡士林，均匀地涂在活塞孔两侧，注意涂层要薄，以防堵住活塞孔，随后将塞套内的滤纸取出，迅速将活塞插入塞套（见图实验3-2），沿同一方向旋转活塞几次后，活塞部位应呈透明状，无气泡和纹路，旋转灵活。否则要重新处理。然后堵住活塞，套上小胶圈，装入水检验是否漏水或堵塞。涂油时必须注意，一定要彻底擦干净再涂油，所涂凡士林要少而均匀。

(3) 洗涤 滴定管必须洗净至管壁完全被水润湿不挂水珠，否则，滴定时溶液沾在壁上，会影响容积测量的准确性。

洗涤时，先用自来水冲洗，再用特制的软毛刷蘸合成洗涤剂刷洗，如果用此法不能洗净，可用约10mL洗液润洗内壁（与用蒸馏水淋洗方法相同，见下述）或浸泡10min，再用自来水充分冲洗干净。最后用蒸馏水润洗3次，每次用水5~10mL，双手平持滴定管两端无刻度处，边转动滴定管边向管口倾斜，使水清洗全管后再将滴定管竖直从出口处放水。也可以从出口处放出部分水淋洗管尖嘴处后，从上部管口将残留的水放干净，此时不要打开活塞，以防活塞上的油脂冲入管内玷污内壁。

(4) 待装液润洗 用待装液润洗滴定管3次，淋洗方法与用蒸馏水润洗相同，防止溶液浓度的变化。向滴定管中装入待装液至零刻度线以上。

(5) 排气泡 调整刻度前，必须把管尖气泡排除。

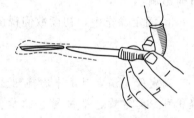

图实验3-3 碱式滴定管排气泡

酸式滴定管可在装满溶液后，将活塞迅速打开，利用溶液的急剧流动逐出气泡；对于碱式滴定管，将溶液装满后，把管身倾斜约30°，用左手两指将乳胶管稍向上弯曲，使管尖上翘，轻轻挤捏稍高于玻璃球处的乳胶管，使溶液从管口喷出，带走气泡（见图实验3-3）。排除气泡以后把溶液调节至零刻度。

2. 滴定管读数

装满或放出溶液后应等1~2min，等液面稳定后再读数。读数时，可以将滴定管夹在滴定管夹上，也可用右手拇指、食指、中指持近管口无刻度处，使滴定管垂直，进行读数，不管用哪种方法，都要保持滴定管的垂直状态。视线应和液面弯月面最低点在同一水平面上，如果是无色溶液，读取弯月面下缘最低点对应的刻度[图实验3-4(a)]，深色溶液读取弯月面两侧最高点对应的刻度[图实验3-4(b)]，初读数与终读数应用同一标准。

对于白底蓝线的滴定管，无色溶液的读数应以两个弯月面相交的最尖部为准[图实验3-4(c)]。深色溶液也是读取液面两侧最高点对应的刻度[图实验3-4(b)]。

为了协助读数，可用黑纸或黑白纸板作为读数卡，衬在滴定管背面，黑色部分在弯月面下约1mm处，读取弯月面（变成黑色）下缘最低点对应的刻度[图实验3-4(d)]。

使用滴定管时，一般将初读数调在零刻度，排完气泡后，即可按上述方法调节零刻度。

3. 滴定操作

(a) 无色及浅色溶液的读数　(b) 深色溶液的读数　(c)白底蓝线管读数　(d)衬黑白卡读数

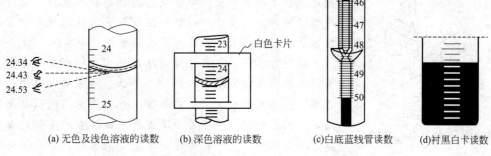

图实验 3-4　滴定管读数

将标准溶液从滴定管逐滴加到被测溶液中去，直至由指示剂的颜色转变（或其他方法）指示滴定终点时，这样的操作过程称为滴定。滴定可以在锥形瓶中或在烧杯中进行，下面以白瓷板作背景（一般滴定台都配有）。

滴定前，必须把悬在滴定管尖端的残余液滴去除。不管是酸式滴定管还是碱式滴定管，液流控制均用左手。

酸式滴定管的握塞方式及滴定操作如图实验 3-5 所示。左手无名指及小指弯曲并位于管的左侧，轻抵出水管口，其他三个手指控制旋塞，拇指在管前，食指和中指在管后，控制活塞的转动（注意用手指尖接触活塞柄，手心内凹，似空心拳状，手掌与活塞尾端不接触，以防触动旋塞而造成漏液），转动时应轻将活塞往里扣，不要向外用力。防止顶出活塞。适当旋转活塞的角度，即可控制流速。

碱式滴定管操作时，用左手拇指和食指的指尖挤捏玻璃球中上部右侧的乳胶管，使胶管和玻璃球之间形成一个小缝隙，溶液即可流出，无名指和小手指夹住出口管，不使其摆动而撞击锥形瓶（图实验 3-6）。应注意，如果挤捏过程中玻璃球发生移动或挤捏玻璃球的下部会使管尖吸入气泡而造成误差。

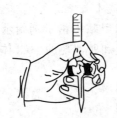

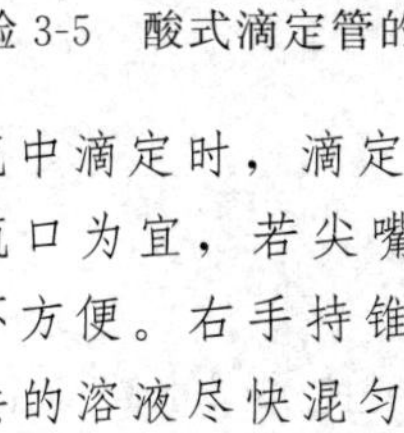

图实验 3-5　酸式滴定管的操作

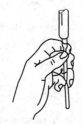

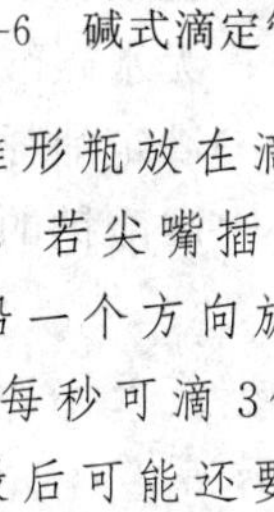

图实验 3-6　碱式滴定管的操作

在锥形瓶中滴定时，滴定管尖嘴插入锥形瓶的深度，以锥形瓶放在滴定台上时，流液口略低于瓶口为宜，若尖嘴高于瓶口，容易使滴定剂损失，若尖嘴插入瓶口内太深，则滴定操作不方便。右手持锥形瓶瓶颈摇动锥形瓶，使溶液沿一个方向旋转，要边摇边滴，使滴下去的溶液尽快混匀。滴定速度开始时可快些，一般每秒可滴 3～4 滴，不可呈液柱状加入。近终点时速度要放慢，加一滴溶液摇几秒钟，最后可能还要加一次或几次半滴溶液才能到达终点。半滴溶液的加法是使溶液在滴定管尖悬而未滴，再用锥形瓶内壁靠入瓶中，然后将瓶倾斜，用瓶中的溶液将附于壁上的半滴溶液刷下去，也可用少量蒸馏水淋洗锥形瓶内壁。

在烧杯中滴定时，烧杯放在滴定台上，将滴定管伸入烧杯约 1cm 并位于烧杯左侧，但

图实验 3-7 烧杯中的滴定操作

不要接触烧杯壁，右手持玻璃棒以圆周方向搅拌溶液，不要接触烧杯壁和底以及滴定管尖。这样边滴边搅拌，近终点加半滴溶液时，用玻棒下端轻轻接触管尖悬挂的液滴（但不要接触管尖）将其引入，放入溶液中搅拌（图实验 3-7）。

滴定过程中一定要注意观察溶液颜色的变化，左手自始至终不能离开滴定管。掌握"左手滴、右手摇，眼把瓶中颜色瞧"的基本原则。平行实验时，每次滴定均应从零刻度开始，以消除刻度不够准确而造成的系统误差；所用的滴定剂体积不能过少，也不能超过一滴定管的读数，不然均会使误差增大；临近终点前，用少量蒸馏水淋洗锥形瓶内壁，以防残留溶液未反应而造成误差。

4. 滴定管的用后处理

滴定管使用完毕，把其中的溶液倒出弃去（不能倒回原瓶），用自来水清洗数次，用蒸馏水充满滴定管，或用蒸馏水洗净后盖上滴定管帽或小试管，然后倒置于滴定管架上，要注意保持管口和管尖的清洁。

实验四 盐酸标准溶液的配制和标定

【实验目的】

1. 掌握盐酸标准溶液的配制方法。
2. 练习滴定操作。

【实验原理】

因为浓盐酸具有挥发性，所以配制盐酸标准溶液只能用间接法，即先配制近似 $0.1 \text{mol} \cdot \text{L}^{-1}$ 溶液，再进行标定。

标定 HCl 溶液的基准物质常用无水碳酸钠，其反应式如下：

$$Na_2CO_3 + 2HCl == 2NaCl + H_2O + CO_2 \uparrow$$

滴定至反应完全时，化学计量点的 pH 为 3.89，可选用甲基橙指示剂指示终点，其终点颜色变化为黄色到橙色（pH=4.4）。根据 Na_2CO_3 的质量和所消耗的 HCl 体积可以计算出盐酸的浓度 $c(\text{HCl})$。

$$c(\text{HCl}) = \frac{2m(Na_2CO_3) \times 1000}{M(Na_2CO_3)V(\text{HCl})}$$

式中　$c(\text{HCl})$——盐酸标准溶液的浓度，$\text{mol} \cdot \text{L}^{-1}$；

　　　$m(Na_2CO_3)$——无水碳酸钠的质量，g；

　　　$V(\text{HCl})$——滴定消耗 HCl 体积，mL；

　　　$M(Na_2CO_3)$——碳酸钠的摩尔质量，$\text{g} \cdot \text{mol}^{-1}$。

【实验用品】

1. 器材　电子天平；锥形瓶（250mL）；滴定管（50mL）；量筒（10mL）；烧杯（500mL）；玻璃棒等。

2. 试剂　Na_2CO_3 基准物质（先置于烘箱中烘干至恒重后，保存于干燥器中）；甲基橙指示剂；浓盐酸。

【内容和步骤】

1. 配制

用浓盐酸配制 0.1mol·L^{-1} 盐酸溶液 250mL（方法参考一般溶液的配制）。

2. 标定

准确称取经干燥过的无水 Na$_2$CO$_3$ 3 份，每份约 0.15g。分别置于 250mL 锥形瓶中，加入 50mL 蒸馏水，使其完全溶解。再加 2 滴甲基橙指示剂溶液，用待标定的 HCl 溶液滴定，快到终点时，用洗瓶中的蒸馏水吹洗锥形瓶中内壁，继续滴定到溶液由黄色到橙色。记下滴定用去的 HCl 体积。平行测定三次，计算出盐酸的准确浓度。

【思考题】

1. 标定 HCl 溶液的物质除了用 Na$_2$CO$_3$ 外，还可以用何种基准物质？为什么 HCl 和 NaOH 标准溶液配制后需要标定？

2. 盛放 Na$_2$CO$_3$ 的锥形瓶是否需要预先烘干？加入的水量是否需要准确？

实验五　食醋总酸量测定

【实验目的】

1. 明确食醋总酸量的测定原理及方法。
2. 进一步练习滴定操作技术。

【实验原理】

食醋约含 3%～5% 的 HAc，此外，还含有少量其他有机酸。当用 NaOH 滴定时，所得结果为食醋的总酸度，通常用含量较多的 HAc 来表示。滴定反应如下：

$$HAc + NaOH = NaAc + H_2O$$

达到化学计量点时溶液显碱性，因此常选酚酞作为指示剂。测定结果通常以醋酸的质量浓度（g·mL^{-1}）表示。

$$总酸量/g \cdot 100mL^{-1} = \frac{c(NaOH)V(NaOH) \times 10^{-3} M(HAc)}{V(食醋)} \times 100$$

式中　$c(NaOH)$——氢氧化钠标准溶液的浓度，mol·L^{-1}；

$V(NaOH)$——氢氧化钠标准溶液的体积，mL；

$M(HAc)$——乙酸的摩尔质量，g·mol^{-1}；

$V(食醋)$——食醋样品的体积，mL。

【实验用品】

1. 器材　滴定管（50mL）；锥形瓶（250mL）；移液管（10mL、25mL）；容量瓶（250mL）。

2. 试剂　NaOH 标准溶液；酚酞指示剂；食醋样品。

【实验内容和步骤】

准确移取 10mL 食醋置于 250mL 容量瓶中，用新煮沸的蒸馏水稀释至刻度，充分摇匀。再用移液管吸出 25.00mL 放在 250mL 锥形瓶中，加酚酞指示剂 2 滴，用 NaOH 标准溶液滴定，不断振摇，当滴至溶液呈粉红色且在半分钟内不退色即达终点。平行测定 2～3 次，计算食醋中 HAc 的质量浓度。

【思考题】

1. 测定醋酸时为什么用酚酞作指示剂？为什么不可以用甲基橙？
2. 为什么用新煮沸的蒸馏水稀释？
3. 测定食醋含量时终点到达后放置几分钟，锥形瓶内溶液颜色有何变化，为什么？

实验六 维生素C的定量测定

【实验目的】
1. 掌握2,6-二氯酚靛酚滴定法测定维生素C的原理和方法。
2. 掌握滴定操作技能。

【实验原理】
维生素C又称为抗坏血酸，易溶于水，具有很强的还原性，据此可测定其含量。还原型抗坏血酸能还原染料2,6-二氯酚靛酚（DCPIP），本身则氧化为脱氢型。在酸性溶液中，2,6-二氯酚靛酚呈红色，还原后变为无色。因此，当用此染料滴定含有维生素C的酸性溶液时，维生素C尚未全部被氧化前，滴下的染料立即被还原成无色。一旦溶液中的维生素C已全部被氧化时，则滴下的染料立即使溶液变成粉红色。所以，当溶液从无色变成微红色时即表示溶液中的维生素C刚刚全部被氧化，此时即为滴定终点。如无其他杂质干扰，样品提取液所还原的标准染料量与样品中所含还原型抗坏血酸量成正比。

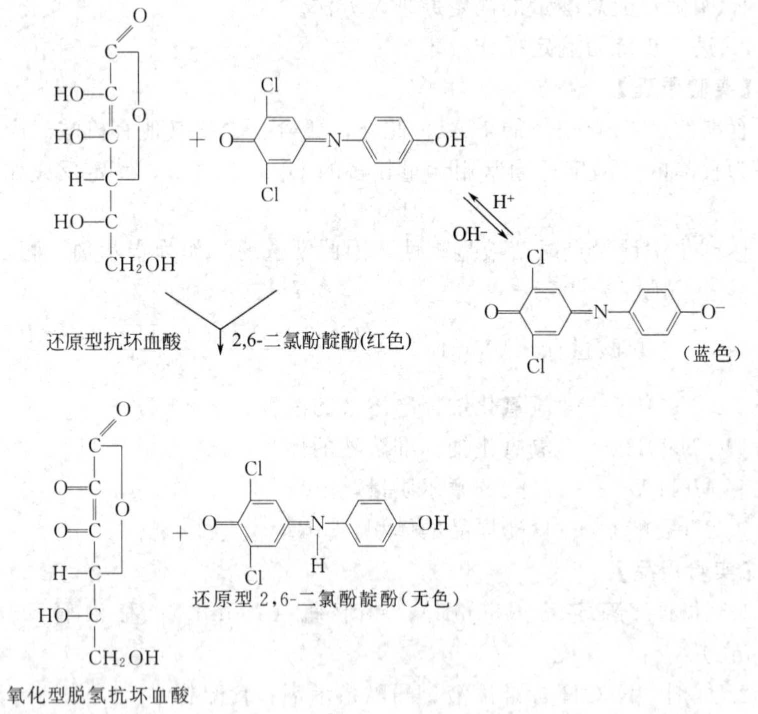

【实验用品】
1. 器材 锥形瓶（100mL）；组织捣碎器；吸量管（10mL）；漏斗；滤纸；微量滴定管（5mL）；容量瓶（100mL、250mL）；苹果；卷心菜等。

2. 试剂

（1）2%草酸溶液 草酸2g溶于100ml蒸馏水中。

（2）1%草酸溶液 草酸1g溶于100ml蒸馏水中。

（3）标准抗坏血酸溶液（1mg·mL^{-1}） 准确称取100mg纯抗坏血酸（应为洁白色，如变为黄色则不能用）溶于1%草酸溶液中，并稀释至100mL，贮于棕色瓶中，冷藏。最好临用前配制。

(4) 0.1% 2,6-二氯酚靛酚溶液　250mg 2,6-二氯酚靛酚溶于 150mL 含有 52mg NaHCO$_3$ 的热水中，冷却后加水稀释至 250mL，贮于棕色瓶中冷藏（4℃）约可保存一周。每次临用时，以标准抗坏血酸溶液标定。

【内容和步骤】

1. 提取

水洗干净整株新鲜蔬菜或整个新鲜水果，用纱布或吸水纸吸干表面水分。然后称取 20g，加入 20mL 2%草酸，用组织捣碎器捣碎，四层纱布过滤，滤液备用。纱布可用少量 2%草酸洗几次，合并滤液，滤液总体积定容至 50mL。

2. 标准液的标定

准确吸取标准抗坏血酸溶液 1mL 置 100mL 锥形瓶中，加 9mL 1%草酸，用微量滴定管以 0.1% 2,6-二氯酚靛酚溶液滴定至淡红色，并保持 15s 不褪色，即达终点。由所用染料的体积计算出 1mL 染料相当于多少毫克抗坏血酸（取 10mL 1%草酸作空白对照，按以上方法滴定）。

3. 样品滴定

准确吸取滤液两份，每份 10mL 分别放入 2 个锥形瓶内，滴定方法同前。另取 10mL 1%草酸作空白对照滴定。

【结果计算】

$$维生素 C 含量/mg \cdot 100g^{-1}(样品) = \frac{(V_A - V_B)TV_{总} \times 100}{V_{取} \, w}$$

式中　V_A——滴定样品所耗用的染料的平均体积，mL；

　　　V_B——滴定空白对照所耗用的染料的平均体积，mL；

　　　$V_{总}$——样品提取液的总体积，mL；

　　　$V_{取}$——滴定时所取的样品提取液体积，mL；

　　　T——1mL 染料能氧化抗坏血酸质量，mg（由内容和步骤 2 计算出）；

　　　w——待测样品的质量，g。

【注意事项】

1. 某些水果、蔬菜（如橘子、西红柿等）浆状物泡沫太多，可加数滴丁醇或辛醇。

2. 整个操作过程要迅速，防止还原型抗坏血酸被氧化。滴定过程一般不超过 2min。滴定所用的染料不应小于 1mL 或多于 4mL，如果样品含维生素 C 太高或太低时，可酌情增减样液用量或改变提取液稀释度。

3. 本实验必须在酸性条件下进行，在此条件下，干扰物反应进行得很慢。

4. 2%草酸有抑制抗坏血酸氧化酶的作用，而 1%草酸无此作用。

5. 排除干扰滴定的因素。

若提取液中色素很多时，滴定不易看出颜色变化，可用白陶土脱色，或加 1mL 氯仿，到达终点时，氯仿层呈现淡红色。

Fe^{2+} 可还原二氯酚靛酚。对含有大量 Fe^{2+} 的样品可用 8%乙酸溶液代替草酸溶液提取，此时 Fe^{2+} 不会很快与染料起作用。

样品中可能有其他杂质还原二氯酚靛酚，但反应速率均较抗坏血酸慢，因而滴定开始时，染料要迅速加入，而后尽可能一点一点地加入，并要不断地摇动三角瓶直至呈粉红色，于 15s 内不消退为终点。

6. 提取的浆状物如不易过滤，亦可离心，留取上部清液进行滴定。

【思考题】
为了测得准确的维生素 C 含量,实验过程中应注意哪些操作步骤?为什么?

实验七　血清钙的含量测定

【实验目的】
了解 EDTA 滴定法测定血清钙含量的原理和方法。

【实验原理】
血清钙离子在碱性溶液中与钙红指示剂结合,成为可溶性的复合物,使溶液呈淡红色。乙二胺四乙酸二钠(EDTA)对钙离子的亲和力更大,能与复合物中的钙离子络合,使钙红指示剂重新游离,溶液变成蓝色。从 EDTA 滴定用量可以计算出血清钙的含量。

【实验用品】
1. 器材　微量滴定管;吸量管;试管。
2. 试剂
(1) 钙标准液(2.5mmol·L^{-1})　精确称取经 110℃干燥 12h 的碳酸钙 250mg,置于 1L 容量瓶内,加稀盐酸(1 份浓盐酸加 9 份去离子水)7mL 溶解后,加去离子水约 900mL,然后用 500g·L^{-1}醋酸铵溶液调 pH 至 7.0,最后加去离子水至刻度,混匀。
(2) 钙红指示剂　称取钙红 0.1g,溶于 20mL 甲醇中,置棕色瓶中保存。
(3) 0.25mol·L^{-1}氢氧化钾溶液。
(4) EDTA 溶液　溶解 EDTA400mg 于 500mL 去离子水中,溶解后再补足至 1000mL。

【内容和步骤】
取 3 支试管,按下表操作。

加入物/mL	空白管	标准管	测定管
血清	—	—	0.2
钙标准液	—	0.2	—
蒸馏水	0.2	—	—
氢氧化钾溶液	2.0	2.0	2.0
钙红指示剂(滴)	2	2	2

混匀,立即用微量滴定管以 EDTA 溶液分别滴定至终点,记录各管消耗的 EDTA 溶液的毫升数。

【结果计算】

$$血清钙/mmol·L^{-1} = \frac{测定管消耗量/mL - 空白管消耗量/mL}{标准管消耗量/mL - 空白管消耗量/mL} \times 2.5$$

【注意事项】
1. 标本加碱后应及时滴定,时间过长会推迟终点出现。
2. 测定标本若有黄疸或溶血时,终点不易判断,则必须将标本进行处理,首先用草酸盐将钙沉淀,再用盐酸及枸橼酸钠重溶,除上述试剂外,尚需要增加 0.7mol·L^{-1}草酸铵;0.05mol·L^{-1}枸橼酸钠;1mol·L^{-1}盐酸。并按下列步骤操作。
① 吸取血清 0.2mL,置于离心管中,加去离子水 0.25mL,0.7mol·L^{-1}草酸铵 0.05mL,混匀。
② 置 56℃水浴中 15min。

③ 2000r·min^{-1}离心10min。

④ 小心倾去上部清液,并将离心管倒立于滤纸上沥干。

【思考题】

1. 血清钙的含量测定有何生理意义?
2. 标本加碱后为何要及时滴定?

实验八 生理盐水中 NaCl 的含量测定

【实验目的】

1. 掌握用莫尔法测定氯含量的方法原理、条件及应用范围。
2. 掌握铬酸钾指示剂的正确使用。

【实验原理】

莫尔法是测定可溶性氯化物中氯含量常用的方法。该法是在中性或弱碱性溶液中,以 K_2CrO_4 为指示剂,用 $AgNO_3$ 标准溶液进行滴定。由于 $AgNO_3$ 沉淀的溶解度比 Ag_2CrO_4 小,溶液中首先析出白色 AgCl 沉淀。当 AgCl 定量沉淀后,过量一滴 $AgNO_3$ 溶液即与 CrO_4^{2-} 生成砖红色 Ag_2CrO_4 沉淀,指示终点到达。主要反应如下。

$$Ag^+ + Cl^- =\!=\!= AgCl\downarrow$$

$$2Ag^+ + CrO_4^{2-} =\!=\!= Ag_2CrO_4\downarrow(砖红色)$$

【实验用品】

1. 仪器 酸式滴定管(50mL);移液管(25mL);锥形瓶(250mL)等。
2. 试剂 生理盐水;$AgNO_3$ 标准溶液;K_2CrO_4 指示剂等。

【内容和步骤】

准确移取生理盐水 25.00mL,加 1mL K_2CrO_4 指示剂,在剧烈摇动下用 $AgNO_3$ 标准溶液滴定至砖红色即为终点。平行测定 2~3 份,计算生理盐水中 NaCl 含量。计算公式为

$$NaCl\ 质量分数 = \frac{c(AgNO_3)V(AgNO_3)\times 10^{-3} M(NaCl)}{V(样)\rho(样)}\times 100\%$$

式中 $c(AgNO_3)$——$AgNO_3$ 标准溶液的浓度,mol·L^{-1};

$V(AgNO_3)$——$AgNO_3$ 标准溶液的体积,mL。

【注意事项】

1. 注意控制指示剂的用量。
2. 滴定接近终点时,应剧烈摇动锥形瓶。

【思考题】

1. 莫尔法通常需控制待测液为中性或弱碱性,为什么?
2. 如果待测液中含有 PO_4^{3-} 或 Ba^{2+},可否直接用莫尔法滴定?
3. 利用莫尔法如何测定 Ag^+ 含量。

实验九 溶液酸碱性的测定

【实验目的】

1. 熟悉溶液酸碱性的测定方法。
2. 学会 pHS-3C 型酸度计的使用方法。

3. 学会用试纸或酸碱指示剂测定溶液酸碱性的方法。
4. 认识常见溶液的酸碱性。

【实验原理】

常温下,判断溶液酸碱性的依据为:pH<7 时,溶液显酸性;

pH=7 时,溶液显中性;

pH>7 时,溶液显碱性。

测定溶液 pH 的方法很多,如只需大概知道溶液的 pH,使用酸碱指示剂或试纸比较方便;如需十分准确地测定溶液的 pH,则一般使用酸度计。

常用的酸碱指示剂有:酚酞、石蕊、甲基橙等。其变色范围参见第四章表 4-2。

常用的试纸有 pH 试纸和石蕊试纸。pH 试纸有广泛 pH 试纸和精密 pH 试纸。pH 试纸在不同的酸碱性溶液中显示不同的颜色。测定时,先把待测溶液滴在 pH 试纸上,然后把试纸显示的颜色与标准比色卡对照,即可确定被测溶液的 pH。石蕊试纸有红色石蕊试纸和蓝色石蕊试纸两种。蓝色石蕊试纸一般用来检验酸(变红色);红色石蕊试纸一般用来检验碱(变蓝色)。

酸度计是利用电位测定法测定溶液的酸碱度的一种仪器。其测量精密度高,pH 误差在 0.02 左右,适用于室内精密测定 pH。国内生产的酸度计的种类和型号很多,如 pHS-25 型、pHS-1 型、pHS-2C 型、pHS-3C 型等。其基本原理都是由一支参比电极和一支测量电极组成一原电池,通过测量原电池电动势的变化值,再换算成被测溶液的 pH 显示。不同型号的酸度计,使用方法要参考相应的使用说明书。

【实验用品】

1. 器材　点滴板;pHS-3C 型酸度计;pH 试纸;红色石蕊试纸;蓝色石蕊试纸等。

2. 试剂　$0.1\ mol \cdot L^{-1}$ HCl 溶液;$0.1\ mol \cdot L^{-1}$ NaOH 溶液;$0.1\ mol \cdot L^{-1}$ NaCl 溶液;$0.1\ mol \cdot L^{-1}$ NaAc 溶液;$0.1\ mol \cdot L^{-1}$ NH_4Cl 溶液;氨水;醋酸;pH=6.86、pH=4、pH=9.18 的标准缓冲溶液;酚酞指示剂;石蕊指示剂;甲基橙指示剂。

学生自备牛奶;酸奶;啤酒;果汁;饮料等。

【内容及步骤】

1. pH 试纸的使用

被测溶液($0.1\ mol \cdot L^{-1}$)	NaOH	HCl	NH_4Cl	NaAc	NaCl
溶液的 pH					
溶液酸碱性					

2. 酸碱指示剂及试纸的使用

(1) 酸碱指示剂的使用

被测溶液 ($0.1\ mol \cdot L^{-1}$)	酚酞		石蕊		甲基橙		pH 范围
	颜色	pH	颜色	pH	颜色	pH	
NaOH							
HCl							
NH_4Cl							
NaAc							
NaCl							

(2) 石蕊试纸的使用

被测气体	所选试纸（湿润）	现象	酸碱性
氨气			
醋酸蒸气			

3. 酸度计的使用

被测溶液 （0.1mol·L^{-1}）	NaOH	HCl	NH$_4$Cl	NaAc	NaCl
溶液的 pH					
溶液酸碱性					

【思考题】
1. 如何判断溶液的酸碱性？
2. 溶液 pH 的测定方法主要有哪些？

附　pHS-3C 型酸度计的使用方法

1. 接通电源开关

按下 pH 键。接上电极（先将电极上面加液口的胶套取下，拔出电极下端的保护套）。预热 30min。

2. 定位

由于每支电极的零电位转换系数与理论值有差别，而且各不相同。因此，要进行 pH 测定，必须对电极进行 pH 标定。

斜率调节器调节在 100% 位置。调节温度调节器，使其指示溶液的温度。

(1) 用 pH=6.86 的定位液（标准缓冲溶液）定位。

用蒸馏水清洗电极的底部后，用滤纸吸干，插入定位液中，轻轻摇均，待读数稳定后，调节定位调节器，使仪器显示该定位值（6.86）。

(2) 用 pH=4 或 pH=9.18 的定位液（标准缓冲溶液）定位。

若测定溶液偏酸性，用 pH=4 的标准缓冲溶液定位；若测定溶液偏碱性，则用 pH=9.18 标准缓冲溶液定位。定位方法同前（1）。

为保证精度，以上（1）、（2）两个标定步骤可重复一、二次，一旦仪器校正完毕，"定位"和"斜率"调节器不得有任何变动（若有变动，须重新定位）。

3. 测量

用蒸馏水清洗电极的底部后，用滤纸吸干，插入被测溶液中，轻轻摇均，待读数稳定后，记录数据。

4. 不用时

不用时，关上 pH 键，拔去电源插头，将电极加液口封上，戴上电极头的保护套，收好。

实验十　电解质和缓冲溶液

【实验目的】
1. 熟悉强弱电解质的区别。

2. 进一步熟悉盐类水解的规律。
3. 理解溶度积，了解沉淀生成的条件。
4. 认识缓冲溶液的缓冲作用。

【实验原理】

电解质可分为强电解质和弱电解质两类。强电解质在水溶液中完全解离；弱电解质在水溶液中仅部分解离产生阴、阳离子。

大多数盐类是强电解质，在水溶液中能完全解离产生阴阳离子，但其酸碱性要视其是否水解以及水解情况而定，盐类的水解规律如下：

强酸强碱盐——不水解，水溶液呈中性；

强碱弱酸盐——水解，溶液显碱性；

强酸弱碱盐——水解，溶液显酸性；

弱酸弱碱盐——水解，溶液的酸碱性视生成弱酸、弱碱的 $K^{\ominus}$ 而定。若 $K_a^{\ominus} > K_b^{\ominus}$，溶液呈酸性；若 $K_a^{\ominus} \approx K_b^{\ominus}$，溶液呈中性；若 $K_a^{\ominus} < K_b^{\ominus}$，溶液呈碱性。

难溶强电解质在水溶液中存在沉淀溶解平衡，当溶液中离子积 $Q_i > K_{sp}^{\ominus}$ 时，就有沉淀析出，这是沉淀生成的必要条件。

缓冲溶液具有抵抗外加少量强酸或强碱以及少量水的稀释而保持溶液的 pH 几乎不变的作用，该作用称为缓冲作用。常用的缓冲溶液主要有：HAc-NaAc 缓冲溶液，$NH_3 \cdot H_2O$-NH_4Cl 缓冲溶液，$NaHCO_3$-Na_2CO_3 缓冲溶液，KH_2PO_4-K_2HPO_4 缓冲溶液等。

【实验用品】

1. 器材 甲基橙指示剂；pH 试纸；酸度计。
2. 试剂 $0.1mol \cdot L^{-1}$ HCl 溶液；$0.1mol \cdot L^{-1}$ HAc 溶液；$0.1mol \cdot L^{-1}$ $Al_2(SO_4)_3$ 溶液；$0.1mol \cdot L^{-1}$ K_2CO_3 溶液；$0.1mol \cdot L^{-1}$ Na_2SO_4 溶液；$0.1mol \cdot L^{-1}$ NH_4Ac 溶液；$0.1mol \cdot L^{-1}$ $HCOONH_4$ 溶液；$0.1mol \cdot L^{-1}$ $Pb(NO_3)_2$ 溶液；$0.001mol \cdot L^{-1}$ $Pb(NO_3)_2$ 溶液；$0.1mol \cdot L^{-1}$ KI 溶液；$0.001mol \cdot L^{-1}$ KI 溶液；$0.1mol \cdot L^{-1}$ NaAc 溶液；$0.1mol \cdot L^{-1}$ NaOH 溶液；$0.1mol \cdot L^{-1}$ 氨水；$0.1mol \cdot L^{-1}$ NH_4Cl 溶液；$0.1mol \cdot L^{-1}$ $NaHCO_3$ 溶液；$0.1mol \cdot L^{-1}$ Na_2CO_3；锌粒。

【内容及步骤】

1. 强弱电解质的比较

取两支试管，各滴加 3mL $0.1mol \cdot L^{-1}$ HCl 和 $0.1mol \cdot L^{-1}$ HAc 溶液，分别用 pH 试纸测定 pH 值；往两支试管中分别加入一块质量相同，总表面积相近的锌粒，并微热，观察二者反应的快慢。

电解质溶液	pH	与锌粒反应快慢	结论
$0.1mol \cdot L^{-1}$ HCl			
$0.1mol \cdot L^{-1}$ HAc			

2. 盐类的水解

分别测定下列盐溶液（$0.1mol \cdot L^{-1}$）的 pH。

溶液	$Al_2(SO_4)_3$	K_2CO_3	Na_2SO_4	NH_4Ac	$HCOONH_4$
pH					

3. 沉淀的生成

取两支试管,分别加入不同浓度的 $Pb(NO_3)_2$ 和 KI 溶液,观察、记录现象,并解释之。

试管号	操作步骤	现象	解释
A	5 滴 $0.1mol \cdot L^{-1} Pb(NO_3)_2$ + 10 滴 $0.1mol \cdot L^{-1} KI$		
B	5 滴 $0.001mol \cdot L^{-1} Pb(NO_3)_2$ + 10 滴 $0.001mol \cdot L^{-1} KI$		

4. 缓冲溶液的缓冲作用

(1) HAc-NaAc 缓冲溶液

取一小烧杯,加入 $0.1mol \cdot L^{-1}$ HAc 溶液和 $0.1mol \cdot L^{-1}$ NaAc 溶液各 5mL,混合均匀即得 HAc-NaAc 缓冲溶液。将此 HAc-NaAc 缓冲溶液分装于四支试管中:B 管中加入 2 滴 $0.1mol \cdot L^{-1}$ HCl 溶液;C 管中加入 2 滴 $0.1mol \cdot L^{-1}$ NaOH 溶液;D 管中加入 2mL 水稀释。分别测定四支试管中溶液的 pH。

试管号	pH	结论
A		
B		
C		
D		

(2) $NH_3 \cdot H_2O$-NH_4Cl 缓冲溶液

将实验(1)中 HAc 换成 $NH_3 \cdot H_2O$,NaAc 换成 NH_4Cl,重复上述实验。

(3) $NaHCO_3$-Na_2CO_3 缓冲溶液

将实验(1)中 HAc 换成 $NaHCO_3$,NaAc 换成 Na_2CO_3,重复上述实验。

【思考题】
1. 强弱电解质的主要区别是什么?
2. 简述盐类水解规律。
3. 常见的缓冲对有哪几种类型?

实验十一 氧化还原和配位化合物

【实验目的】
1. 了解常见的氧化剂和还原剂及相关反应,观察反应的生成物。
2. 比较高锰酸钾在酸性、中性和碱性溶液中的氧化性,观察反应的生成物。
3. 了解配合物的生成和离解。

【实验原理】
氧化还原反应是参加反应的元素中有氧化数发生变化的反应,其实质是氧化剂和还原剂之间发生了电子转移的结果。

高锰酸高钾是常用的强氧化剂。其在不同的酸碱性溶液中,其还原产物各不相同:酸性溶液中还原产物为粉红色的 Mn^{2+};中性或弱碱性溶液中还原产物为棕黑色的 MnO_2 沉淀;强碱性溶液中还原产物为绿色的 MnO_4^{2-}。

配位化合物分子是由中心离子与组成内界的配位体和组成外界的其他离子所构成。中心离子和配位体组成配位离子（内界）。内界和外界之间是以离子键相结合，水溶液中可完全解离为阴、阳离子。内界是由一定数目的配位体和中心离子之间通过配位键相结合形成的，配离子在水溶液中只能部分解离。如

$$[Cu(NH_3)_4]SO_4 \longrightarrow [Cu(NH_3)_4]^{2+} + SO_4^{2-}$$

$$[Cu(NH_3)_4]^{2+} \rightleftharpoons Cu^{2+} + 4NH_3$$

【实验用品】

1. 器材　试管。

2. 试剂

（1）1mol·L^{-1}的$FeCl_3$溶液；0.5mol·L^{-1}的$SnCl_2$溶液；3% H_2O_2溶液；0.05mol·L^{-1}的$KMnO_4$溶液；3mol·L^{-1}的H_2SO_4溶液；0.1mol·L^{-1} $K_2Cr_2O_7$溶液；0.1mol·L^{-1}的KI溶液；1mol·L^{-1} HCl溶液；2mol·L^{-1} $Na_2S_2O_3$溶液；0.3mol·L^{-1} $Na_2S_2O_3$溶液；6mol·L^{-1} NaOH溶液；2mol·L^{-1} NaOH溶液；0.1mol·L^{-1} $CuSO_4$溶液；1mol·L^{-1} $BaCl_2$溶液；0.5mol·L^{-1} Na_2S溶液；6mol·L^{-1} $NH_3·H_2O$溶液；0.1mol·$L^{-1}FeCl_3$溶液；0.1mol·L^{-1} KNCS溶液；4mol·L^{-1} NH_4F溶液。

（2）1%淀粉溶液。取2g淀粉和5mg HgI_2（作防腐剂）置于小烧杯中，加少量水调成糊状，然后倒入200mL沸水中，煮沸20min。

【内容及步骤】

1. 常见氧化剂、还原剂的反应

（1）$FeCl_3$和$SnCl_2$的反应　在试管中加入1mol·L^{-1}的$FeCl_3$溶液5滴，然后逐滴加入0.5mol·L^{-1}的$SnCl_2$溶液，边加边摇直至黄色褪去，随后滴加3% H_2O_2，观察溶液颜色变化并解释之。

（2）$KMnO_4$和H_2O_2的反应　向一支试管中加入0.05mol·L^{-1}的$KMnO_4$溶液3滴，3mol·L^{-1}的H_2SO_4 10滴，然后逐滴加入3%的H_2O_2，直至紫色褪去，说明原因。

（3）$K_2Cr_2O_7$与KI及$Na_2S_2O_3$与I_2的反应　取一支试管加入0.1mol·L^{-1} $K_2Cr_2O_7$ 1滴，0.1mol·L^{-1}的KI 2滴，观察试管中是否有反应发生，继续加入淀粉溶液3滴，颜色是否发生变化，再加10滴1mol·L^{-1} HCl后，用5mL蒸馏水稀释，观察溶液的颜色，往此溶液中加入2mol·L^{-1} $Na_2S_2O_3$数滴，仔细观察溶液的颜色变化并解释之。

2. 高锰酸钾在不同条件下的氧化性

取三支试管，各加入0.05mol·L^{-1} $KMnO_4$ 1滴。在第一支试管中加入6mol·L^{-1} NaOH 2滴，第二支试管中加入3mol·L^{-1} H_2SO_4 2滴，第三支试管中加入蒸馏水2滴，然后在三支试管中各加入0.3mol·$L^{-1}Na_2S_2O_3$ 3滴，观察各管的颜色变化并写出有关反应方程式。

3. 配合物的生成和离解

（1）在三支试管中各加入5滴0.1mol·$L^{-1}CuSO_4$溶液，然后在第一支试管中加入2滴1mol·L^{-1} $BaCl_2$溶液，第二支试管中加入2滴2mol·L^{-1} NaOH溶液，第三支试管中加入2滴0.5mol·$L^{-1}Na_2S$，观察现象并解释之。

另取1mL 0.1mol·$L^{-1}CuSO_4$溶液，逐滴加入6mol·L^{-1} $NH_3·H_2O$至生成深蓝色溶液（注意观察现象）。然后将深蓝色溶液分盛在三支试管中，在第一支试管中加入2滴1mol·L^{-1} $BaCl_2$溶液，第二支试管中加入2滴2mol·L^{-1} NaOH溶液，第三支试管中加入2滴0.5mol·$L^{-1}Na_2S$溶液，观察是否都有沉淀产生。观察现象并解释之。

(2) 在一支试管中滴入 3 滴 0.1mol·L^{-1}FeCl$_3$ 溶液，加入 1 滴 0.1mol·L^{-1}KNCS 溶液，观察现象，然后将溶液用少量水稀释，逐滴加入 4mol·L^{-1}NH$_4$F 溶液，观察现象并解释之。

【思考题】

1. 高锰酸高钾在酸性、中性和碱性条件下的还原产物分别是什么？
2. 实验室常用重铬酸钾与浓硫酸配制铬酸洗液洗涤仪器，为什么？使用一段时间后，溶液会逐渐变为绿色，为什么？

实验十二　萃取分离技术

【实验目的】

了解萃取分离的基本原理和方法，掌握萃取操作技术。

【实验原理】

萃取是分离和提纯有机物常用的方法之一。其基本原理是利用待萃取混合物中各组分在两种互不相溶的溶剂（两相）中的溶解度和分配系数的不同，使其中一种组分从一种溶剂转移到另一种溶剂中，从而实现混合物的分离。根据分配定律，一定量的溶剂分多次萃取比一次萃取的效率高，一般萃取三次就可以把绝大部分的物质提取出来。

按萃取两相的不同，可分为液-液萃取和液-固萃取。

对液-液萃取而言，有两类萃取剂。一类萃取剂通常为有机溶剂，其萃取原理是利用物质在两种互不相溶（或微溶）溶剂中溶解度的不同，使物质从一种溶剂转移到另一种溶剂中，从而达到将物质提取出来的目的；另一类萃取剂是反应型试剂，其萃取原理是利用它与被提取的物质发生化学反应。这种萃取常用于从化合物中洗去少量杂质或分离混合物。液-液萃取常用的仪器是分液漏斗。

液-固萃取常用的方法有浸取法和连续萃取法。浸取法是将溶剂加入被萃取的固体物质中浸泡溶解，使易溶于萃取剂的组分提取出来，再进行分离纯化。当用有机溶剂萃取时，要用回流装置。连续萃取法是在萃取过程中循环使用一定量的萃取剂，并保持萃取剂体积不变的萃取方法。实验室中常使用索氏提取器（又称脂肪提取器）。

【实验用品】

1. 器材　分液漏斗；铁架台；铁圈；索氏提取器；圆底烧瓶等。
2. 试剂　乙酸乙酯（含少量乙醇）；饱和 CaCl$_2$ 溶液；干茶叶；乙醇。

【内容与步骤】

1. 用饱和 CaCl$_2$ 洗涤除去乙酸乙酯中含有的少量乙醇

用量筒量取 10mL 乙酸乙酯（含少量乙醇）倒入分液漏斗中，用饱和 CaCl$_2$ 溶液洗涤两次，每次 10mL，放出下层液体，上层液体即为较纯净的乙酸乙酯（经干燥后蒸馏可得纯净的乙酸乙酯）。

2. 茶叶中咖啡因的提取

称取 10g 茶叶末放于索氏提取器的滤纸筒中，在烧瓶中加入 200mL 乙醇。水浴加热，连续回流提取，至萃取液颜色很浅为止（大约 2~3h）。等浸泡茶叶的冷凝液刚刚从虹吸管下去时停止加热。冷却后拆卸装置，将索氏提取器中液体倒入烧瓶中，改用蒸馏装置，回收乙醇。待大多数乙醇回收后，停止加热。烧瓶中的残液即为浓缩的粗咖啡因（经浓缩、升华可得咖啡因晶体）。

【注意事项】

1. 分液漏斗如上口塞子漏水，说明上口塞子与漏斗口颈不配套，应更换；如活塞漏水，应用滤纸擦净活塞和活塞孔道，然后涂上凡士林。
2. 待萃取混合液和萃取溶剂的总体积占分液漏斗容量的 1/2 左右，不得超过 2/3。
3. 有时有机溶剂和某些物质的溶液振荡后会形成稳定的乳浊液，使分层困难，此时可加入一定量的电解质如氯化钠等。
4. 萃取时如不知哪一层是萃取层，可加入少量萃取溶剂，如果它穿过上层溶液，到达下层，则下层为萃取层，反之则上层为萃取层。
5. 绝对不能把上层液体经活塞从下口放出，否则会被残留在漏斗下口颈内的下层液体污染。
6. 乙醚是常用的萃取溶剂，但易着火、易爆炸，工业生产上一般不用。实验室中使用时要特别小心。
7. 振荡过程中，应注意随时放气。尤其是使用易挥发的萃取溶剂或洗涤过程中有气体产生时。

【思考题】

1. 什么是萃取？萃取的基本原理是什么？
2. 影响萃取效率的因素有哪些？是不是萃取次数越多越好？
3. 使用分液漏斗和索氏提取器时要注意哪些事项？
4. 留在分液漏斗中的上层液体能否从分液漏斗的下口放出？

附一 分液漏斗的使用

进行萃取操作之前，首先要选择容量适当的分液漏斗，用水试漏。确认不漏后，将分液漏斗放在铁架台的铁圈上，关闭活塞，把待萃取混合液和萃取溶剂仔细地从上口倒入分液漏斗中，旋紧塞子，封闭漏斗上口颈部的小孔，避免漏失液体。然后如图实验 12-1 所示，用右手握住分液漏斗上口颈部，手掌压紧塞子，左手的拇指和食指捏住活塞柄，中指垫在塞座下边，振荡，并间隙放气。振荡、放气重复数次后，然后关闭活塞，把分液漏斗重新放回铁圈，静置，当液体分成清晰的两层以后，打开分液漏斗上口的塞子或旋转塞子使塞子上的凹槽对准漏斗上口颈部的小孔以便与大气相通。慢慢转动活塞，仔细地将下层液体放到锥形瓶或烧杯中。然后将上层液体从分液漏斗的上口倒到另一个容器中。这样，萃取溶剂便带着被萃取物质从原混合物中分离出来。重复上述操作三次，每次都用新鲜萃取溶剂对分离出的仍含有被萃取物质的溶液进行萃取。合并萃取液，干燥后，通过蒸馏除去萃取溶剂，便可获得被提取物。

附二 索氏提取器的使用

索氏提取器（又称脂肪提取器），如图实验 12-2 所示。首先把固体物质粉碎研细，放在圆柱形滤纸筒中。滤纸筒的直径小于索氏提取器的内径，其下端用细绳扎紧，其高度介于索氏提取器外侧的虹吸管和蒸气上升管支管口之间。提取器下口与圆底烧瓶连接，上口与回流冷凝管相连。圆底烧瓶中加萃取溶剂和几粒沸石，打开冷凝水，加热，溶剂沸腾后，其蒸气通过提取器外侧直径较大的支管上升，被冷凝管冷凝为液体，回滴到盛有固体物质粉末的圆柱形滤纸筒内，可溶性物质便被萃取到热溶剂中。当溶液的液面超过直径较小的虹吸管顶端时，溶液会通过虹吸管自动地虹吸流回圆底烧瓶。溶剂回流和虹吸作用重复循环，于是圆底烧瓶内便富集了从固体物质中萃取出来的可溶性物质。此过程中,虽然使用一次量的溶剂,但由于重复循环流动,固体物质不断地与新鲜溶剂接触,大大提高了萃取效率。最后蒸馏去除溶剂,便可得到被提取物。

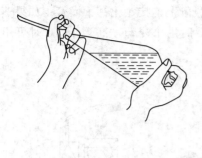

图实验 12-1　分液漏斗的使用

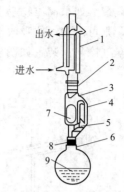

图实验 12-2　索氏提取器
1—回流冷凝管;2、8—夹持位置;3—提取器;
4—蒸气上升管;5—虹吸管;6—烧瓶;
7—滤纸套筒;9—萃取溶剂

实验十三　蒸馏操作技术

【实验目的】
1. 了解蒸馏的原理和意义。
2. 学会仪器的组装和拆卸方法。
3. 掌握蒸馏操作技术。

【实验原理】
蒸馏是分离提纯有机化合物的常用手段之一。其方法包括常压蒸馏、水蒸气蒸馏、分馏和减压蒸馏。通常说的蒸馏一般指常压蒸馏。

当液体混合物受热时,混合液不断汽化,当液体的蒸气压增大到与外界施于液面的总压力相等时,液体开始沸腾。液体沸腾时的温度称为液体的沸点。

由于组成混合液中各组分具有不同的挥发度,溶液上方,蒸气的组成与液相的组成不同。当液体混合物中各组分的沸点差别较大时,低沸点组分在蒸气中的含量较大,而在液相中的含量则较小。当蒸气冷凝时,即可得到低沸点组分含量高的馏出液,沸点较高者随后蒸出,不挥发的物质留下。一般来说,当两种液体的沸点差大于 30℃ 时,可用普通蒸馏法进行分离。

纯液体在一定压力下具有固定的沸点,且沸程很小,通常不超过 1~2℃。当混有杂质时,一般沸点降低,沸程也扩大。因此,蒸馏也可用来判断有机物的纯度或测定有机物的沸点。但需注意具有固定沸点的液体不一定就是纯净物,例如 95.6% 酒精水溶液的沸点是 78.2℃。

【实验用品】
1. 器材　圆底烧瓶;冷凝管;蒸馏头;接收管;干燥管;温度计套管;温度计;酒精灯;铁架台等。
2. 试剂　烧酒。

【内容与步骤】

1. 蒸馏装置

蒸馏装置主要由蒸馏烧瓶、冷凝管和接收器三部分组成，它不适用于沸点很低的物质的沸点测定和蒸馏。如果馏出物易受潮分解，可以在接收管上连接氯化钙干燥管；如果蒸出物是有毒气体，则可以加气体吸收装置；沸点低于140℃时用水冷却，高于140℃时可用空气冷凝管采用空气冷却。装置如图实验13-1所示。

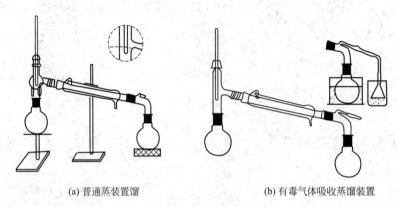

(a) 普通蒸装置馏　　　　　　(b) 有毒气体吸收蒸馏装置

图实验13-1　常用的蒸馏装置

2. 仪器的安装和拆卸

(1) 仪器的安装　蒸馏装置的安装要求正确、美观、牢固。一般按从下到上，从左到右的顺序安装。

① 安装烧瓶。将蒸馏烧瓶用铁夹固定在垫有石棉网的铁圈上，铁夹上要有软垫。铁夹固定烧瓶松紧要适度，以稍微用力能转动烧瓶但不脱落为宜。烧瓶高度根据加热火焰调节。插好温度计，使温度计水银球的上缘与蒸馏瓶支管的下缘在同一水平线上。

② 安装冷凝管。调节冷凝管的位置与角度安装冷凝管，安装后不应使冷凝管产生应力，并且使冷凝管和蒸馏头连接紧密。然后连接好接收管和接收瓶，接好冷却水。

(2) 仪器的拆卸　仪器的拆卸顺序与安装顺序相反，即先取下接受管，松开固定冷凝管的铁夹，将冷凝管与蒸馏烧瓶侧支管接口旋松，取下冷凝管，并拆下冷凝管上下水管，然后取下温度计，放好，最后旋松铁夹，取下烧瓶。

3. 蒸馏操作

(1) 加液　取下温度计，通过长颈漏斗将待蒸馏的液体或待测沸点的液体加入烧瓶中，液体的体积不能超过烧瓶的2/3，加入2～3粒沸石。插好温度计，检查仪器各部分的连接是否紧密。

(2) 加热　先缓慢通入冷凝水后加热。开始加热速度可快些，当蒸汽到达水银球部位时，温度计读数会迅速上升，水银球部位出现液滴，这时应调整加热速度，以馏出液流出速度为每秒1～2滴为宜。

(3) 收集馏出液　至少要准备两个接受瓶，一个接受前馏分（馏头），另一个接受所需馏分。当温度未达到物质沸点范围时，滴入接受瓶的是沸点较低的前馏分；当温度上升至物质的沸点范围且恒定时，馏出液才是所需馏分。同时记下该馏分的第一滴和最后一滴时温度计的读数，即为该馏分的沸程。在所需馏分蒸出后，温度计读数会突然下降。此时应停止蒸馏。

(4) 蒸馏后的仪器整理　蒸馏结束后，先移去热源，后关闭冷却水，当仪器冷却到室温时，按与安装相反的顺序拆卸仪器，并将仪器洗净收藏。

4. 烧酒的蒸馏

按上述方法安装好蒸馏装置，向烧瓶中加入烧酒 30mL，沸石 1～2 粒，蒸馏，收集 77～79℃的馏分。

【注意事项】

1. 仪器组装好后，从各角度观察都应该端正，仪器的轴线应在一条直线上，且连接紧密。

2. 开始加热后如发现忘加沸石，可在液体稍冷后再补加沸石。如果因故中途停止加热，再次加热时应重新加入沸石。

3. 注意蒸馏过程中温度计水银球上应附有液滴，以保持气液两相平衡，此时温度计的读数就是馏出液的沸点。

4. 蒸馏时注意不要将烧瓶内液体蒸干，以免蒸馏瓶破裂，发生意外。

【思考题】

1. 蒸馏时，加入沸石的目的是什么？
2. 物质的纯度如何影响沸点？具有固定沸点的物质是否一定是纯净物？

实验十四 旋光度的测定技术

【实验目的】

1. 了解旋光仪的结构和测定原理。
2. 掌握旋光仪的使用方法，学会旋光法测定葡萄糖溶液的浓度。

【实验原理】

有些化合物，特别是天然有机物，一般具有旋光性。物质的旋光性用旋光度来表示。旋光性物质使偏光振动平面旋转的角度称为旋光度（α）。

旋光度除与物质的性质有关外，还与温度、浓度、液层的厚度、光波波长等因素有关。当溶液浓度（纯液体密度）为 $1g \cdot mL^{-1}$、液层厚度为 $1dm$ 时的旋光度称为比旋光度（$[\alpha]_D^t$），常用比旋光度来表示物质的旋光度，旋光度与比旋光度的关系为

$$[\alpha]_D^t = \frac{\alpha}{\rho l}$$

比旋光度是旋光性物质的特征常数之一。通过测定旋光度，可鉴别物质的纯度、溶液的浓度、鉴别光学异构体。

本实验通过在相同波长和相同液层厚度条件下测定某葡萄糖标准溶液和未知溶液的旋光度，根据比旋光度为一定值计算未知溶液的浓度。

【实验用品】

1. 器材 旋光仪。
2. 试剂 $0.10g \cdot mL^{-1}$ 葡萄糖标准溶液；未知浓度的葡萄糖溶液。

【内容与步骤】

1. 旋光仪的结构

旋光仪是测定旋光度的仪器，其基本结构见图实验 14-1。常见的旋光仪有两种类型：一种是目测的，为手工操作；另一种是数字自动显示测定结果。尽管仪器类型不同，但基本原理相同。

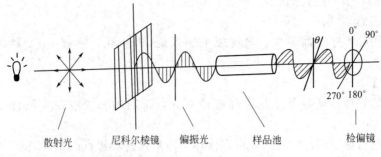

图实验 14-1　旋光仪的基本结构

旋光仪是利用偏振镜来测定旋光度的，如调节偏振镜使其透光的轴向角度与另一偏振镜的透光轴向角度互相垂直，则在物镜前观察到的视场呈黑暗，如在之间放一盛满旋光物质的样品管，则由于物质的旋光作用，使原来由偏振镜出来的偏振光转过一个角度，视窗不呈黑暗，此时必须将偏振镜也相应旋转一个角度，这样视窗又恢复黑暗。因此偏振镜由第一次黑暗到第二次黑暗的角度差，即为被测物质的旋光度。

2. 旋光仪的使用

（1）将仪器电源接入 220V 交流电源（要求使用交流电子稳压器），并将接地脚可靠接地。

（2）打开电源开关，光源开关，此时钠光灯亮，预热 20min。

（3）打开测量开关，此时数码管应有数字显示。

（4）零点测定。将盛有空白对照液的样品管放入样品室，盖好箱盖，清零。

（5）取出样品管，用少量待测样品润洗 2～3 次，然后注入待测样品，按相同位置和方向放入样品室内，盖好箱盖，仪器数窗即显示出该样品的旋光度。

（6）逐次按下复测按钮，重复读几次数，取平均值作为样品的测试结果。

（7）仪器使用完毕，应依次关闭测量、光源、电源开关。

3. 旋光法测定葡萄糖溶液的浓度

按上述操作方法测定葡萄糖标准溶液的旋光度，平行测定三次。同样方法测定未知葡萄糖溶液的旋光度。并求出未知葡萄糖溶液的浓度。

【注意事项】

1. 测定时，样品管中不能留有气泡。
2. 供试品溶液应为澄清、透明溶液。若出现浑浊或有少量混悬的小粒，应先滤去。
3. 如样品管盖光面两端有雾状水滴，应用软布揩干。

【思考题】

1. 旋光度的测定有何意义？
2. 测定时，样品管中为何不能留有气泡？

实验十五　重要有机化合物的性质（一）

【实验目的】

通过实验，进一步理解醇、酚、醛和酮的重要性质，掌握其鉴别方法。

【实验用品】

1. 器材　试管；试管夹；酒精灯；烧杯；药匙；镊子；水浴锅；pH 试纸等。

2. 试剂

(1) 斐林试剂 A 取 3.5g 硫酸铜晶体（$CuSO_4 \cdot 5H_2O$）溶于 100mL 水中。

(2) 斐林试剂 B 取 17g 酒石酸钾钠晶体溶于 15～20mL 热水中，加入 20mL 20% NaOH 溶液，然后用水稀释至 100mL。

(3) 班氏试剂

① 将 17.3g 硫酸铜晶体溶入 100mL 热蒸馏水中，冷却后稀释到 150mL；② 取柠檬酸钠 173g 及碳酸钠 100g，加蒸馏水 600mL，加热使之溶解，冷却后稀释到 850mL；③ 把硫酸铜溶液缓慢地倾入柠檬酸钠-碳酸钠溶液中，边加边搅拌，如有沉淀可过滤除去或自然沉降一段时间取上部清液。此试剂可长期保存。

(4) 其他 正丁醇；仲丁醇；叔丁醇；1% $K_2Cr_2O_7$ 溶液；3mol·L^{-1} H_2SO_4 溶液；5% $CuSO_4$ 溶液；5% NaOH 溶液；10% 甘油；浓盐酸；苯酚饱和水溶液；2mol·L^{-1} HCl 溶液；饱和溴水；1% $FeCl_3$ 溶液；5% 甲醛溶液；40% 乙醛溶液；5% 丙酮溶液；5% $AgNO_3$ 溶液；2% $NH_3 \cdot H_2O$ 溶液；40% 苯甲醛乙醇溶液。

【内容与步骤】

1. 醇的性质

(1) 醇的氧化 在 3 支试管中，分别滴加 10 滴正丁醇、仲丁醇、叔丁醇，再各加入 1mL 1% $K_2Cr_2O_7$ 溶液、10 滴 3mol·L^{-1} H_2SO_4 溶液，充分振摇后，将试管置于 40～50℃ 水浴中微热，观察溶液颜色的变化。

(2) 多元醇的反应 在 1 支试管中，加入 5 滴 5% $CuSO_4$ 溶液和 10 滴 5% NaOH 溶液，摇匀，观察现象。再加入 5 滴 10% 甘油，摇匀，观察发生的现象；然后滴加 1 滴浓盐酸，观察混合液的颜色又有何变化。

2. 酚的性质

(1) 酸性 在 1 支试管中，加入 5mL 苯酚饱和水溶液，用广泛 pH 试纸检验该溶液的酸性。把苯酚饱和水溶液分放于 2 支试管中，1 支作空白，另一支中逐滴加入 5% NaOH 溶液，边加边振荡，直至溶液澄清为止。再在此试管中加入 2mol·L^{-1} HCl 溶液至溶液呈酸性，观察有何现象发生。

(2) 与饱和溴水的反应 在 1 支试管中，加入 2 滴苯酚饱和水溶液，再加水稀释至 1mL，然后逐滴加入饱和溴水，观察有何现象。

(3) 与氯化铁的显色反应 在 1 支试管中，加入 10 滴苯酚饱和水溶液，加水稀释至 2mL，再滴加 2～3 滴 1% $FeCl_3$ 溶液，观察溶液颜色的变化。若溶液颜色太深，可适当稀释后再行观察。

3. 醛、酮的氧化

(1) 银镜反应 在盛有 3mL 5% $AgNO_3$ 溶液的洁净试管中，逐滴加入 2% $NH_3 \cdot H_2O$ 溶液至最初生成的棕褐色沉淀刚好溶解为止，再多加几滴氨水。然后，将此溶液分装于 4 支试管中，再往这 4 支试管中分别滴入 2～4 滴 5% 甲醛溶液、40% 乙醛溶液、5% 丙酮溶液和 40% 苯甲醛乙醇溶液，将试管置于 50～60℃ 水浴中温热几分钟，观察试管内壁有无银镜生成。

(2) 斐林试验 取一支试管，向其中各加入斐林试剂 A 和斐林试剂 B 2mL，充分混匀，然后，将此溶液分装于 4 支试管中，再往这 4 支试管中分别滴入 10 滴 5% 甲醛溶液、40% 乙醛溶液、5% 丙酮水溶液、40% 苯甲醛乙醇溶液，摇匀。将试管置于沸水浴中加热，观察试管中溶液颜色的变化及有无砖红色沉淀生成。

(3) 与班氏试剂的反应　取 4 支试管，各加 1mL 班氏试剂，然后分别加入 10 滴 5％甲醛溶液、40％乙醛溶液、5％丙酮水溶液、40％苯甲醛乙醇溶液，摇匀。将试管置于沸水浴中加热，观察现象。

【注意事项】
1. 做银镜反应试验时，注意加热时间不宜太长且加热过程中不可振摇。
2. 银镜反应试验结束后，应及时将试管中的溶液倒尽，再往试管中加入少量硝酸煮沸以除去银镜。

【思考题】
1. 为什么在空气中长期放置的苯酚会有一定的红色？
2. 做银镜反应实验时，应注意些什么？
3. 如何用化学方法区分乙醛和丙酮？

实验十六　重要有机化合物的性质（二）

【实验目的】
通过实验，进一步理解和掌握羧酸、酯、胺和酰胺的重要性质，掌握其鉴别方法。

【实验用品】
1. 器材　试管；试管夹；酒精灯；玻璃棒；水浴锅、红色石蕊试纸；蓝色石蕊试纸；刚果红试纸；棉花等。
2. 试剂　甲酸；乙酸；草酸；10％草酸；$3mol \cdot L^{-1}$硫酸；20％的硫酸；0.5％高锰酸钾溶液；无水乙醇；冰醋酸；浓硫酸；苯胺；浓盐酸；10％NaOH 溶液；饱和溴水；乙酸乙酯；乙酰胺。

【内容与步骤】
1. 羧酸的性质
(1) 酸性　在 3 支试管中，分别加入 10 滴甲酸、乙酸和少许草酸（约 0.5g），然后各加 2mL 蒸馏水，振荡使其溶解，再用干净的玻璃棒分别蘸取酸液在同一条刚果红试纸上画线，比较各线条颜色的深浅，说明三种羧酸酸性的强弱。
(2) 氧化反应　取三支试管，分别加入 5 滴甲酸、乙酸和 10％草酸，然后再向每支试管中加入 $3mol \cdot L^{-1}$硫酸及 0.5％高锰酸钾溶液各 2 滴，振荡，加热，观察颜色变化，说明哪些羧酸具有还原性。
(3) 酯化反应　取 1 支干燥试管，加入 10 滴无水乙醇、10 滴冰醋酸及 2 滴浓硫酸，混匀，用棉花团塞住管口，将试管放在 60～70℃水浴中温热，10min 后取出，并于冷水中冷却，加入 3mL 蒸馏水。观察是否有分层现象，并说明哪一层是酯层。
2. 胺的性质
(1) 苯胺的碱性　取 1 支试管，加入 0.5mL 蒸馏水，2 滴苯胺，振荡，观察苯胺是否溶解。然后加 1 滴浓盐酸，振摇，观察现象。再滴加 10 滴 10％NaOH 溶液，又有何现象？
(2) 苯胺的溴水试验　取 1 支试管，加入 1mL 蒸馏水，1 滴苯胺，振摇后滴加 2 滴饱和溴水，观察现象。
3. 酯和酰胺的水解
(1) 酯的水解反应　取两支试管，各加入 1mL 蒸馏水和 8 滴乙酸乙酯，然后向其中一支试管中加入 20％的硫酸溶液 5 滴，另一支试管中加入 10％的 NaOH 溶液 5 滴。用棉花塞住管口,将两支试管同时放入60~70℃水浴中温热,同时振荡,观察并比较各试管中酯层消失的速度,说明原因。

(2) 酰胺的水解反应　取两支试管,各加入0.5g乙酰胺,然后向其中一支试管中加入3mL10%的NaOH溶液,另一支试管中加入3mL20%的硫酸,加热煮沸,用石蕊试纸于两试管口处检查是否有氨气或乙酸蒸气逸出,以判断反应是否发生。

【思考题】
1. 酯化反应中浓硫酸的作用是什么？
2. 能否用溴水试验来区别苯酚与苯胺？
3. 如何用化学方法区分甲酸、乙酸和草酸？

实验十七　糖类、蛋白质的性质

【实验目的】
1. 通过实验,掌握糖类和蛋白质的重要化学性质。
2. 掌握糖类和蛋白质的鉴定方法。

【实验用品】
1. 器材　试管；试管夹；水浴锅等。
2. 试剂

(1) 莫立许试剂　10% α-萘酚的酒精溶液,该试剂宜新鲜配制。

(2) 蛋白质溶液　取鸡蛋清25mL,加蒸馏水100mL,搅匀后,用洁净的绸布或白细布滤去析出来的球蛋白,即得澄清的蛋白质溶液。

(3) 茚三酮试剂　称取0.1g茚三酮溶于50mL蒸馏水中即可。要现用现配,以防变质。

(4) 其他　斐林试剂A；斐林试剂B；5%葡萄糖溶液；5%麦芽糖溶液；5%蔗糖溶液；1%淀粉溶液；浓硫酸；饱和$(NH_4)_2SO_4$溶液；饱和$CuSO_4$溶液；饱和$Pb(Ac)_2$溶液；饱和$AgNO_3$溶液；5% HAc溶液；饱和苦味酸溶液；饱和鞣酸溶液；10% NaOH溶液；1% $CuSO_4$溶液。

【内容与步骤】
1. 糖的性质

(1) 还原性（斐林试验）　取4支试管,加斐林试剂A和斐林试剂B各1mL,再分别加5%葡萄糖溶液、5%麦芽糖溶液、5%蔗糖溶液和1%淀粉溶液各5滴。然后置于沸水浴中加热2~3min,注意观察各试管中溶液的颜色变化及有无砖红色沉淀析出。

(2) 显色反应（莫立许反应）　取4支试管,分别加入5%的葡萄糖、5%麦芽糖、5%蔗糖和1%淀粉溶液各2mL,再各加2滴莫立许试剂,摇匀。然后将试管倾斜,沿着管壁慢慢滴加浓硫酸1mL,使硫酸和糖之间有明显分层,观察两层之间有无颜色变化？若无颜色变化,可在水浴上温热数分钟,观察变化。

2. 蛋白质的性质

(1) 蛋白质的沉淀

① 盐析作用。取一支试管,加入0.5mL蛋白质溶液和0.5mL饱和$(NH_4)_2SO_4$溶液,观察现象。再加2~3mL水,振荡,观察现象。

② 重金属盐沉淀。取三支试管,各加入1mL蛋白质溶液,然后分别加入2~3滴饱和$CuSO_4$溶液、饱和$Pb(Ac)_2$溶液、饱和$AgNO_3$溶液,观察现象。

③ 生物碱试剂沉淀。取 2 支试管，各加入 1mL 蛋白质溶液和 2 滴 5% HAc 溶液，使溶液呈酸性。然后分别加入饱和苦味酸溶液、饱和鞣酸溶液 2～3 滴，观察现象。

(2) 蛋白质的颜色反应

① 茚三酮反应。在 1 支试管中加入 1mL 蛋白质溶液和 2～3 滴茚三酮试剂，在沸水浴中加热 15min，观察现象。

② 二缩脲反应。在 1 支试管中加入 1mL 蛋白质溶液和 1mL 10% NaOH 溶液，再加入 2～3 滴 1% $CuSO_4$ 溶液，观察现象。

【注意事项】

1. 做糖的还原性试验时，市售蔗糖由于表面部分水解而具有一定的还原性，影响实验结果，故建议用大块冰糖，洗去表面葡萄糖，效果较好。
2. 做莫立许试验时，注意加入浓硫酸后不可振摇试管。
3. 二缩脲反应中，硫酸铜溶液不可多加，否则会生成 $Cu(OH)_2$ 沉淀，干扰颜色反应。

【思考题】

1. 如何区分还原糖和非还原糖？常见的还原糖有哪些？
2. 在二缩脲反应中，为什么硫酸铜溶液不能多加？
3. 使蛋白质沉淀的方法有哪几种？

实验十八　蛋白质含量的测定

【实验目的】

学习双缩脲法测定蛋白质的原理和方法。

【实验原理】

具有两个或两个以上肽键的化合物皆有双缩脲反应，因此蛋白质在碱性溶液中，能与 Cu^{2+} 形成紫红色配合物，颜色深浅与蛋白质浓度成正比，故可用来测定蛋白质的含量。

【实验用品】

1. 器材　试管；吸量管；恒温水浴锅；722 型可见分光光度计。
2. 试剂

(1) 标准酪蛋白溶液（5mg·mL^{-1}）准确称取一定量已经定氮的酪蛋白（干酪素），用 0.05mol·L^{-1} NaOH 溶液配制，冰箱存放备用。

(2) 双缩脲试剂　溶解 1.50g 硫酸铜（$CuSO_4·5H_2O$）和 6.0g 酒石酸钾钠（$NaKC_4H_4O_6·4H_2O$）于 500mL 水中，在搅拌下加入 300mL 10% NaOH 溶解，用水稀释到 1L，4℃保存，备用。

(3) 蛋清稀释液　取新鲜蛋清稀释 10 倍。

【内容及步骤】

取 3 支试管，按下表操作。

加入物体积/mL	空白管	标准管	测定管
蛋清稀释液	—	—	1.0
标准酪蛋白溶液	—	1.0	—
蒸馏水	2.0	1.0	1.0
双缩脲试剂	4.0	4.0	4.0

充分混匀，置37℃水浴中10min（或25℃中30min），冷却后在540nm波长处进行比色，以空白管调零，读取各管吸光度。

【计算】

$$蛋清蛋白含量(g \cdot 100mL^{-1}) = \frac{测定管吸光度}{标准管吸光度} \times 0.005 \times 10 \times 100$$

【注意事项】

1. 本实验方法测定范围1~10mg蛋白质。
2. 须于显色后30min内比色测定。30min后，可有雾状沉淀发生。各管由显色到比色的时间应尽可能一致。
3. 如反应过程中产生混浊或沉淀，可用乙醇或石油醚使溶液澄清后离心，取上部清液再测定。

【思考题】

1. 双缩脲法测定蛋白质的原理是什么？
2. 实验中为何选定540nm波长作为检测用波长？

附 722型分光光度计的使用

1. 本仪器键盘共4个键，分别为A/T/C/F、SD、▽/0%、△/100%。A/T/C/F键用来切换A（吸光度）、T（透光率）、C（浓度）、F（斜率）之间的值。SD键共有2个功能，一是用于RS232串行口和计算机传输数据（单向传输数据，仪器发向计算机）；二是当处于F状态时，具有确认的功能，即确认当前的F值，并自动转到C，计算当前的C值（C=FA）。▽/0%键具有2个功能，一是调零，只有在T状态时有效，打开样品室盖，按键后应显示0.000；二是下降，只有在F状态时有效，按本键F值会自动减1，如果按住本键不放，自动减1会加快速度，如果F值为0后，再按键它会自动变为1999，再按键开始自动减1。△/100%键，具有2个功能，一是只有在A、T状态时有效，关闭样品室盖，按键后应显示0.000、100.0；二是上升键，只有在F状态时有效，按本键F值会自动加1，如果按住本键不放，自动加1会加快速度，如果F值为1999后，再按键它会自动变为0，再按键开始自动加1。

2. 开启电源，指示灯亮，用A/T/C/F键切换置于"T"，波长调至到测试用波长。仪器预热20min。

3. 打开试样室（光门自动关闭），按▽/0%键调节透光率，使数字显示为0.000。盖上试样室盖，将参比溶液置于光路，使光电管受光，按△/100%键调节透光率，使数字显示100.0。

4. 连续几次调整"0.000"和"100.0"后，用A/T/C/F键切换置于A，按△/100%键调节吸光度，使数字显示自动回到"0.000"。然后将待测溶液推入光路，显示值即为待测样品的吸光度值。

5. 注意事项

(1) 使用前，使用者应首先了解本仪器的结构和原理。
(2) 仪器接地要良好，否则显示数字不稳定。
(3) 仪器左侧下角有一只干燥剂筒，应保持其干燥，发现干燥剂变色应立即更新或烘干后再用。
(4) 当仪器停止工作时，关闭仪器，切断电源，并罩好仪器。

实验十九　影响酶活性的因素

【实验目的】
1. 观察淀粉在水解过程中遇碘后溶液颜色的变化。
2. 观察温度、pH、激活剂与抑制剂对唾液淀粉酶活性的影响。

【实验原理】
　　人唾液中淀粉酶为α-淀粉酶，可催化淀粉水解，经一系列中间产物，最后生成麦芽糖和葡萄糖。水解过程及遇碘后呈现的颜色如下。

　　　　　　　淀粉→紫色糊精→红色糊精→麦芽糖、葡萄糖
　　　　　　　蓝色　　紫色　　　红色　　　　不变色

　　淀粉与糊精无还原性或还原性很弱，对班氏试剂呈阴性反应。麦芽糖、葡萄糖具还原性，与班氏试剂共热后生成砖红色氧化亚铜沉淀。
　　可依据淀粉水解产物遇碘后的颜色或与班氏试剂反应后生成砖红色沉淀多少来判断淀粉水解程度，从而推断酶活性高低。

【实验用品】
1. 器材　试管；烧杯；量筒；玻璃棒；白瓷板；恒温水浴锅；电炉等。
2. 试剂
　　(1) 0.1%淀粉溶液（含0.3% NaCl）　将0.1g可溶性淀粉与0.3g氯化钠，混合于5mL的蒸馏水中，搅动后缓慢倒入沸腾的95mL蒸馏水中，煮沸1min，冷却后倒入试剂瓶中。
　　(2) 碘液　称取2g碘化钾溶于5mL蒸馏水中，再加1g碘，待碘完全溶解后，加蒸馏水295mL，混合均匀后贮于棕色瓶内。
　　(3) 其他　0.4%的HCl溶液；0.1%的乳酸溶液；1% Na_2CO_3 溶液；1% NaCl溶液；1% $CuSO_4$ 溶液；班氏试剂。

【内容与步骤】
1. 唾液淀粉酶液的制备
　　实验者先用蒸馏水漱口，然后含一口蒸馏水于口中，轻漱1~2min，吐入小烧杯中，用脱脂棉过滤，除去其中的食物残渣。收集滤液，此为淀粉酶液。
2. 淀粉酶活性检测
　　取试管1支，加入0.1%淀粉溶液5mL与酶液2mL，混匀。将试管置于37℃水浴。每隔3min从试管中取出1滴反应液，滴加在白瓷板上，随即加1滴碘液，观察反应液呈现的颜色。此实验延续至反应液呈微黄色为止。记录淀粉在水解过程中，反应液遇碘后呈现颜色的变化。
　　当反应液遇碘后不再变化时，将试管取出，向其中加入班氏试剂2mL，沸水浴煮沸10min，观察现象并解释。

水浴后的时间/min	0	3	6	9	12	15	18	21	加班氏试剂2mL,沸水浴煮沸10min
反应液遇碘后显色									
现象解释									

3. 温度对酶活性的影响

取 3 支试管，按下表操作。

管 号	1	2	3
0.1%淀粉液量/mL	3	3	3
酶液量/mL	1		1
煮沸的酶液量/mL		1	
温度条件	37℃	100℃	冰浴
水浴	时间为实验 2 淀粉水解液遇碘不变色所需时间		
冷却后,加碘液量/滴	1~2	1~2	1~2
呈现颜色			
现象解释			

4. pH 对酶活性的影响

取 4 支试管，编号后按下表操作。

管 号	1	2	3	4
缓冲溶液 pH	0.4%盐酸(pH≈1)	0.1%乳酸(pH≈5)	蒸馏水(pH≈7)	1%碳酸钠(pH≈9)
缓冲溶液用量/mL	2	2	2	2
酶液量/mL	2	2	2	2
0.1%淀粉液量/mL	2	2	2	2
37℃水浴	时间较实验 3 相应缩短			
冷却	自来水冷却至室温			
加碘液量/滴	1~2	1~2	1~2	1~2
呈现颜色				
现象解释				

5. 激活剂与抑制剂对酶活性的影响

取试管 3 支，按下表加入各种试剂。

管 号	1	2	3
1% NaCl 溶液量/mL	1		
1% $CuSO_4$ 溶液量/mL			1
蒸馏水量/mL		1	
酶液量/mL	1	1	1
0.1%淀粉液量/mL	3	3	3
37℃水浴	时间较实验 3 相应缩短		
加碘液量/滴	1~2	1~2	1~2
呈现颜色			
现象解释			

【注意事项】

1. 酶活性检测时，每次从试管中取反应液前，应将吸管清洗干净，防止管内吸附之前的反应液对后续反应液产生干扰。

2. 组内比较时，各管加入试剂后的反应时间应尽可能一致。
3. 同一因素比较时，其他因素应完全相同，加碘液量组内各管应完全一致，即同为1滴或同为2滴。
4. 37℃水浴时间可根据酶活性检测实验中淀粉水解液遇碘不变色所需时间作具体调整。温度影响实验中的水浴时间与之同，pH、激活剂和抑制剂影响实验的水浴时间则应较之相应缩短。

【思考题】
1. 何谓酶的最适温度和最适pH？
2. 说明温度、pH和抑制剂对酶活性的影响。

实验二十 血液生化样品的制备

【实验目的】
1. 了解血液生化样品制备的原理。
2. 掌握血液生化样品制备的方法。

【采血】
测定用的血液，多由静脉采集。一般在饲喂前空腹采取，因此时血液中化学成分含量比较稳定。采血时所用的针头、注射器、盛血容器要清洁干燥；接血时应让血液沿着容器壁慢慢注入，以防溶血和产生泡沫。

【血清的制备】
由静脉采集的血液，注入清洁干燥的试管或离心管中。将试管放成斜面，让其自然凝固，一般经3h血块自然收缩而析出血清；也可将血样放入37℃恒温箱内，促使血块收缩，能较快的析出血清。为了缩短时间，也可用离心机分离（未凝或凝固后均可离心），分离出的血清，用滴管移入另一试管中供测定用，如不及时使用，应贮于冰箱中。分离出的血清不应溶血。

【血浆、无蛋白血滤液的制备】
制备血浆和无蛋白血滤液，需用抗凝剂以除去血液中钙离子或某些其他凝血因子，防止血液凝固。

1. 抗凝剂　抗凝剂的种类很多，本实验主要介绍生化测定中常用的抗凝剂的制备及抗凝效果。

(1) 草酸钾（钠）。是常用的抗凝剂之一，其优点是溶解度大，与血液混合后，迅速与血中钙离子结合，形成不溶的草酸钙，使血液不再凝固。

配制方法：通常先配成10%草酸钾或草酸钠溶液，然后吸取此液0.1mL于试管中，转动试管，使其铺散在试管壁上，置80℃干燥箱内烘干，管壁呈白色粉末状，加塞备用。每管含草酸钾或草酸钠10mg，可抗凝血液5mL。

应用范围：适用于非蛋白氮、血糖等多种测定项目，但不适用于钾、钠和钙的测定；另外草酸盐能抑制乳酸脱氢酶、酸性磷酸酶和淀粉酶，故使用时应予注意。

(2) 肝素。是一种较好的抗凝剂，因它对血中有机成分和无机成分的测定均无影响，其主要作用是抑制凝血酶原转变为凝血酶，使纤维蛋白原不能转化为纤维蛋白而凝血。

配制方法：常将肝素配成$1mg \cdot mL^{-1}$的水溶液，每管装0.1mL，再横放蒸干（不宜超过50℃）备用。每管可抗凝血液5～10mL。

市售肝素大多数为钠盐，可按 10mg·mL^{-1} 配制成水溶液。每管装 0.1mL，按上法烘干，可使 5～10mL 血液不凝固。

应用范围：适用于血液有机物的测定；不适用于凝血酶原的测定。

(3) 乙二胺四乙酸二钠盐（简称 EDTA）。EDTA 对血液中钙离子有很大的亲和力，能使钙离子配合而使血液不凝固。

配制方法：常配成 40mg·mL^{-1} EDTA 的水溶液，每管分装 0.1mL，在 80℃ 干燥箱内烘干备用。每管可抗凝血液 5mL。

应用范围：适用于多种生化分析，但不适用于血浆中含氮物质、钙及钠的测定。

2. 血浆的制备　由静脉采集的血液，放入装有抗凝剂的试管或离心管中，轻轻摇动，使血液与抗凝剂充分混合，以防小血块的形成。抗凝血可静置或离心沉淀分离（2000r·min^{-1}，10min），上部清液即为血浆。

血浆与血清成分基本相似，只是血清不含纤维蛋白原。

3. 无蛋白血滤液的制备　许多生化分析要避免蛋白质干扰，常常先将其中蛋白质除去；分析血液中许多成分时，也常常需要除去蛋白质，制成无蛋白质的血滤液。制备无蛋白血滤液的方法很多，可根据不同的需要加以选择。现将生化常用的无蛋白血滤液制备方法介绍如下。

(1) 钨酸法

原理：血液中的蛋白质在 pH 小于其等电点时，蛋白质与钨酸根离子结合形成不溶性的钨酸蛋白盐而沉淀，经过滤或离心，除去沉淀即得无蛋白的血滤液。

试剂：10% 钨酸钠溶液；0.333mol·L^{-1} 硫酸溶液。

仪器与器材：锥形瓶、吸管、奥氏吸管、滤纸、漏斗或离心管及离心机。

方法与步骤：

① 取 50mL 锥形瓶 1 只，加入蒸馏水 7mL；

② 吸取抗凝血 1mL，擦去管壁外血液，缓慢地放出血液，轻摇使充分混合；

③ 加入 0.333mol·L^{-1} 硫酸溶液 1mL，随加随摇，充分混匀。此时血液由鲜红变成棕色，静置 5～10min，使其酸化完全；

④ 加入 10% 钨酸钠溶液 1mL，边加边摇，充分混匀，静置 5～10min；

⑤ 用定量滤纸过滤或离心除去沉淀，即得完全澄清的无蛋白血滤液，供测定用。

用此法制得的无蛋白血滤液为 10 倍稀释的血滤液。即每毫升血滤液相当于全血 0.1mL，适用于葡萄糖、非蛋白氮、尿素氮、肌酸酐和氯化物等的测定。

(2) 三氯醋酸法

原理：三氯醋酸是一种有机强酸，可使血液中蛋白质变性而形成不溶的蛋白质盐沉淀。离心后的上部清液即为无蛋白血滤液。此液呈酸性，常用来测定无机磷等。

试剂：10% 三氯醋酸溶液。

仪器与器材：锥形瓶、吸量管、滤纸、漏斗或离心管和离心机。

方法与步骤：

① 取 9mL 10% 三氯醋酸放入锥形瓶中；

② 加入抗凝血 1mL，边加边摇，静置 5min；

③ 过滤或离心，即得完全澄清的无蛋白血滤液，此液亦为 10 倍稀释之血滤液。

【思考题】

1. 实验中常用的抗凝剂有哪些？

2. 血清如何制备？

3. 钨酸法制备无蛋白血滤液的原理是什么？

附　离心机及其使用方法

离心机是利用离心力对混合液（含有固形物）进行分离和沉淀的一种专用仪器。实验室常用电动离心机有低速、高速离心机和低速、高速冷冻离心机，以及超速分析、制备两用冷冻离心机等多种型号。其中以低速（包括大容量）离心机和高速冷冻离心机应用最为广泛，是生化实验室用来分离制备生物大分子必不可少的重要工具。在实验过程中，欲使沉淀与母液分开，常使用过滤和离心两种方法。但在下述情况下，使用离心方法效果较好。

①沉淀有黏性或母液黏稠。②沉淀颗粒小，容易透过滤纸。③沉淀量过多而疏松。④沉淀量很少，需要定量测定或母液量很少，分离时应减少损失。⑤沉淀和母液必须迅速分开。⑥一般胶体溶液。

1. 电动离心机的基本结构和性能

① 普通（非冷冻）离心机

这类离心机结构较简单，可分小型台式和落地式两类，配有驱动电机、调速器、定时器等装置，操作方便。低速离心机其转速一般不超过 $4000 r \cdot min^{-1}$，台式高速离心机最大转速可达 $18000 r \cdot min^{-1}$。

② 低速冷冻离心机

转速一般不超过 $4000 r \cdot min^{-1}$，最大容量为 2～4L，实验室最常用于大量初级分离提取生物大分子、沉淀物等。其转头多用铝合金制的甩平式和角式两种，离心管有硬质玻璃、聚乙烯硬塑料和不锈钢管多种型号。离心机装配有驱动电机、定时器、调整器（速度指示）和制冷系统（温度可调范围为 $-20\sim40℃$），可根据离心物质所需，更换不同容量和不同型号转速的转头。

③ 高速冷冻离心机

转速可达 $20000 r \cdot min^{-1}$ 以上，除具有低速冷冻离心机的性能和结构外，高速离心机所用角式转头均用钛合金和铝合金制成。离心管为具盖聚乙烯硬塑料制品。这类离心机多用于收集微生物、细胞碎片、细胞、大的细胞器、硫酸沉淀物以及免疫沉淀物等。

④ 超速离心机

转速可达 $50000 r \cdot min^{-1}$ 以上，能使亚细胞器分级分离，应用于蛋白质、核酸分子量的测定等。其转头为高强度钛合金制成，可根据需要更换不同容量和不同型号的转速转头。超速离心机驱动电机有两种，一种为调频电机直接升速，另一种为通过变速齿轮箱升速。为了防止驱动电机在高速运转中产热，装有冷却驱动电机系统（风冷、水冷）、限速器、计时器、转速记录器等。此外，超速离心机还装配有抽真空系统。

2. 低速离心机的一般使用规程

（1）使用方法

① 检查离心机调速旋钮是否处在零位，外套管是否完整无损和垫有橡皮垫。

② 离心前，先将离心的物质转移入合适的离心管中，其量以距离心管口 1～2cm 为宜，以免在离心时甩出。将离心管放入外套管中，在外套管与离心管间注入少量水，使离心管不易破损。

③ 取一对外套管（内已有离心管）放在台秤上平衡。如不平衡，可调整缓冲用水或离心物质的量。将平衡好的套管放在离心机十字转头的对称位置。取出不用的套管，盖好离心

机盖。

④ 接通电源，开启开关。

⑤ 平稳、缓慢地转动调速手柄（约需 1~2min）至所需转速，待转速稳定后再开始计时。

⑥ 离心完毕，将手柄慢慢地调回零位。关闭开关，切断电源。

⑦ 待离心机自行停止转动时，方可打开机盖，取出离心样品。

⑧ 将外套管、橡胶垫冲洗干净，倒置干燥备用。

(2) 注意事项

① 离心机要放在平坦和结实的地面或实验台上，不允许倾斜。

② 离心机应接地线，以确保安全。

③ 离心机启动后，如有不正常的噪音及振动时，可能离心管破碎或相对位置上的两管质量不平衡，应立即关机处理。

④ 须平稳、缓慢增减转速。关闭电源后，要等候离心机自动停止。不允许用手或其他物件迫使离心机停转。

⑤ 一年检查一次电动机的电刷及轴承磨损情况，必要时更换电刷或轴承。注意电刷型号必须相同。更换时要清洗刷盒及整流子表面污物。新电刷要自由落入刷盒内。要求电刷与整流子外圆吻合。轴承缺油或有污物时，应清洗加油，轴承采用二硫化钼锂基脂润滑。加量一般为轴承空隙的 1/2。

实验二十一　血糖含量的测定

【实验目的】

掌握磷钼酸比色法测血糖的原理和方法。

【实验原理】

血液中的葡萄糖具有还原性，与碱性铜试剂混合加热后，其醛基被氧化成羧基，而试剂中的 Cu^{2+} 被还原为砖红色的氧化亚铜（Cu_2O）沉淀。氧化亚铜又可使磷钼酸还原生成钼蓝，使溶液呈蓝色，其蓝色深浅与血液中葡萄糖浓度成正比。

【实验用品】

1. 器材　容量瓶（100mL、1000mL）试管；奥氏吸管；吸量管；血糖管；水浴锅；分光光度计；漏斗；滤纸。

2. 试剂

(1) 草酸钾粉末（A.R.）

(2) 10％钨酸钠溶液　称取钨酸钠 100g，蒸馏水溶解并稀释至 1000mL。此液以 1％酚酞为指示剂试之应为中性（无色）或微碱性（粉红色）。

(3) 0.333mol·L^{-1} 硫酸溶液　取 1 份 1mol·L^{-1} H_2SO_4，加 2 份水。

(4) 碱性铜试剂　在 400mL 无水中加入无水碳酸钠 40g；在 300mL 水中加入酒石酸 7.5g；在 200mL 水中加入结晶硫酸铜 4.5g。以上分别加热溶解，冷却后将酒石酸溶液倾入碳酸钠溶液中，再将硫酸铜溶液倾入，并加水至 1000mL。混匀，贮存于棕色瓶中。

(5) 磷钼酸试剂　取钼酸 70g 和钨酸钠 10g，加入 10％ NaOH 溶液 400mL 及蒸馏水 400mL，混合后煮沸 20~40min，以除去钼酸中存在的氨（直至无氨味为止），冷却后加入浓磷酸（80％）250mL，混匀，最后以蒸馏水稀释至 1000mL。

(6) 0.25%苯甲酸溶液

(7) 葡萄糖贮存标准溶液（10mg·mL^{-1}）　将少量无水葡萄糖（A.R.或C.P.）置于硫酸干燥器内一夜后，精确称取此葡萄糖1.000g，以0.25%苯甲酸溶液溶解并稀释至100mL，置冰箱中可长期保存。

(8) 葡萄糖应用标准液（0.1mg·mL^{-1}）　准确吸取葡萄糖贮存标准液1.0mL，置100mL容量瓶内，以0.25%苯甲酸溶液稀释至100mL刻度。

【内容及步骤】

1. 钨酸法

制备1∶10无蛋白血滤液（参见实验二十血液生化样品的制备）。

2. 测定血糖

取3支血糖管，按下表进行操作。

试剂	空白	标准	正常测定
无蛋白血滤液用量/mL	—	—	1.0
蒸馏水用量/mL	2.0	1.0	1.0
葡萄糖标准应用液用量/mL	—	1.0	—
碱性铜试剂用量/mL	2.0	2.0	2.0
混合，置沸水中煮沸8min，于流动冷水内冷却3min（勿摇动）			
磷钼酸试剂量/mL	2.0	2.0	2.0
混匀，放置2min（使气体逸出）			
加水至刻度/mL	25	25	25

将各管混匀后，用分光光度计在620nm波长处以空白管调节"0"点比色。

【结果计算】

$$血糖含量(mg·100mL^{-1}) = \frac{测定管光密度}{标准管光密度} \times 0.1 \times \frac{100}{0.1} = \frac{测定管光密度}{标准管光密度} \times 100$$

【注意事项】

1. 正常畜禽在饲喂前采血，病畜禽要在补糖前采血，否则结果偏高。

2. 采血后最好在2～4h内测定完毕。若放置过久，由于红细胞的酵解作用，会使结果偏低；如果不能及时测定，应制成无蛋白血滤液置于冰箱内保存。

3. 在本法的无蛋白血滤液中，除含有葡萄糖外，尚有微量的其他还原物质，故测定结果比实际血糖含量高约10%。

4. 严格掌握煮沸的温度和时间。必须是沸水时放入血糖管，并开始计算时间，到8min时取出立即放入冷水浴中冷却5min，在取放过程中切勿摇动血糖管，以免Cu_2O被氧化而使结果偏低。

5. 磷钼酸试剂如出现蓝色，表示试剂本身已被还原，不能再用，应重新配制。

6. 碱性铜试剂如出现红黄沉淀，则不宜使用，须重新配制。

【思考题】

1. 血糖管的结构特点对本实验有何作用？

2. 为什么实验中以无蛋白滤液，而不以全血、血浆或血清来测定血糖含量？

3. 无蛋白血滤液的制备中，钨酸的作用是什么？

实验二十二　酮体的生成和利用

【实验目的】

了解酮体生成的原料、生成部位与利用部位。

【实验原理】

肝脏或反刍动物的瘤胃壁，可以将脂肪酸氧化成酮体，即乙酰乙酸、β-羟丁酸和丙酮，本实验以丁酸为酮体生成原料。但肝脏不能利用酮体，必须由血液运送至肝外组织如骨骼肌、肾脏中酮体可以转变为乙酰辅酶 A 而被氧化利用。

酮体在碱性条件下与亚硝酸铁氰化钠作用，生成紫色化合物，由此可鉴定酮体的存在。

【实验用品】

1. 器材　托盘天平；恒温水浴锅；乳钵；试管；吸量管；白磁反应板。

2. 试剂

（1）$0.1\ mol \cdot L^{-1}$ pH=7.4 磷酸盐缓冲溶液　取 $0.2\ mol \cdot L^{-1}$ Na_2HPO_4 81.0mL 与 $0.2\ mol \cdot L^{-1}$ NaH_2PO_4 19.0mL 混合，加 1 倍蒸馏水稀释即成。

（2）缓冲盐水　取 100 份 0.9% NaCl 加 12 份 pH=7.4 磷酸盐缓冲溶液。

（3）乐氏（Locke）溶液　取氯化钠 9.0g、氯化钾 0.4g、氯化钙 0.2g、碳酸氢钠 0.2g、葡萄糖 0.25g，加蒸馏水至 1000mL。

（4）$0.5\ mol \cdot L^{-1}$ 丁酸溶液　取正丁酸 44g，溶于 $0.1\ mol \cdot L^{-1}$ 氢氧化钠溶液中，并用 $0.1\ mol \cdot L^{-1}$ 氢氧化钠稀释至 1000mL。

（5）乙酰乙酸溶液　取乙酰乙酸 1.3g，加 50.0mL $0.2\ mol \cdot L^{-1}$ 氢氧化钠溶液，静置 48h，用前 40 倍稀释。

（6）酮体粉　取亚硝基铁氰化钠 1g，干燥硫酸铵 20g，无水碳酸钠 20g，分别研细后充分混合，于棕色试剂瓶中密封保存。

（7）15% 三氯醋酸　取纯三氯醋酸 15g 溶于蒸馏水中，定容至 100mL。

【内容及步骤】

1. 取饥饿一天的兔 1 只击毙后，迅速取 1g 肝脏和 1g 骨骼肌，用冰冷的缓冲盐水冲洗数遍，每克组织加 5mL pH=7.4 磷酸盐缓冲溶液，分别在乳钵中研成肉糜，备用。

2. 取 4 支试管，按下表进行操作。

试剂用量/mL＼试管号	1	2	3	4
$0.5\ mol \cdot L^{-1}$ 丁酸溶液	1.0	1.0	1.0	1.0
乐氏溶液	0.5	0.5	0.5	0.5
$0.1\ mol \cdot L^{-1}$ 磷酸盐缓冲溶液	0.5	0.5	0.5	0.5
蒸馏水	0	0	0	0.5
肝脏糜（滴）	10	10	0	0
肌肉糜（滴）	0	10	10	0
充分混匀，各管置于 37℃ 恒温水浴锅保温 40min，要常摇动				
15% 三氯醋酸	0.5	0.5	0.5	0.5

将各管摇匀，静置 5min 后分别过滤。取白瓷反应板，将各孔中加入少许酮体粉，分别取各管滤液及乙酰乙酸溶液滴于反应板孔中的药粉上 1～2 滴，观察现象，比较结果。

【思考题】
1. 为什么只有在肝外组织，酮体才可以被氧化利用？
2. 三氯醋酸在实验中的作用是什么？

实验二十三　血清蛋白醋酸纤维薄膜电泳

【实验目的】
1. 了解电泳法分离血清蛋白质的基本原理。
2. 学会醋酸纤维薄膜电泳的操作方法。

【实验原理】
血清蛋白的 pI 都在 7.5 以下，在 pH＝8.6 的巴比妥缓冲溶液中以负离子的形式存在，分子大小、形状也各有差异，所以在电场作用下，可在醋酸纤维薄膜上分离成白蛋白（A）、α_1、α_2、β、γ-球蛋白 5 条区带。电泳结束后，将醋酸纤维薄膜置于染色液中，使蛋白质固定并染色，再洗去多余染料，将经染色后的区带分别剪开，将其溶于碱液中，进行比色测定，计算出各区带蛋白质的质量分数。

【实验用品】
1. 器材　电泳仪（包括直流电源整流器，和电泳槽两个部分，电泳槽用有机玻璃或塑料等制成，它有两个电极，用铂丝制成）；培养皿；镊子；吸量管；容量瓶。
2. 试剂
(1) 巴比妥缓冲溶液（pH＝8.6）　巴比妥钠 12.76g、巴比妥 1.68g、蒸馏水加热溶解后再加水定容至 1000mL。
(2) 氨基黑 10B 染色液　氨基黑 10B 0.5g、甲醇 50mL、冰醋酸 10mL、蒸馏水 40mL 溶解。
(3) 漂洗液　95％乙醇 45mL、冰醋酸 5mL、蒸馏水 50mL 混匀。
(4) 丽春红 S 染色液（市场上有售）。
(5) $0.4 mol \cdot L^{-1}$ NaOH 溶液。

【内容及步骤】
1. 准备与点样
(1) 醋纤薄膜为 2cm×8cm 的小片，在薄膜无光泽面距一端 2.0cm 处用铅笔划一线，表示点样位置。
(2) 将薄膜无光泽面向下，漂浮于巴比妥缓冲溶液面上（缓冲溶液盛于培养皿中），使膜条自然漫湿下沉。
(3) 将充分浸透（指膜上没有白色斑痕）的膜条取出，用滤纸吸去多余的缓冲溶液，把膜条平铺于平坦桌面上。
(4) 吸取新鲜血清 3～5μL，涂于 2.5cm 的载玻片截面处，或用载玻片截面在滴有血清的载玻片上蘸一下，使载玻片末端沾上薄层血清，然后呈 45°角按在薄膜点样线上，移开玻片。
2. 电泳
将点样后的膜条置于电泳槽架上，放置时无光泽面（即点样面）向下，点样端置于阴极。槽架上以二层纱布作桥垫，膜条与纱布需贴紧，待平衡 5min 后通电，电压为 $10 V \cdot cm^{-1}$（指膜条与纱布桥总长度），电流 $0.4～0.6 mA \cdot cm^{-1}$ 宽，通电 1h 左右关闭电源。

3. 染色

通电完毕后用镊子将膜取出，直接浸于盛有氨基黑 10B（或丽春红 S）的染色液中，染色 5min 取出，立即浸入盛有漂洗液的培养皿中，反复漂洗数次，直至背景漂净为止，用滤纸吸干薄膜。

4. 定量

取试管 6 支，编好号码，分别用吸量管吸取 0.4mol·L^{-1} 氢氧化钠 4.0mL，剪开薄膜上各条蛋白色带，另于空白部位剪一平均大小的薄膜条，将各条分别浸于上述试管内，不时摇动，使蓝色洗出，约半小时后，用分光光度计进行比色，波长 650nm，以空白薄膜条洗出液为空白对照，读取白蛋白、$α_1$、$α_2$、$β$、$γ$-球蛋白各管的吸光度 A。

【结果计算】

吸光度总和（$A_总$）　　　$A_总 = A_白 + A_{α1} + A_{α2} + A_β + A_γ$

各部分蛋白质的质量分数为：

$$w(白蛋白) = A_白/A_总 × 100\%$$

$$α_1 球蛋白\% = A_{α1}/A_总 × 100\%$$

$$α_2 球蛋白\% = A_{α2}/A_总 × 100$$

$$β 球蛋白\% = A_β/A_总 × 100$$

$$γ 球蛋白\% = A_γ/A_总 × 100$$

【思考题】

1. 醋酸纤维薄膜如何进行预处理？
2. 本实验在点样时要注意哪些事项？
3. 说明醋酸纤维薄膜电泳的临床意义。

实验二十四　动物组织中核酸的提取与鉴定

【实验目的】

掌握动物组织中核酸的提取与鉴定的原理和方法。

【实验原理】

动物组织细胞中的核糖核酸（RNA）与脱氧核糖核酸（DNA）大部分与蛋白质结合形成核蛋白。可用三氯醋酸沉淀出核蛋白，并用 95% 乙醇加热除去附着在沉淀中的脂类杂质。然后用 10% 氯化钠从核蛋白中分离出核酸（钠盐形式），此核酸钠盐可用乙醇沉淀析出。

析出的核酸（DNA 与 RNA），均由单核苷酸组成，单核苷酸中含有磷酸、碱基（嘌呤与嘧啶）和戊糖（核糖、脱氧核糖）。核酸用硫酸水解后，即可游离出这三类物质。

用下述方法可分别鉴定出上述三类物质。

(1) 磷酸　钼酸铵与之作用可生成磷钼酸，磷钼酸可被氨基萘酚磺酸还原形成蓝色钼蓝。

(2) 嘌呤碱　用硝酸银与之反应生成灰褐色的絮状嘌呤银化合物。

(3) 戊糖

① 核糖：用硫酸使之生成糠醛，糠醛与 3,5-二羟甲苯缩合生成为一种绿色化合物。

② 脱氧核糖：在硫酸的作用下生成羟基-酮基戊糖，后者与二苯胺作用生成蓝色化合物。

【实验用品】

1. 器材　匀浆器；托盘天平；离心机；水浴锅；玻璃棒；吸量管；烧杯。
2. 试剂

(1) 钼酸铵试剂　称取钼酸铵2.5g溶于20mL蒸馏水中，再加入5mol·L^{-1}硫酸30mL，用蒸馏水稀释至100mL。

(2) 氨基萘酚磺酸　商品氨基萘酚磺酸为暗灰色，需提纯后使用。将15g NaHSO$_3$及1g Na$_2$SO$_3$溶解于100mL蒸馏水中（90℃），加入1.5g商品氨基萘酚磺酸，搅拌使大部分溶解（仅少量杂质不溶解），趁热过滤，再迅速使滤液冷却。加入1mL浓盐酸，则有白色氨基萘酚磺酸沉淀析出，过滤并用水洗涤固体数次。再用乙醇洗涤直到纯白色为止。最后用乙醚洗涤，并将固体放在暗处，使乙醚挥发，将此提纯的氨基萘酚磺酸保存于棕色瓶中备用。

取195mL的15% NaHSO$_3$溶液（溶液必须透明）加入0.5g提纯的氨基萘酚磺酸及20% Na$_2$SO$_3$溶液5mL，并在热水浴中搅拌使固体溶解（如不能全部溶解，可再加入Na$_2$SO$_3$溶液，每次数滴，但加入量以1mL为限度）。此为氨基萘酚磺的浓溶液，置冰箱可保存2～3周，如颜色变黄时，须重新配制。临用前，将上述浓溶液用蒸馏水稀释10倍。

(3) 3,5-二羟甲苯溶液　取相对密度为1.19的盐酸溶液100mL，加入FeCl$_3$·6H$_2$O 100mg及二羟甲苯100mg，混匀溶解后，置于棕色瓶中。此试剂宜在临用前新配制。市售的3,5-二羟甲苯不纯必须用苯重结晶1～2次，并用活性炭脱色后方可使用。

(4) 二苯胺试剂　取1g纯的二苯胺溶于100mL重蒸馏的冰醋酸中（或分析纯冰醋酸），加入2.75mL浓硫酸，摇匀，放在棕色瓶中保存。此试剂需临用时配制。

(5) 其他　0.9% NaCl溶液；10% NaCl溶液；20%三氯醋酸溶液；95%乙醇溶液；5%硫酸溶液。

【内容及步骤】

1. 匀浆制备

称取新鲜猪肝（或大白鼠肝脏）5g，加入等量冰冷的0.9% NaCl溶液，及时剪碎。放入玻璃匀浆器中，研磨成匀浆。研磨过程中，要随时将匀浆器置于冰盐溶液中冷却。

2. 分离提取

(1) 取匀浆物5mL置于离心管内，立即加入20%三氯醋酸5mL，用玻棒搅匀，静置3min后，在3000r·min^{-1}的条件下离心10min。

(2) 倾去上清液，沉淀中加入95%乙醇5mL，用玻璃棒搅匀。用一个带有长玻璃管的木塞塞紧离心管口，在沸水浴中加热至沸，回流2min。注意乙醇沸腾后将火关小，以免乙醇蒸气燃烧。冷却后在2500r·min^{-1}的条件下离心10min。

(3) 倾去上层乙醇，将离心管倒置于滤纸上，使乙醇倒干。沉淀中加入10% NaCl溶液4mL，置沸水浴中加热8min，并用玻璃棒搅拌。取出，待冷却后在2500r·min^{-1}的条件下离心10min。

(4) 量取上部清液后倾入一小烧杯内（若不清亮可重复离心一次以除去残渣），取等量在冰浴中冷却的95%乙醇，逐滴加入小烧杯内，即可见白色沉淀逐渐出现。静置10min后，转入离心管在3000r·min^{-1}的条件下离心10min，即得核酸的白色钠盐沉淀。

3. 核酸的水解

在含有核酸钠盐的离心管内加入5%硫酸4mL，用玻棒搅匀，再用装有长玻管的软木塞塞紧管口，在沸水浴中回馏15min即可。

4. DNA与RNA成分的鉴定

(1) 磷酸的鉴定　取试管 2 支，按下表操作。

试管号	水解液(滴)	5%H₂SO₄(滴)	钼酸铵试剂(滴)	氨基萘酚磺酸(滴)
测定	10	0	5	20
对照	0	10	5	20

放置数分钟，观察两管内颜色变化。

(2) 嘌呤碱的测定　取试管 2 支，按下表操作。

试管号	水解液(滴)	5%H₂SO₄(滴)	浓氨水(滴)	5%AgNO₃(滴)
测定	20	0	数滴使呈碱性	10
对照	0	20	数滴使呈碱性	10

加浓氨水使呈碱性后用 pH 试纸鉴定。加入 $AgNO_3$ 后，观察现象，静置 15 分钟后再比较两管中沉淀颜色。

(3) 核糖的测定　取试管 2 支，按下表进行操作。

试管号	水解液(滴)	5% H₂SO₄(滴)	3,5-二羟甲苯试剂(滴)
测定	4	0	6
对照	0	4	6

将 2 支试管放入沸水中加热 10min，比较两管的颜色变化。

(4) 脱氧核糖的鉴定　取试管 2 支，按下表进行操作。

试管号	水解液(滴)	5% H₂SO₄(滴)	二苯胺试剂(滴)
测定	20	0	40
对照	0	20	40

将两管同时放入沸水中加热 10min 后，观察两管内颜色变化。

【思考题】
1. 如何分离脱氧核糖核蛋白和核糖核蛋白
2. 用什么方法鉴别 DNA 和 RNA？

参 考 文 献

[1] 余庆皋. 医用化学与生物化学. 长沙：中南大学出版社，2006.
[2] 张龙，张凤. 有机化学. 北京：中国农业大学出版社，2006.
[3] 张坐省. 有机化学. 第2版. 北京：中国农业出版社，2006.
[4] 石海平. 基础化学. 郑州：郑州大学出版社，2007.
[5] 彭翠珍. 农业基础化学. 北京：北京师范大学出版社，2007.
[6] 中国化学会. 有机化学命名原则. 北京：科学技术出版社，1983.
[7] 马冬梅，赵艳. 动物生物化学. 北京：中国农业大学出版社，2006.
[8] 田厚伦. 有机化学. 北京：化学工业出版社，2007.
[9] 于敬海. 医用化学. 北京：高等教育出版社，2006.
[10] 王光斗，李云芳. 医用化学基础. 第2版. 北京：北京医科大学出版社，2002.
[11] 刘箭. 生物化学实验教程. 北京：科学出版社，2004.
[12] 刘尧，徐英岚，上官少平. 无机及分析化学. 北京：高等教育出版社，2003.
[13] 徐英岚. 无机及分析化学. 北京：中国农业出版社，2006.
[14] 张星海. 基础化学. 北京：化学工业出版社，2006.
[15] 杨晓达. 大学基础化学. 北京：北京大学出版社，2008.
[16] 马长华，曾元儿. 分析化学. 北京：科学出版社，2006.
[17] 丁宏伟. 医用化学. 南京：东南大学出版社，2006.
[18] 胡常伟. 基础化学. 成都：四川大学出版社，2006.
[19] 张文佳. 医用化学基础. 南昌：江西科学技术出版社，2006.
[20] 卢薇，何启章. 医用化学. 南京：东南大学出版社，1999.
[21] 张克凌，李柱来. 医用化学基础. 青岛：中国海洋大学出版社，1998.
[22] 严赞开. 试议复杂有机化合物的命名方法. 化学教育，2005，6：54，59.
[23] 夏春风，王勇. 双官能团有机化合物命名规则探讨. 武警学院学报，2007，23（8）：90-92.
[24] 高小茵，杨丽君. 有机化合物命名规律探讨. 玉溪师范学院学报，2006，22（3）：29-33.

元素周期表

IUPAC 2013

氧化态(单质的氧化态为0，未列入；常见的为红色)

以 $^{12}C=12$ 为基准的原子量(注✦的是半衰期最长同位素的原子量)

图例	
95	原子序数
Am	元素符号(红色的为放射性元素)
镅▲	元素名称(注▲的为人造元素)
$5f^76s^2$	价层电子构型
+2 +3 +4 +5 +6	氧化态
243.06138(2)✦	原子量

s区元素　p区元素　d区元素　ds区元素　f区元素　稀有气体

周期＼族	1 IA	2 IIA	3 IIIB	4 IVB	5 VB	6 VIB	7 VIIB	8 VIIIB(VIII)	9 VIIIB(VIII)	10 VIIIB(VIII)	11 IB	12 IIB	13 IIIA	14 IVA	15 VA	16 VIA	17 VIIA	18 VIIIA(0)	电子层
1	−1 +1 1 H 氢 $1s^1$ 1.008																	2 He 氦 $1s^2$ 4.002602(2)	K
2	+1 3 Li 锂 $2s^1$ 6.94	+2 4 Be 铍 $2s^2$ 9.0121831(5)											+3 5 B 硼 $2s^22p^1$ 10.81	−4 +2 +4 6 C 碳 $2s^22p^2$ 12.011	−3 −2 −1 +1 +2 +3 +4 +5 7 N 氮 $2s^22p^3$ 14.007	−2 −1 8 O 氧 $2s^22p^4$ 15.999	−1 9 F 氟 $2s^22p^5$ 18.998403163(6)	10 Ne 氖 $2s^22p^6$ 20.1797(6)	L K
3	−1 +1 11 Na 钠 $3s^1$ 22.98976928(2)	+2 12 Mg 镁 $3s^2$ 24.305											+3 13 Al 铝 $3s^23p^1$ 26.9815385(7)	−4 +2 +4 14 Si 硅 $3s^23p^2$ 28.085	−3 −2 +1 +3 +5 15 P 磷 $3s^23p^3$ 30.973761998(5)	−2 +2 +4 +6 16 S 硫 $3s^23p^4$ 32.06	−1 +1 +3 +5 +7 17 Cl 氯 $3s^23p^5$ 35.45	18 Ar 氩 $3s^23p^6$ 39.948(1)	M L K
4	−1 +1 19 K 钾 $4s^1$ 39.0983(1)	+2 20 Ca 钙 $4s^2$ 40.078(4)	+3 21 Sc 钪 $3d^14s^2$ 44.955908(5)	−1 0 +2 +3 +4 22 Ti 钛 $3d^24s^2$ 47.867(1)	0 ±1 +2 +3 +4 +5 23 V 钒 $3d^34s^2$ 50.9415(1)	−3 0 ±1 ±2 +3 +4 +5 +6 24 Cr 铬 $3d^54s^1$ 51.9961(6)	−2 0 ±1 +2 +3 +4 +5 +6 +7 25 Mn 锰 $3d^54s^2$ 54.938044(3)	−2 0 ±1 +2 +3 +4 +5 +6 26 Fe 铁 $3d^64s^2$ 55.845(2)	0 ±1 +2 +3 +4 +5 27 Co 钴 $3d^74s^2$ 58.933194(4)	0 ±1 +2 +3 +4 28 Ni 镍 $3d^84s^2$ 58.6934(4)	+1 +2 +3 +4 29 Cu 铜 $3d^{10}4s^1$ 63.546(3)	+1 +2 30 Zn 锌 $3d^{10}4s^2$ 65.38(2)	+1 +3 31 Ga 镓 $4s^24p^1$ 69.723(1)	+2 +4 32 Ge 锗 $4s^24p^2$ 72.630(8)	−3 +3 +5 33 As 砷 $4s^24p^3$ 74.921595(6)	−2 +2 +4 +6 34 Se 硒 $4s^24p^4$ 78.971(8)	−1 +1 +3 +5 +7 35 Br 溴 $4s^24p^5$ 79.904	+2 +4 36 Kr 氪 $4s^24p^6$ 83.798(2)	N M L K
5	−1 +1 37 Rb 铷 $5s^1$ 85.4678(3)	+2 38 Sr 锶 $5s^2$ 87.62(1)	+3 39 Y 钇 $4d^15s^2$ 88.90584(2)	+1 +2 +3 +4 40 Zr 锆 $4d^25s^2$ 91.224(2)	0 ±1 +2 +3 +4 +5 41 Nb 铌 $4d^45s^1$ 92.90637(2)	0 ±1 ±2 +3 +4 +5 +6 42 Mo 钼 $4d^55s^1$ 95.95(1)	0 ±1 +2 +3 +4 +5 +6 +7 43 Tc 锝▲ $4d^55s^2$ 97.90721(3)✦	0 ±1 +2 +3 +4 +5 +6 +7 +8 44 Ru 钌 $4d^75s^1$ 101.07(2)	0 ±1 +2 +3 +4 +5 +6 45 Rh 铑 $4d^85s^1$ 102.90550(2)	0 +1 +2 +4 46 Pd 钯 $4d^{10}$ 106.42(1)	+1 +2 +3 47 Ag 银 $4d^{10}5s^1$ 107.8682(2)	+1 +2 48 Cd 镉 $4d^{10}5s^2$ 112.414(4)	+1 +3 49 In 铟 $5s^25p^1$ 114.818(1)	+2 +4 50 Sn 锡 $5s^25p^2$ 118.710(7)	−3 +3 +5 51 Sb 锑 $5s^25p^3$ 121.760(1)	−2 +2 +4 +6 52 Te 碲 $5s^25p^4$ 127.60(3)	−1 +1 +3 +5 +7 53 I 碘 $5s^25p^5$ 126.90447(3)	+2 +4 +6 +8 54 Xe 氙 $5s^25p^6$ 131.293(6)	O N M L K
6	−1 +1 55 Cs 铯 $6s^1$ 132.90545196(6)	+2 56 Ba 钡 $6s^2$ 137.327(7)	57~71 La~Lu 镧系	+1 +2 +3 +4 72 Hf 铪 $5d^26s^2$ 178.49(2)	0 ±1 +2 +3 +4 +5 73 Ta 钽 $5d^36s^2$ 180.94788(2)	0 ±1 ±2 +3 +4 +5 +6 74 W 钨 $5d^46s^2$ 183.84(1)	0 ±1 +2 +3 +4 +5 +6 +7 75 Re 铼 $5d^56s^2$ 186.207(1)	0 +1 +2 +3 +4 +5 +6 +7 +8 76 Os 锇 $5d^66s^2$ 190.23(3)	0 ±1 +2 +3 +4 +5 +6 77 Ir 铱 $5d^76s^2$ 192.217(3)	0 +2 +3 +4 +5 +6 78 Pt 铂 $5d^96s^1$ 195.084(9)	+1 +2 +3 +5 79 Au 金 $5d^{10}6s^1$ 196.966569(5)	+1 +2 +3 80 Hg 汞 $5d^{10}6s^2$ 200.592(3)	+1 +3 81 Tl 铊 $6s^26p^1$ 204.38	+2 +4 82 Pb 铅 $6s^26p^2$ 207.2(1)	−3 +3 +5 83 Bi 铋 $6s^26p^3$ 208.98040(1)	−2 +2 +4 +6 84 Po 钋 $6s^26p^4$ 208.98243(2)✦	±1 +5 +7 85 At 砹 $6s^26p^5$ 209.98715(5)✦	+2 86 Rn 氡 $6s^26p^6$ 222.01758(2)✦	P O N M L K
7	+1 87 Fr 钫▲ $7s^1$ 223.01974(2)✦	+2 88 Ra 镭 $7s^2$ 226.02541(2)✦	89~103 Ac~Lr 锕系	104 Rf 𬬻▲ $6d^27s^2$ 267.122(4)✦	105 Db 𬭊▲ $6d^37s^2$ 270.131(4)✦	106 Sg 𬭳▲ $6d^47s^2$ 269.129(3)✦	107 Bh 𬭛▲ $6d^57s^2$ 270.133(2)✦	108 Hs 𬭶▲ $6d^67s^2$ 270.134(2)✦	109 Mt 鿏▲ $6d^77s^2$ 278.156(5)✦	110 Ds 𫟼▲ 281.165(4)✦	111 Rg 𬬭▲ 281.166(6)✦	112 Cn 鿔▲ 285.177(4)✦	113 Nh 鿭▲ 286.182(5)✦	114 Fl 𫓧▲ 289.190(4)✦	115 Mc 镆▲ 289.194(6)✦	116 Lv 𫟷▲ 293.204(4)✦	117 Ts 鿬▲ 293.208(6)✦	118 Og 鿫▲ 294.214(5)✦	Q P O N M L K

★ 镧系	+3 57 La★ 镧 $5d^16s^2$ 138.90547(7)	+2 +3 +4 58 Ce 铈 $4f^15d^16s^2$ 140.116(1)	+3 +4 59 Pr 镨 $4f^36s^2$ 140.90766(2)	+2 +3 +4 60 Nd 钕 $4f^46s^2$ 144.242(3)	+3 61 Pm 钷▲ $4f^56s^2$ 144.91276(2)✦	+2 +3 62 Sm 钐 $4f^66s^2$ 150.36(2)	+2 +3 63 Eu 铕 $4f^76s^2$ 151.964(1)	+3 64 Gd 钆 $4f^75d^16s^2$ 157.25(3)	+3 +4 65 Tb 铽 $4f^96s^2$ 158.92535(2)	+3 +4 66 Dy 镝 $4f^{10}6s^2$ 162.500(1)	+3 67 Ho 钬 $4f^{11}6s^2$ 164.93033(2)	+3 68 Er 铒 $4f^{12}6s^2$ 167.259(3)	+2 +3 69 Tm 铥 $4f^{13}6s^2$ 168.93422(2)	+2 +3 70 Yb 镱 $4f^{14}6s^2$ 173.045(10)	+3 71 Lu 镥 $4f^{14}5d^16s^2$ 174.9668(1)
★ 锕系	+3 89 Ac★ 锕 $6d^17s^2$ 227.02775(2)✦	+3 +4 90 Th 钍 $6d^27s^2$ 232.0377(4)	+3 +4 +5 91 Pa 镤 $5f^26d^17s^2$ 231.03588(2)	+2 +3 +4 +5 +6 92 U 铀 $5f^36d^17s^2$ 238.02891(3)	+3 +4 +5 +6 +7 93 Np 镎 $5f^46d^17s^2$ 237.04817(2)✦	+3 +4 +5 +6 +7 94 Pu 钚 $5f^67s^2$ 244.06421(4)✦	+2 +3 +4 +5 +6 95 Am 镅▲ $5f^77s^2$ 243.06138(2)✦	+3 +4 96 Cm 锔▲ $5f^76d^17s^2$ 247.07035(3)✦	+3 +4 97 Bk 锫▲ $5f^97s^2$ 247.07031(4)✦	+2 +3 +4 98 Cf 锎▲ $5f^{10}7s^2$ 251.07959(3)✦	+2 +3 99 Es 锿▲ $5f^{11}7s^2$ 252.0830(3)✦	+2 +3 100 Fm 镄▲ $5f^{12}7s^2$ 257.09511(5)✦	+2 +3 101 Md 钔▲ $5f^{13}7s^2$ 258.09843(3)✦	+2 +3 102 No 锘▲ $5f^{14}7s^2$ 259.1010(7)✦	+3 103 Lr 铹▲ $5f^{14}6d^17s^2$ 262.110(2)✦